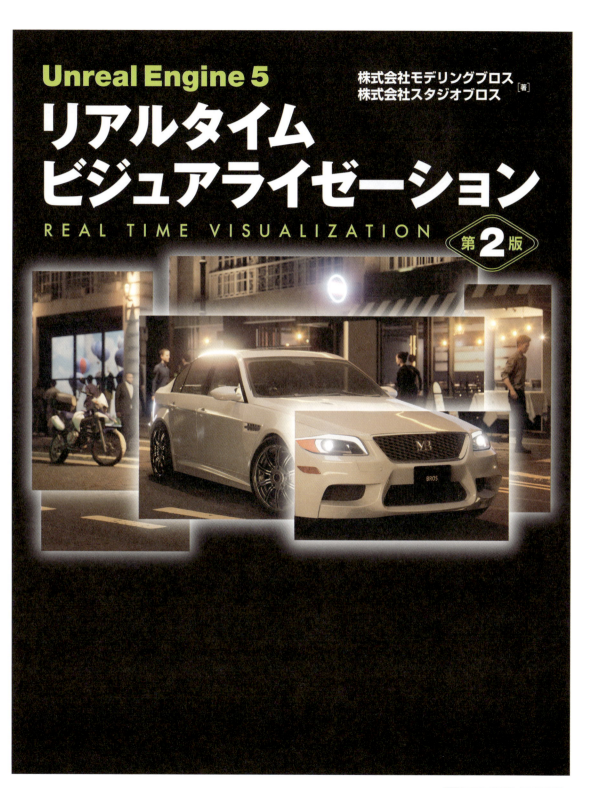

Unreal Engine 5
リアルタイム
ビジュアライゼーション
REAL TIME VISUALIZATION 第**2**版

株式会社モデリングブロス
株式会社スタジオブロス [著]

秀和システム

サンプルのダウンロードについて

サンプルファイルは秀和システムのWebページからダウンロードできます。

サンプル・ダウンロードページURL

https://www.shuwasystem.co.jp/support/7980html/7398.html

Webページにアクセスしたら、下記のダウンロードボタンをクリックしてください。ダウンロードが始まります。

[ダウンロード]

本文とダウンロード教材データで一部異なっている箇所があります。その場合はダウンロード教材データの方を優先してください。

本書はUE5.5で記載されていますので、ダウンロードデータもそれに対応したものです。それ以前のバージョンで開くと正しく動作しません。予めご了承ください。

注 意

1. 本書は著者が独自に調査した結果を出版したものです。
2. 本書は内容において万全を期して制作しましたが、万一不備な点や誤り、記載漏れなどお気づきの点がございましたら、出版元まで書面にてご連絡ください。
3. 本書の内容の運用による結果の影響につきましては、上記2項にかかわらず責任を負いかねます。あらかじめご了承ください。
4. 本書の全部または一部について、出版元から文書による許諾を得ずに複製することは禁じられています。

商標等

・本書に登場するシステム名称、製品名は一般に各社の商標または登録商標です。
・本書に登場するシステム名称、製品名は一般的な呼称で表記している場合があります。
・本文中にはⓒ、TM、®マークを省略している場合があります。

はじめに

　2022年5月に正式リリースされた「Unreal Engine 5（以下UE5と表記）」は、有名なオンラインゲームの「Fortnite」など多数のゲームに採用されているゲームエンジンです。それをゲーム開発で使うのではなく、映像制作や自動車・家電・住宅などのデザインレビュー・プレゼンテーションで活用する業務が増えています。

　この本では、そういった分野におけるUE5を使ったコンテンツ制作の手法を学びます。また、ツールの操作だけでなく、リアルタイムレンダリングの基礎理論やデザイン技法も解説します。過去にUE4を学んだ経験はなくても学べる内容で構成しています。

　主に工業製品を取り上げてサンプル作成を行いますが、背景に関しての記述もあり、それは建築・インテリア分野で参考になるかもしれません。また、映像制作関連の方向けに、4K、8K映像の制作やUE5での作成後に合成や編集ができるような使い方も解説します。さらにゲームエンジンとしての仕組みを使い、インタラクティブに商品の見た目を変化させる、コンフィグレータの作成方法までを解説します。そのため本書は、一般的なUE5のチュートリアルや書籍に比べてカバーする範囲を絞った解説書になるため、ゲーム制作用途のものとは、少し趣旨が異なっています。

　UE5以外のツールとしてはMayaとBlenderを使っていますが、それらのかわりにFBXをエクスポートできる他のDCCツールを使用しても構いません。3DCGツールの基礎を理解されている前提で解説を進めています。また3DCGツールを使ったことがない方でCADを使って工業デザインをされている方は、そのCADデータがそのままUE5で使えます。とはいえ、多少の知識は必要となるため、用語解説なども加えてあります。

　この改訂版では、2024年にUE5のバージョンが5.5になったことをうけ、ユーザーインターフェイスや仕様の変更を加筆修正したものになっております。

　さらに新しくなったUE5で、リアルタイムレンダリングのビジュアライゼーションに挑戦してみましょう！

Contents 目次

はじめに ･･ III

Chapter 1 Unreal Engine 5におけるビジュアライゼーション

1-1 工業製品のリアルタイム3DCGの活用事例（デザイン・マーケティング） 2
- 1-1-1 リアルタイムレンダリングとは ････････････････････････････････ 2
- 1-1-2 リアルタイムレンダリングのメリット ･･････････････････････････ 4
- 1-1-3 UE5以外のリアルタイム・グラフィック・アプリケーション ･･････ 5

1-2 制作におけるワークフロー「ゲームをしないゲームエンジン」 7
- 1-2-1 ノンゲームのためのUE5情報収集 ････････････････････････････ 7
- 1-2-2 ノンゲーム利用でのワークフロー ････････････････････････････ 8

1-3 CADからUE5への変換フロー 11
- 1-3-1 CADからのワークフロー ････････････････････････････････････ 11
- 1-3-2 変換のためのツール ･･ 14

1-4 UE5でのワークフローと用語 17
- 1-4-1 インタラクティブコンテンツ企画のワークフロー ･･････････････ 17
- 1-4-2 UE5映像コンテンツ制作ワークフロー ････････････････････････ 18
- 1-4-3 基本的な用語集 ･･ 19

Chapter 2 Unreal Engine 5の基本操作と3Dデータの変換

2-1　UE5の起動とセットアップ、基本操作　　22

- 2-1-1　UE5で必要なPCスペック　22
- 2-1-2　UE5のインストールと起動　23
- 2-1-3　UE5の再起動とUIの基本操作　40
- 2-1-4　最低限必要なアクタ　53
- 2-1-5　ビューポート操作　57
- 2-1-6　アセットとアクタの操作　70
- 2-1-7　UE5の各種ウィンドウと起動レベル　116

2-2　UE5へモデルデータをインポートする　　151

- 2-2-1　DCCツールから変換するワークフロー　151
- 2-2-2　制作に用いる3D素材の注意　164
- 2-2-3　FBX経由で変換　175
- 2-2-4　Blenderからの特殊な変換　200

2-3　UE5へCADデータをインポートする　　209

- 2-3-1　DatasmithによるCAD変換　209
- 2-3-2　DataPrepによるCADアセンブリ変換　227

2-4　プロジェクトとレベルの管理　　240

- 2-4-1　プロジェクトの内部の確認　240
- 2-4-2　プロジェクト間でMigrate（マイグレーション：移行）　243

Chapter 3 ライティングと Nanite & Lumen

3-1 太陽光と空の設定　　258
3-1-1 裏ポリゴン対策　258
3-1-2 ライトと露出の設定　259
3-1-3 空・雲・フォグの設定　263

3-2 Nanite による LOD 設定　　270
3-2-1 Nanite とは何か　270
3-2-2 Nanite の設定方法　275

3-3 Lumen による GI と反射　　280
3-3-1 Lumen によるライティング　280

3-4 ライトマップと Lightmass　　289
3-4-1 ライトマップとは　289
3-4-2 Lightmap と UV 展開　295

3-5 夜のシーンでライトの応用　　307

Chapter 4 マテリアル設定

4-1 マテリアルエディタの基本操作　　322
4-1-1 マテリアルを作成　322
4-1-2 物理ベースレンダリングのパラメータ　329
4-1-3 Material Instance　341
4-1-4 Texture Editor　355

4-2 マテリアルのテクニック　362

- 4-2-1　マテリアルライブラリの活用　362
- 4-2-2　Substance3Dのマテリアル　377
- 4-2-3　マテリアルの応用　385

4-3 Quixel Megascansのマテリアルを使う　397

- 4-3-1　Fabの起動　397
- 4-3-2　MegascansのStatic Mesh　401

Chapter 5 ポストプロセスを使ったエフェクト

5-1 Post Processの基本設定　408

- 5-1-1　カメラによるPost Process　408
- 5-1-2　Post Process Volume（ポストプロセスボリューム）の配置　411

5-2 Post Processのエフェクト　414

- 5-2-1　レンズ系エフェクト Lens　414
- 5-2-2　カラー系エフェクト Color Grading　417
- 5-2-3　その他エフェクト　422
- 5-2-4　Cine CameraによるDOF　425

Chapter 6 Path Tracerとレンダリングの基礎

6-1 Path Tracerの設定　428

- 6-1-1　Unreal Engine 4のプロジェクトを活用する　428
- 6-1-2　スクリーンショットの撮影　432

| | 6-1-3 Path Tracerの設定 | 437 |
| | 6-1-4 応用 | 442 |

Chapter 7 ライティングのテクニックやレベル設定

7-1 車の見せ方　448

- 7-1-1 車モデルと視野角　448
- 7-1-2 どのような世界観を構築するか　449
- 7-1-3 モデルを配置する　449

7-2 ライティング　452

- 7-2-1 車のライティング　452
- 7-2-2 太陽光の特性や注意点　456

7-3 撮影の構図　459

- 7-3-1 構図を考えるための基礎知識　459
- 7-3-2 構図の考え方　463

Chapter 8 動画作成とエフェクト

8-1 シーケンサーの使い方の基礎　466

- 8-1-1 Sequencer Editorの起動　466
- 8-1-2 カメラのアニメーション　475
- 8-1-3 Blueprintアクタとライトのアニメーション　490
- 8-1-4 Sequencer EditorとPost Processの連携　494
- 8-1-5 マテリアルパラメータコレクション（MPC）　496

- 8-1-6　Move Scene Captureでレンダリング ……………………………… 500
- 8-1-7　Audio Track …………………………………………………………… 505

8-2　DCCツールからインポートするアニメーション　510

- 8-2-1　MayaのFBXのCameraのアニメーション ………………………… 510
- 8-2-2　BlenderのglTFアニメーション ……………………………………… 516
- 8-2-3　MetaHumanのアニメーション ……………………………………… 523

8-3　Composureによるクロマキー合成　534

- 8-3-1　Composureで使う動画とマテリアルの設定 ……………………… 534
- 8-3-2　Composureによる合成処理 ………………………………………… 537
- 8-3-3　Composureをレンダリングする …………………………………… 542

8-4　Movie Render Queueを使った動画書き出し　545

- 8-4-1　Movie Render Queueとは …………………………………………… 545

Chapter 9　Blueprintによるインタラクション

9-1　Blueprintのプログラミングの基礎　558

- 9-1-1　インタラクションのためのレベルの作成 ………………………… 558
- 9-1-2　プログラミングの仕組みや概念を理解する ……………………… 561
- 9-1-3　Variable（変数） ……………………………………………………… 568
- 9-1-4　Keyboard Event（キーボード・イベント）とFlip Flop ………… 570
- 9-1-5　カメラの切り替え …………………………………………………… 575
- 9-1-6　Event Tick（イベントティック）でバイクを回転 ……………… 578
- 9-1-7　インタラクティブに回転する ……………………………………… 579
- 9-1-8　Media Frameworkによる動画テクスチャ ………………………… 581
- 9-1-9　背景を入れ替える …………………………………………………… 586

9-2 Blueprint Actor　591

- 9-2-1　LevelとBlueprint Actorの違いと作り方　591
- 9-2-2　ライトの明るさを外部から制御する　594
- 9-2-3　ライトのON/OFF切り替えとオプションパーツ　597
- 9-2-4　Timelineでトランクボックスのフタを開閉　599
- 9-2-5　クリックでボディの色を変える　603

9-3 Blueprint応用　609

- 9-3-1　WidgetブループリントによるUI作成　609
- 9-3-2　UIでボディの色を変える　615
- 9-3-3　Variant Manager (バリアントマネージャー)　622
- 9-3-4　Variant ManagerのBlueprint　627

Chapter 10　UEFN

10-1 UEFNを起動する準備　642

- 10-1-1　Visual Studio Codeのインストール　642
- 10-1-2　UEFNのインストール　643

10-2 UEFNの基本操作　648

- 10-2-1　プロジェクトブラウザとテンプレート　648
- 10-2-2　UEFNの基本操作　651
- 10-2-3　UE5からUEFNへデータを移行する　660

10-3 UEFNからフォートナイトの起動　662

10-4 UEFNの更なる研究　665

索引　667

Chapter
1

Unreal Engine 5における
ビジュアライゼーション

Unreal Engine5は本来はゲーム制作の為のツールです。それをビジュアライゼーションへ活用する意味や概念を解説します。さらに制作のワークフロー、工業製品や建築のCADデータの活用について説明します。

Section 1-1 工業製品のリアルタイム3DCGの活用事例（デザイン・マーケティング）

1-1-1 リアルタイムレンダリングとは

3DCGの工業製品分野での活用には以下の図のような例があります。

> **デザインフェイズ**
> 製品のデザインの良し悪しを判断する材料としてリアルタイムCG（VR）を活用

> **マニュファクチュアリングフェイズ**
> 製品の生産における工程などをリアルタイムCGで確認する

> **エンジニアリングフェイズ**
> 力学、熱、風など物理シミュレーションなどをリアルタイムCGで可視化する

> **マーケティングフェイズ**
> カタログ、CMなど放送、展示会の大型映像（4K）の制作。販売店の接客が特に重要

⬆ 図1-1-1　3DCGの工業製品分野でのリアルタイムCG活用

　次の図は3DCGツール、Autodesk社の「Maya」で制作したシーンです。従来の手法ではArnoldなどでプリレンダリングを行い映像にした後、新車のデザイン検証や販売、プロモーションのために3DCG映像を活用していました。

⬆ 図1-1-1　Mayaのビジュアライゼーション

☕ Column　プリレンダリングとは

　プリレンダリングとは3DCGツールやCADツールで映像制作する手段の1つです。シーンデータを基に計算を行い、1枚の高画質静止画を出力して、媒体上のファイルに保存します。通常のビデオファイルでは1秒あたり30枚（コマ）のイメージファイルが必要です。それに対し、リアルタイムレンダリングは計算したイメージファイルを媒体上に保存せず、直接ディスプレイに表示する仕組みです。

　しかし、プリレンダリングには以下の懸念点がありました。

- ◆ レンダリング1枚あたり数十分から数時間がかかる場合があり、作業後に修正指示がある場合の追加作業工数が増大することがある。さらに大きいサイズの画像ほど追加レンダリングに時間がかかり、コスト面での対応が厳しくなる。
- ◆ 工業製品のCADから3DCGへ変換する際、データが大きくなり処理が難しい。
- ◆ 通常の3DCGではPCやスマートフォン、タブレット上でリアルタイム表示すると、ユーザ操作にインタラクティブ対応させることができない。顧客の希望通りに動的に変化するコンテンツの実現は難しい。

UE5を活用することで、これらの懸念点を解決することが可能です。
次の図は本書で制作するサンプルの例です。

⬆ 図1-1-2　UE5のビジュアライゼーション

1-1-2 | リアルタイムレンダリングのメリット

リアルタイムレンダリングのメリットは以下の点が挙げられます。

- ゲーム制作・販売以外の分野で収益が年100万ドル未満の企業、または教育者と学校は無料。この分野は「ノンゲーム」と呼ばれ、工業製品、建築土木、映像制作などが含まれる。
- 無料のプラグインにはCADデータをインポートする機能がある。変換作業を自動化するツールもある。
- リアルタイムでレンダリングするので、動画の再生時間イコール「ほぼ」レンダリング時間になる。それにより制作時間の短縮、やり直し回数を増やしてクオリティアップが可能。
- 4K、8Kの大画面のレンダリングもスケーラブルに短時間で対応可能。
- ゲームエンジンはインタラクティブコンテンツ作成に優れ、さらにスマートフォンやタブレット向けアプリ開発、VR（バーチャル・リアリティ）、AR（オーグメンテッド・リアリティ）コンテンツも制作可能。
- さらにオンラインゲームの機能を使えば、メタバースを作成することも可能。

上記のメリットを支えているのはGPU（Graphics Processing Unit）です。一般的には「グラフィックボード」または「ビデオカード」と呼ばれ、PCに内蔵されている部品の1つです。UE5を含めたゲームエンジンはこのGPUを用いることでリアルタイムレンダリングを実現しています。

近年このGPUの進化は目覚ましく、それもリアルタイムビジュアライゼーションを後押ししている1つの要因といっても良いでしょう。

→ https://www.nvidia.com/ja-jp/design-visualization/rtx/

1-1-3 UE5以外のリアルタイム・グラフィック・アプリケーション

Unity

UE5と並んで有名なゲームエンジンです。スマートフォンの分野では圧倒的なシェアを誇ります。ポケモンGoがUnityで開発されたのは有名です。最近ではUE5に匹敵する高画質な機能も追加されています。プロユースの場合、有料になります。

→ https://unity.com/ja

Open 3D Engine（O3DE）

元は「CryEngine」と呼称されたゲームエンジンが、Amazonに買収され、「Lumberyard」となり、それが2021年にオープンソース化しました。無料かつ商業利用も問題ありません。機能としては充実していますが、資料や事例が少ないのが欠点です。

→ https://www.o3de.org/

Godot

同じくオープンソースの無料のゲームエンジンです。ツールのサイズが数十MBと圧倒的に小さく軽量で軽快に動作します。開発言語の種類が豊富で、GUIベースのプログラミング言語もあります。

→ https://godotengine.org/

TouchDesigner

ノードベースのビジュアルプログラミング環境で、デジタルアート作品のクリエイターが多く使っていますが、自由度が高くあらゆる分野のビジュアライゼーションに活用できます。有料ですが、出力解像度に制限のある無料版も提供されています。

→https://derivative.ca/

NVIDIA Omniverse

仮想空間上で共同作業できるオープンプラットフォームです。GPUサーバに複数人でログインして作業をします。Maya、3dsmax、Houdini、Blenderや各種CAD、キャラクターアニメーションツールなどプラットフォームが違うメッシュ・マテリアル・アニメーションをUSD形式にリアルタイムで変換するプラグインを使います。

→https://www.nvidia.com/ja-jp/omniverse/

Section 1-2 制作におけるワークフロー「ゲームをしないゲームエンジン」

1-2-1 ノンゲームのためのUE5情報収集

　元々UE5はゲームを作るツールです。書店の参考書やネットのブログや動画解説の多くがゲームの開発について語られており、ノンゲーム分野のものを見つけるのは難しいと思います。

　ノンゲーム・スキルアップ目的でゲーム用のチュートリアルを行うと、本来使うことのない機能を覚える羽目になり挫折することも多々あります。本書では、ノンゲーム分野に絞った機能を理解できるように構成されています。

> ☕ **Column** Epic Games 公式オンライン・ラーニング
>
> 　UE5の機能を習得する手段の1つとしてEpicの公式オンライン・ラーニングがあります。建築・自動車・放送・映画などノンゲーム分野のビデオチュートリアルも多数用意されています。高品質の教材データのダウンロードが可能で動画とダウンロードデータを元に学ぶことができます。
>
>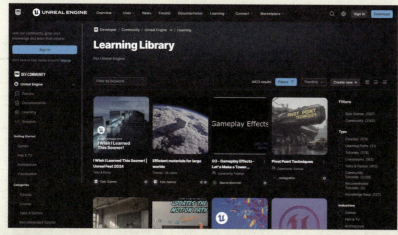
>
> ⬆ 図1-2-1　Epic Developer Community のラーニング
>
> ➡ https://dev.epicgames.com/community/unreal-engine/learning

1-2-2 | ノンゲーム利用でのワークフロー

まずはその制作の流れを把握しましょう。UE5というツールだけでは、プロダクトデザインに必要な3DCGを効率よく作るためには多少のハードルがあります。基本として、UE5は他のツールで作成された3Dモデルや画像を使いプロジェクトを構築するツールです。

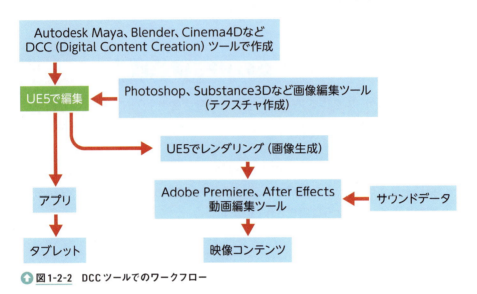

↑ 図1-2-2　DCCツールでのワークフロー

ゲームエンジンのメリット

ゲームエンジンを使うメリットは以下の点が挙げられます。

- ◆ リアルタイムで映像生成するので、長いレンダリング時間を待つことがない。
- ◆ 4Kや8Kなど大きな解像度のCG映像制作が容易にできる。
- ◆ 作業結果の確認を短時間で行うことができるため、追加/削除/修正の精度が向上。結果成果物の完成度が向上する。
- ◆ 修正依頼があった場合、監督など決定権のあるポジションの指示をその場で反映でき、事後のトラブルを減らせる。
- ◆ ゲーム制作機能でリアルタイムに位置や視点、質感、ライトなど操作できるため、プロダクトのインタラクティブプレゼンテーションに利用できる。
- ◆ 映像だけでなくVR、ARコンテンツも作成できるので複数媒体上で同時にビジネス展開が可能。
- ◆ 自己実行形式として出力すれば、PCやスマートフォン、タブレットのアプリとして広く配布が可能になる。

- オンラインゲーム機能を使えば、遠隔地ユーザ同士がVR空間に集まり、プロダクトを見ることができる。
- 高額なCADや3DCGツールと異なり、UE5は無料利用ができるのでスタッフやお客様のコンテンツを利用する全てのデバイスにインストールすることができる。
- 稼働環境もCAD用に限定された機器だけではなく、ゲーミングPCと呼ばれる比較的安価なPCまでカバーするため幅広く利用することが可能。

ゲームエンジンのデメリット

もちろん良いことばかりではありません。3DCGで映像制作経験のある方は今までとは異なる点がいくつかあります。

- DCCツールで設定した質感はほとんど変換されず、UE5側で再設定する必要があるので、過去の質感の資産が生かせない。
- DCCツールで作成したアニメーションの変換にはかなり制限がある。
- 使用可能なポリゴン数とテクスチャサイズに上限がある。

またCADユーザの方は以下の点が懸念されます。

- CAD側で設定した曲面の滑らかさやディティールが、ポリゴンに変換されるため完全再現できない。
- 3DCGの基礎知識がないと、操作や論理で理解が難しい。
- CADで設定した分解や組立アニメーション、機構シミュレーションなどはUE5に変換できないことが多い。

上記懸念点の解決方法も可能な限り本書でフォローしていきます。

Column メタバース

最近話題のメタバースですが、UE5はオンラインゲームを作成するツールなので応用すれば、プラットフォームを構築することも不可能ではありません。

2023年3月にリリースされた「Unreal Editor For Fortnite（UEFN）」を使えば、UnrealEngine5の近い操作で「フォートナイト」のゲーム空間を作成できるようになりました。詳しくは本誌10章で解説します。

⬆ 図1-2-3　Unreal Editor For Fortnite 編集画面

➡ https://www.unrealengine.com/ja/uses/uefn-unreal-editor-for-fortnite

Section 1-3 CADからUE5への変換フロー

1-3-1 CADからのワークフロー

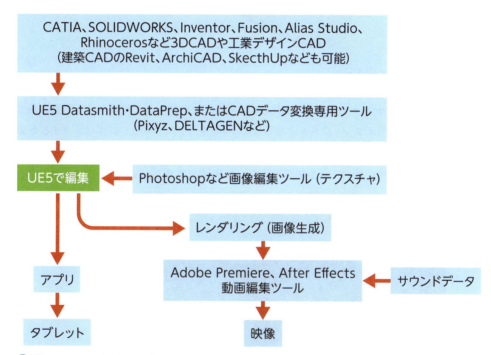

↑ 図1-3-1　CADからのワークフロー

　CADのデータはNURBS（Non-Uniform Rational B-Spline：非一様有理Bスプライン）の曲線から面を生成したサーフェスで非常に処理が重いデータです。

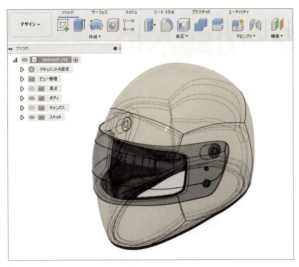

⬆ 図1-3-2　CADデータ

　Maya、BlenderやUE5など3DCGは「ポリゴンメッシュ」と呼ばれる、平面の板を網目のように並べたオブジェクトを使用します。それをリアルタイムレンダリングするために平面の数を減らす作業（リダクション）が必要になります。

　特にVRやスマートフォンで使う場合、処理速度を優先するので、大きく減らす必要があります。しかし、過度なリダクションは設計やデザインのディティールを壊してしまう（拡大すると輪郭がカクカクしてしまう問題）ので、バランスが難しいところです。

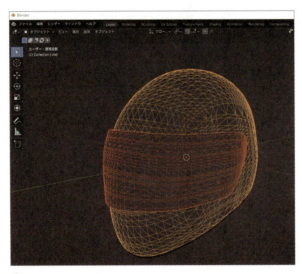

⬆ 図1-3-3　ポリゴンデータ

CADデータは以下のような情報を持って立体を構成しています

- 点→曲線→曲面の幾何学的データ。曲線の精度を上げれば滑らかさを維持できる。
- 点・線・面同士がそれぞれどのように隣接しているかを把握したデータ。
- 面の上に生成した曲線・曲面により切り取る「トリム」という処理のデータ。
- モデルの色、寸法、加工方法、物理特性（体積、重量）、製品名、部品番号などのデータ。
- モデル作成手順、穴とかフィレットといった形状をどのように作りこんでいくか、その過程のデータ。一般的なCADでは「フィーチャ」と呼ばれます。

UE5などで一般的な3DCGでは以下のような情報を持っています。

- 点→直線→平面の幾何学データ。曲面を作ることはできないので、細かい平面を数多く並べる。これをポリゴンメッシュと呼びます。
- UVデータ、ポリゴンメッシュ上にテクスチャを貼る位置を決める。
- モデルの色、テクスチャ画像のファイル名などのデータ。質感情報も存在するが、ツールやレンダリングソフトにより互換性がありません。
- 物体やカメラの移動、回転などアニメーションデータ。頂点が移動する変形データも存在する。

この性質の異なる情報を正しく変換しないと、デザインした通りのビジュアライズが困難になります。

CADデータからポリゴンメッシュへの変換の流れ

CADデータからポリゴンメッシュへの変換は以下のような流れになります。各項目がどのような順で処理されるかはツールによって異なります。

幾何要素の変換

CADで定義された形状の点・線・面が存在するので、それを3DCG用に変換します。CAD、さらにそのバージョンごとにフォーマットが違い、データが異なるのがポイントです。

高度なトリム曲面の変換

曲面上に輪郭線を与えて適当な形に切り取ります。

- **隣接したパーツの統合**

　曲面を1つの連続した大きな曲面にまとめます。ここで間違えると本来別パーツにしたいものを1つにまとめてしまうので注意が必要です。

- **フィーチャの変換**

　モデル作成手順を変換します。フィーチャの種類、パラメータなどからフィレットや穴などを成型します。

- **テッセレート**

　継ぎ目のない滑らかな曲面をポリゴンに分割します。分割が細かいほど曲面に近いポリゴンメッシュになりますが、分割数が多すぎることで処理の負荷が上がってしまうので注意です。

- **修復**

　ここまでの変換作業で穴があいたり、ものすごく小さくなったり、壊れてしまうなど問題があるポリゴンが生成された場合、それを自動で修復しないと3DCG側でトラブルになることがあります。

- **リダクション**

　ポリゴンが多すぎて処理負荷が大きくなる場合、それを減らす処理を行います。これは危険な処理に分類され、デザインされたディティールや滑らかな曲面を破壊する恐れがあります。

- **UV展開**

　CADでは基本的にテクスチャを貼ることは少ないと思われます。UE5では陰影をテクスチャとして表現するので、陰影テクスチャの領域設定であるUV展開は必須です。

1-3-2　変換のためのツール

DatasmithとDataPrep

　これらの処理を行うためにUE5に同梱されているDatasmithという無料のプラグインでCADデータからポリゴンへ変換できるようになっています。このプラグインは標準でインストールされています。

Datasmithだけでは変換処理では細かい設定ができず、また自動化ができません。それをサポートするのがDataPrepというツールです。

　それ以外にも効率よく高精度に変換とリダクションをするための代表的なツールが存在しますので、そのいくつかをご紹介します。いずれも優れたツールですが、プロ向きの有償ツールです。

Pixyz

　このツールの特徴は高速で綺麗に変換してくれる点です。変換の際に四角形ポリゴンとして出力できるので、このあとMayaなどDCCツールで加工する場合、大きなメリットになります。

→ https://unity.com/ja/products/pixyz

Deltagen

　「3D EXCITE」のツールの1つで、同じ会社の製品にCADとして広く使われているCATIA、SOLIDWORKSがあり、変換の際に起こる問題をサポートする大きなメリットがあります。また自動変換機能が実装されており、データが大量にある場合、変換時の手間を大幅に削減できます。さらにUV展開や後述する高精度ライトマップの作成も可能であり、非常に便利なツールです。

→ https://www.3ds.com/ja/products-services/3dexcite/products/3dexcite-deltagen/

Houdini

　このツールはCADからの変換機能はさほど多くなく、その面では優秀ではありません。しかし、リダクション、修復、UV展開の工程では、最強レベルの処理ツールです。操作方法が独特なので習得の難易度が少し高くなります。

→ https://www.sidefx.com/ja/products/houdini/

☕ Column　Twinmotionについて

　CADをお使いの方にはTwinmotionというUEベースのビジュアライゼーションツールがあります。プラグインを使うことで、ビジュアライゼーションを迅速に行えます。メリットはとにかく操作が簡単で使いやすいことです。最近では建築だけではなくSOLIDWORKSのプラグインもリリースされ、機械設計分野でも利用が期待されています。収益が年100万ドル未満の企業、または教育者と学校は無料で使うことができますが、クラウドの機能に制限があります。

→ https://www.twinmotion.com/ja/

⬆ 図1-3-4　TwinmotionのWebページ

　TwinmotionからDatasmithファイル（後述）をエクスポートすることができるようになり、UE5へインポートしてデータを活用することが可能になりました。
　UE5へ変換する際に質感を正しくするプラグインが用意されています。

→ https://www.fab.com/ja/listings/e8c0d5bf-57cf-4c70-830b-8aec43044822

Section 1-4 UE5でのワークフローと用語

1-4-1 インタラクティブコンテンツ企画のワークフロー

UE5のゲームエンジン機能を使うとVR/ARやコンフィグレータを作成することができます。そのコンテンツの企画から制作の全体的な流れは以下の様になり、映像制作と異なります。

最初からDCCツールで制作を開始するのではなく、UE5を使ってプロトタイプを作成し、インタラクションを設定して動作を確認してから、3D素材の作成に入ります。この理由は素材の作り方により処理負荷が増え、リアルタイムで計算できなくなる可能性があるからです。

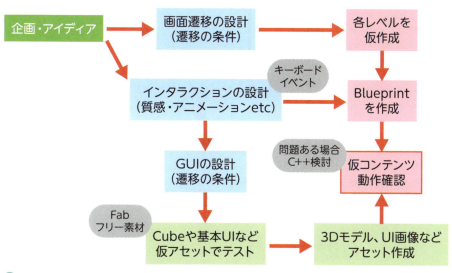

図1-4-1　コンテンツの開発フロー

1-4-2 UE5映像コンテンツ制作ワークフロー

　UE5を利用するプリレンダー3DCG制作ではゲーム制作や3DCAD作業とも異なる流れになります。

　通常ツール内にアニメーションツールやレンダリングソフトが入っていてこれらを利用して映像を作りますが、UE5は元々ゲームエンジンなのでゲームの制作工程に近くなります。ゲーム制作の経験がある方の理解は早いと思います。

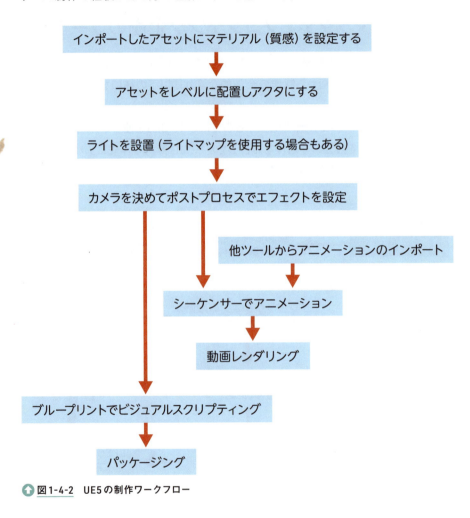

図1-4-2　UE5の制作ワークフロー

1-4-3 | 基本的な用語集

3DCGを制作した経験がある方でも聞きなれない言葉が多いと思います。ゲームエンジン独特の用語で、本書を含めオンラインマニュアルなどでも同じ名称を用います。最初は戸惑うこともありますが、時間が経てば慣れてくるのでご安心ください。

❖ アセット

CADや3Dツールで作った3Dモデルや質感を付けるための画像データなどの総称です。サウンドや動画データなども含まれます。

❖ レベル

3Dの空間、シーンを指します。後述しますが「マップ」と呼ぶ場合もあります。

❖ アクタ

アセットをレベルに配置した場合、アクタと呼びます。例えば「車のタイヤのアセットを、4つのアクタとして配置する」という操作をします。レベルのカメラやライトもアクタになります。

この操作の場合、アセットを修正すれば、4つのアクタは全て変更されます。CADのパーツとアセンブリの関係に近いでしょう。

❖ ライトマップ

UE5ではレンダリングの計算を軽減するため、動かない背景などの陰影をテクスチャとして貼ります。これをライトマップと呼びます。

❖ ポストプロセス

UE5だけで、画面に色や明るさを変えるようなエフェクトをかけることができます。またそのエフェクトにアニメーションを設定することも可能です。Adobe After Effectsのようなツールだと思ってください。この機能を使うことでセルアニメのような効果を出すこともでき、マンガの背景などでも活用されています。

❖ シーケンサー

UE5上で動画編集をするエディタのことです。タイムライン上でアクタのイベントの編集を行うのでAdobe Premiereのようなツールに操作感が近いでしょう。シーケンサーで編集後、ビデオやシーケンスファイルとして書き出します。

さらにそれだけではなく、ゲームコントローラーやモーションキャプチャーした動きなどを記録し、編集することもできます。

❖ ブループリント

UE5におけるプログラミング機能の1つです。コンフィグレータでキーボードや画面UIを操作して、質感を変更したり、パーツを付け替えたりする操作をする場合必須になります。

また映像制作の際にも画質の設定などに使うことが可能です。

プログラミングといえばデザイナーにとっては敷居が高く難しいと思いがちですが、ノードとノードをワイヤーでつないで作成する「ビジュアルスクリプティング」と呼ばれる手法で、誰でもプログラミングができる機能です。

もちろんプログラマーの方にはC++言語が用意されています。また特筆すべき点としてUE5はオープンソースなので、C++を使えばユーザは自由にUE5そのものを改造することができます。

❖ パッケージング

作ったプロジェクトを、UE5のコンテンツを編集する「UE5 Editor」がなくても、単体で実行できるアプリに変換することができます。PCやスマホ、タブレットなど様々なデバイスに広く配布できます。

☕ Column　Epic Games 公式コミュニティ

UE5は条件によっては無料で使うことができますが、サポートがありません。そこでEpic公式の「DEV community」というフォーラムがあり、ここで意見交換をすることができます。またマニュアル（ドキュメント）もここで入手できるので、ぜひ活用してください。

→ https://dev.epicgames.com/community/

Chapter
2

Unreal Engine 5の基本操作と 3Dデータの変換

本章から実際にUE5の使い方を説明します。最初にお断りしておきますが、UE5は本来ゲーム制作ツールです。そのための機能は本書ではほとんど説明せず、製造業向けビジュアライゼーションに絞った機能と使い方だけを記しています。既にゲームを作っている方から見ると特殊に見える使い方を推奨している部分もあることをあらかじめご承知ください。

Section 2-1 UE5の起動とセットアップ、基本操作

2-1-1 UE5で必要なPCスペック

　一般的に[ゲーミングPC]として販売されているPCの中でも高性能な機種が適しています。現在UE5が動作していれば、基本そのまま使用することも可能です。

　グラフィックボードが搭載されていないPCやノートPCなどのiGPUでも動作は可能ですが、とても処理が遅く作業効率が上がらないのでご注意ください。

- ◆ OS：Windows10または11でDirectX12が使えるバージョンのPC
- ◆ メモリ：16GB以上あれば動作しますが、できれば32GB必要です。後述のNaniteや解像度が高いテクスチャを使う場合、64GB必要です。
- ◆ ストレージ：高速かつ大容量のSSDをお勧めします。
- ◆ グラフィックボード：NVIDIAならGeForce RTX2070シリーズ、Quadro Pシリーズ、AMDならAMD RX Vega 64が最低スペックで、VRAMが8GB以上必要です。

　上記以下のスペックでも動作しますが、一部機能が動作しない場合や、UE5がクラッシュする原因になります。NVIDIAならば、RTX 3070、RTX A5000以上だと、スムーズな開発が期待できます。

　ツールのダウンロードやアップデートがあるのでインターネット常時接続環境は必須です。UE5ではツールやデータのサイズがさらに大きくなるので、高速なインターネット回線があると便利です。詳細は以下の公式サイトをごらんください（英語版）。

→ https://dev.epicgames.com/documentation/en-us/unreal-engine/hardware-and-software-specifications-for-unreal-engine

2-1-2 UE5のインストールと起動

ダウンロード

まずは、UE5のダウンロードとインストールからです。以下の操作はメーカーの都合により変更になる場合もあるのでご注意ください。

以下のURLにアクセスします。検索エンジンで[UE5]を探しても構いません。
左下にある「ライセンスの詳細」をクリックします。

→ https://www.unrealengine.com/ja/

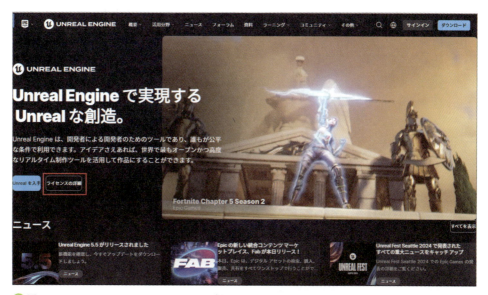

⬆ 図2-1-1　Epic GamesのWebサイトからダウンロード

ライセンスの確認をします。収益が年100万ドル未満、または教育者と学校は無料で利用できます。
　それ以外は有料のシートライセンスが必要です。ゲームやアプリケーションを配布する場合はロイヤリティが発生します。
　「今すぐダウンロード」をクリックします。

⬆図2-1-2　ライセンスの確認

「ランチャーダウンロード」クリックしてEpic Games Launcher（エピックゲームランチャー）のダウンロードを開始します。

⬆図2-1-3　ランチャーダウンロードをクリック

ダウンロードしたインストーラーをダブルクリックしてインストールします。
　インストール先は変更できません。Epic Games Launcherはさほど大きくなく、インストール時間もかかりません。

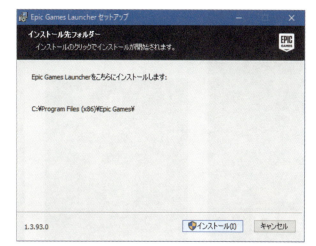

⬆ 図2-1-4　インストールを実行

Epic Games Launcherを起動

図のアイコンをダブルクリックして、Epic Games Launcherを起動します。

⬆ 図2-1-5　ランチャーの起動

Epic Gamesアカウントを作成

　起動するとアカウントへのサインインを求められるので、一番下の「アカウント作成」をクリックします。Facebook、Googleなどのアカウントがあれば連携できますが、ここではメールアドレスでEpic Gamesアカウントを作成します。生年月日を入力し、規約の同意などにチェックを入れて進めます。

⬆ 図2-1-6 アカウントの作成

確認のコードがメールで届く

確認のコードがメールで届きますので、入力します。

⬆ 図2-1-7 メールの確認コードの入力

［サインイン］完了

［サインイン］が完了し、Epic Games Launcher が起動します。

⬆ 図2-1-8　ランチャーの起動

広告などを非表示化

画面下にゲーム情報などEpic Gamesからのバナー広告が出ます。ビジュアライズの業務や学習で使う上では不要な場合が多いので、非表示にすることをお勧めします。

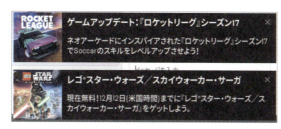

⬆ 図2-1-9　ゲームの広告が表示される

画面左下にある［設定］から［ゲームライブラリを非表示にする］のチェックをオンに、［無料ゲームの通知を表示］［ニュースと特別オファーの通知を表示］をオフにします。表示する言語の変更もここで行います。

⬆ 図 2-1-10　広告の非表示設定

ダウンロードキャッシュ用のパスを変更

　ダウンロードキャッシュ用のパスを変更します。後述しますアセット共有サービスの [Fab（ファブ）] でダウンロードしたコンテンツの保存先を設定します。そのまま変更しないと、C：ドライブの容量が不足しがちになるため変更しておきます。変更先もディスクの空き容量がある程度確保されていることを確認しましょう。ファイルパスに日本語が含まれていると誤動作をする可能性があります。

　[ダウンロードキャッシュ用フォルダを編集] をクリックします。

⬆ 図 2-1-11　ダウンロードするコンテンツの保存先の変更

次の図の[参照]をクリックして、ファイルパスを変更します。

⬆ 図 2-1-12　保存先の変更設定前

UE5インストール

次はUE5の本体をインストールします。Epic Games Launcherの[ライブラリ]をクリックし、画面右上の[エンジンのインストール]をクリックします。

⬆ 図 2-1-13　UE5本体のインストールの準備

次のようなダイアログが出ますので、インストール先のディレクトリを決めます。ここはできればSSDドライブの指定をお勧めします。読み書きが高速なためHDDと比較して操作のレスポンスが大きく異なってきます。

⬆ 図 2-1-14　UE5インストール先の設定

> **☕Column** なぜ、数字・記号・日本語が使えないのか？
>
> UE5はC++言語で作成され、動作しています。ディレクトリ・ファイル名に記号があると、そのC++の動作（コンパイル）の際にトラブルになる場合があります。
> また、Windowsファイルエクスプローラーの仕様でファイルパスが256文字を超えると、UE5の動作に不具合が発生します。ご注意ください。

また次に進む前に[オプション]を必ずクリックしてください。

デフォルトではディスクの空き領域として約40GB必要とします。スクロールすると、[対応プラットフォーム]の項目が現れ、必要に応じてスマートフォンなどのアプリ開発のライブラリを追加できます。

[適用]で閉じて、[インストール]をクリックします。

⬆図2-1-15　不要なインストール項目はチェックをオフにする

インストール開始

インストールが始まります。ネットワーク回線速度にもよりますが、数十分かかりますので、気長にお待ちください。

⬆図2-1-16　インストール開始

なお画面左下の[ダウンロード]をクリックすると、ダウンロード状況の詳細がわかります。プラグインやFab（後述します）のダウンロードの際にも確認できます。

UE5起動とテンプレート

インストールが終わったら、図の[起動]をクリックします。どちらをクリックしても問題ありません。

🔼 図2-1-17　UE5の起動

またデスクトップにアイコンができています。これをダブルクリックしても起動します。できればバージョンの付いた名前に変更しておきましょう。

🔼 図2-1-18　デスクトップの起動アイコンの名前を変更

起動する際、次のダイアログが2つ表示されます。UE5が起動する際にEpic Gamesへオンラインで通知が行く仕組みになっており、通信環境に問題がないかを確認しています。使っているPC環境によってはアンチウィルスソフトがUE5を問題視することもあり、設定を変更しないと起動できない可能性もあります。

ここでは[アクセスを許可する]をクリックします。

⬆ 図2-1-19　Windowsセキュリティの警告はアクセスを許可する

UE5の起動画面が表示されます。しばらく待ちます。

⬆ 図2-1-20　UE5の起動画面

☕Column　起動アイコンの名前を変更する理由

なぜ起動アイコンの名前を変更するのかというと、UEはバージョンごとに互換性がない場合があるため、複数のバージョンをインストールし、それぞれ起動して動作確認をすることがあるからです。このとき起動アイコンのバージョンがわかりやすいと便利なため、名前を変更しておきます。

⬆ 図2-1-21　起動アイコンはバージョン名を記載

> **☕ Column** 他バージョンのインストールやアンインストール

過去のUE5のインストールをする場合「Engineバージョン」の右の（＋）をクリックすることで可能です。この作業は特に必須ではありません。

⬆ 図2-1-22　過去のUE5のインストール

もしもインストール操作を間違えた場合、[起動]の右にある▼をクリックして出るメニューから[削除]を選ぶことでアンインストールできます。

また図2-1-15で省いた追加機能をインストールする場合は、[オプション]を選択します。

⬆ 図2-1-23　アンインストールの方法

プロジェクトの作成とテンプレート

　図のようなプロジェクトブラウザが起動できれば、UE5のインストールは完了です。次はプロジェクトまたはテンプレートを選択し、起動します。

　プロジェクトとはUE5の様々なシーンを集めたデータのことです。テンプレートは、ゲーム・映像・建築・プロダクトデザインなどの業務分野に合わせた設定が既に済んだ環境で起動するプロジェクトです。

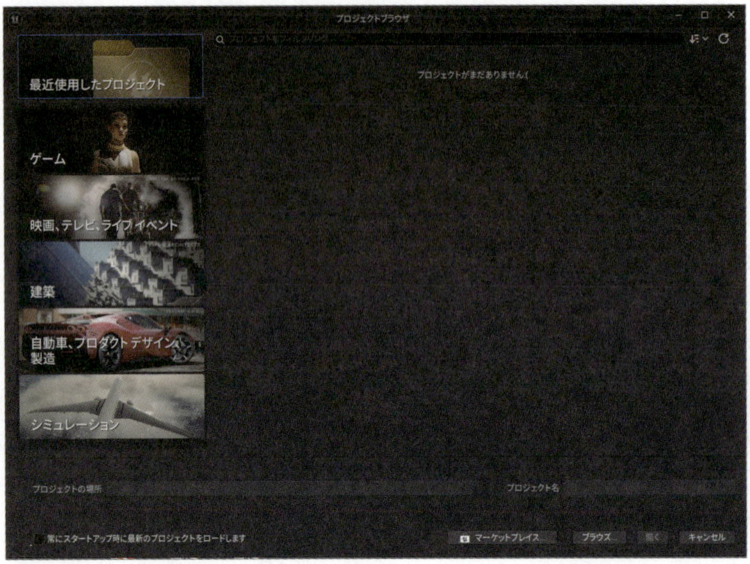

↑ 図2-1-24　プロジェクトブラウザが起動

　[ゲーム]のテンプレートはUE5のゲーム制作で使うテンプレートです。アクション、シューティング、ドライブ、VRなどのゲームが即プレイ可能です。ここから編集すれば、短時間でゲームを作成できます。

　ブランクにすると、何もテンプレートがない状態のプロジェクトになります。

↑ 図2-1-25　ゲームテンプレート

［映画/テレビ ライブイベント］のテンプレートはインカメラVFX（バーチャルプロダクション）などを指定しています。実験的機能ですが、モーショングラフィックを作成する「Motion Design」のテンプレートが追加されました。

⬆ 図2-1-26　映画/テレビ ライブイベント テンプレート

［建築］のテンプレートは、建築・インテリア業務向けです。室内ライティング、イラストのようなレンダリング、オンラインマルチユーザーVRなど、広範囲に活用できます。

⬆ 図2-1-27　建築テンプレート

［シミュレーション］のテンプレートはフライトシミュレーター作成用です。

◆ 図2-1-28　シミュレーションのテンプレート

［自動車、プロダクトデザイン、製造］のテンプレートは、プロダクトを様々な撮影スタジオで撮影できるフォトスタジオや、ギターのコンフィグレータ、オンラインマルチユーザーVRやスマートフォンを使ったARなどが用意されています。今回はこの「フォトスタジオ」テンプレートを使用します。

◆ 図2-1-29　［自動車、プロダクトデザイン、製造］テンプレートで作成

ダイアログの下にある[プロジェクトの場所]のフォルダアイコンから保存先ディレクトリを変更できます。SSDドライブを指定するとパフォーマンスが向上します。

次にプロジェクト名を決めます。このとき、1文字目に数字を使うことはできません。

⬆ 図2-1-30　プロジェクトの保存先の決定

また"-"（ハイフン）など記号も使えません。記号は"_"（下線）のみ受け付けます。

⬆ 図2-1-31　プロジェクト名の使えない文字

ここでは、[Lesson1_Project]にしました。日本語の使用は可能ですが、お勧めしません。以下のようにプロジェクト名を決めて[作成]をクリックします。

⬆ 図2-1-32　プロジェクト作成

[作成]をクリックすると起動画面が表示され、左下に処理の進捗が表示されます。ここでもしばらく待ちましょう。

⬆ 図2-1-33　UE5プロジェクトの起動

次のような画面が表示されれば起動は成功です。これを「Unreal Editor」と呼びます。

Section 2-1　UE5の起動とセットアップ、基本操作　37

↑ 図2-1-34　UE5プロジェクト・テンプレートの起動

　ただ初回の起動の場合、画面右下に［100個のメッシュカードの準備をしています］と表示が出ます。％の部分をクリックすると進捗の詳細が表示されます。その（）内の数値がゼロになるまで、GPUが3DCG表示に必要な計算を行います。

　進捗が表示されていてもUE5で他の操作を行うことはできますが、計算が終わるまで画面は正しく表示されません。

↑ 図2-1-35　［シェーダーを準備しています］と表示

プロジェクトの実行

　画面上部にある緑の三角形のボタンをクリックすると、プロジェクトが実行されます。通常はゲームをスタートする機能ですが、ビジュアライゼーションの場合は、設定してあるアニメーションやプログラムの実行という意味になります。

↑ 図2-1-36　プロジェクトを実行する

　実行すると、車のアニメーション再生を確認できます。無機質な空間にコンセプトカーが表示されていますが、これはテンプレートと呼ばれ、既にベースになる素材が用意してあるコンテンツです。例えば、CADで設計した自社プロダクトをこの車と差し替えることで、ビジュアライゼーション制作を迅速に進めることができるようになっているのです。

　アニメーションの終了後、ビューポートをクリックすると、キーボードのカーソルで視点を移動することができます。

↑ 図2-1-37　リアルタイムレンダリングの体験

実行停止とプロジェクトの終了

　実行中は、先ほどクリックした緑の三角が赤い四角形になっています。これを再度クリックすると実行停止しますが、マウスカーソルが出てきません。UE5の基本設定ではゲーム中のマウスカーソルは非表示なためです。

↑ 図2-1-38　プレイの停止ボタン

　[Shift]＋[F1]キーを押すとカーソルが表示され、クリックできるようになります。また、キーボードの[Esc]キーを押しても停止することができます。

　エディタの右上の[×]をクリックすることでUE5を終了します。

⬆ **図2-1-39** Shift＋F1キーでマウスカーソルを表示/UE5の終了

[Shift] + [F1] キー（マウスカーソルを表示）

2-1-3 | UE5の再起動とUIの基本操作

UE5プロジェクトの再起動

一度閉じたプロジェクトの再起動方法を解説します。

デスクトップアイコンからUE5を再起動すると、プロジェクトブラウザに先ほど作成したプロジェクトがアイコン表示されます。今後プロジェクトを作成するごとに、ここに追加されます。

⬆ **図2-1-40** UE5プロジェクトの再起動

Epic Games Launcherを起動すると、[マイプロジェクト]に作成したプロジェクトが表示されます。右にある検索欄にキーワードを入力して探すことも可能です。

Epic Games Launcherまたはプロジェクトブラウザのプロジェクトをダブルクリックすれば再起動できます。

⬆ 図 2-1-41　Epic Games Launcher から再起動

> ☕ **Column** プロジェクトの削除と名前の変更
>
> UE5では、Epic Games Launcherやプロジェクトブラウザからプロジェクトを削除することはできません。
>
> Epic Games Launcherでプロジェクトを右クリックから[フォルダで開く]を実行して、Windowsエクスプローラーを起動し、そこから削除します。この操作でEpic Games Launcherからも削除されます。
>
>
>
> ⬆ 図 2-1-42　プロジェクトの削除
>
> プロジェクトの名前の変更する場合、Windowsエクスプローラーでフォルダ名を変更することはトラブルの元になるので、お勧めできません。
>
> Epic Games Launcher上で[クローン]を作成して、それを保存する際に名前を変更します。元のプロジェクトは不要であれば削除します。

Section 2-1　UE5の起動とセットアップ、基本操作

⬆ 図2-1-43　プロジェクトのクローンの作成から名称変更

英語表記に設定

　UE5 Editorのメニューを日本語から英語に変更します。メニューから [編集] → [エディタの環境設定] を選びます。

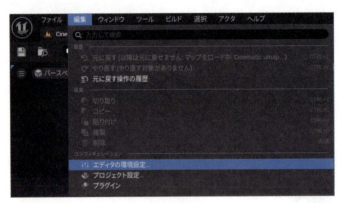

⬆ 図2-1-44　エディタの環境設定の起動

　[地域＆言語] → [エディタの言語][エディタのロケール] が [日本語] になっているので、それぞれ [English] に変更します。

🔼 図 2-1-45　［地域 & 言語］の項目に移動し Editor の関連項目を英語表記に変更

　図のようにユーザーインターフェイスがすべて英語に切り替わります。苦手な方も多いかもしれませんが、英語で開発されているアプリケーションなので、不具合を避けるためにもこの状態で使用することをお勧めします。

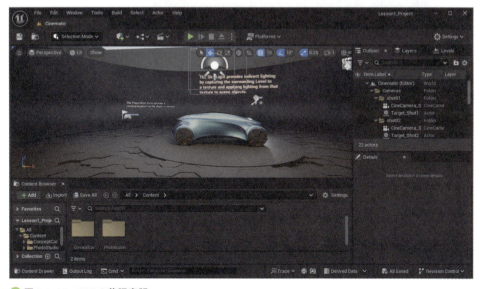

🔼 図 2-1-46　UE5 の英語表記

Section 2-1　UE5 の起動とセットアップ、基本操作　43

新規レベル作成

次に基本操作を解説します。シンプルなレベルで説明したほうがわかりやすいので新しくレベルを作成します。

まずメニューから[File]-[New Level]を選びます。

↑ 図2-1-47　New Levelの作成

様々なテンプレートが表示されます。練習として[TimeOfDay]を選択して[Create]をクリックします。

↑ 図2-1-48　TimeOfDayでレベル作成

次のような画面が表示されます。これをUE5ではレベルと呼びます。一般的なDCCツールではシーンと呼ばれるものに近いです。

⬆ 図2-1-49　TimeOfDayでレベル作成

作ったレベルを保存します。[File]メニューから、[Save Current Level]か、フロッピーディスクのアイコンをクリックして保存します。

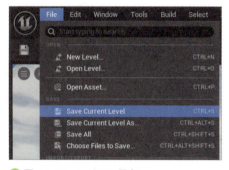

⬆ 図2-1-50　レベルの保存

ここでは、[Lesson1]という名前を付け[Save]します。保存先は[Content]というフォルダになります。

⬆図2-1-51　レベルに名前を付けて保存

UE5のユーザーインターフェイス

これがUE5の基本的なユーザーインターフェイスになります。

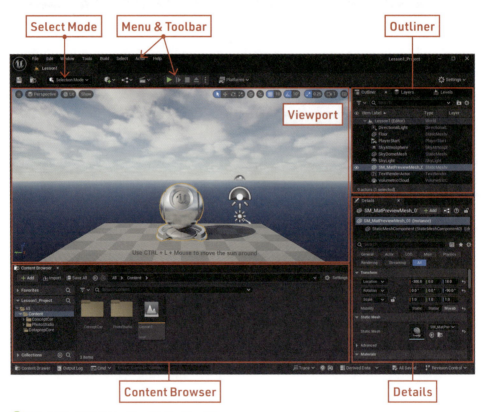

⬆図2-1-52　UE5のユーザーインターフェイス

❖Viewport（ビューポート）

レベル（シーン）を表示します。ここに見えている画像がリアルタイムで更新されます。レンダリングもこの画面のまま出力されます。

❖Menu & Toolbar（メニュー・ツールバー）

ファイル操作やプログラム作成、アニメ編集、各種ツールの設定などすべてここに集中しています。

❖Content Browser（コンテンツ・ブラウザ）

アセット（部品）の倉庫のようなものです。ここからビューポートへドラッグ＆ドロップして配置します。

❖Outliner（アウトライナ）

現在のレベルにあるパーツ（アクタ）のリストです。ビューポート上でパーツ（アクタ）をクリックするとハイライト表示されます。逆にアウトライナ上のアクタなどをクリックするとビューポートのアクタにオレンジ色の枠が表示され、選択されていることを示します。

左側にある、目玉のアイコンをクリックして表示/非表示を選べます。

❖Details（ディーテイルズ）

アウトライナ、またはビューポートで選んだパーツの詳細情報の表示と、そのパラメータ操作を行います。

❖SelectMode（セレクトモード）

操作モードを切り替えることができます。"Select"が基本機能操作で、それ以外に地面を作成する"Landscape"、草木を生やす"Foliage"、DCCツールを使わずモデリングをする"Modeling"などが用意されています。

⬆ 図2-1-53　SelectMode（セレクトモード）

次の図はセレクトモードからModeling Modeを起動したところです。このツールを使うと、CADやDCCツールがなくてもある程度であれば、UE5だけでモデリング作業が可能です。

⬆ 図2-1-54　Modeling Modeの表示

モデリングモードの公式ドキュメント

→ https://dev.epicgames.com/documentation/ja-jp/unreal-engine/modeling-mode-in-unreal-engine?application_version=5.5

☕Column レイアウト変更

　ここまで紹介した各ウィンドウはタブをドラッグすれば自由に移動が可能です。またタブの右上にある[×]マークをクリックして消すこともできます。

🔼 図2-1-55　Editorのレイアウトを変更した状態

　ウィンドウを消してしまった場合、メニューから[Window]を選んで必要なもののチェックをONにすれば表示されます。

　レイアウトが壊れてしまった場合はメニューの[Window]→[LoadLayout]→[DefaultEditorLayout]で戻ります。その場合、ContentBrawserが消えてしまうので、[Window]→[ContentBrowser]→[ContentBrowser]で再表示されます。

🔼 図2-1-56　レイアウトをデフォルトに戻す

Engine Scalability Settingsによる画質設定

次にUE5の画質と処理速度を設定します。

画面右上の歯車のアイコンからSettings→Engine Scalability Settingsの順にクリックします。

↑ 図2-1-57　画質を設定するEngine Scalability Settings

次の図ではすべて[Epic]と書かれた箇所が青くなっています。マシンによっては違った結果になる場合もありますが、これはUE5自体がグラフィックボードのスペックを調査して自動で最適な表示に設定しているためです。

[Auto]をクリックすると、ゲームを快適な速度でプレイすることを優先して、画質を落とす設定に変更します。[Epic]はメーカー推奨の設定、[Cinematic]は処理速度を落としてでも高画質を維持します。[Low]にすると数世代前のゲーム機の画質まで下がりますが、パワーがないPCでも動作します。

本書では、ビジュアライゼーションが目的なので、速度より画質を優先し[Cinematic]を選択します。

🔺 図2-1-58　Cinematicで最高画質に設定した場合と、処理を優先して最低画質にした場合

現状の設定は画面の左上に表示されます。

🔺 図2-1-59　設定の確認

リアルタイムレンダリングで負荷がかかる要素

　Engine Scalability Settingsの設定内容は次のとおりです。
　それぞれを理解しておくことで、リアルタイムレンダリングで何がUE5の計算処理に高い負荷になるか判定できます。

View Distance	遠く離れたものも計算させる
Anti-Aliasing	ジャギー（ピクセルのギザギザ）を軽減する処理
Post Processing	ポストプロセスという画像にエフェクトをかける
Shadows	影の計算
Global Illumination	グローバルイルミネーション
Refrections	反射の計算
Textures	テクスチャ高解像度
Effects	パーティクルのなどのエフェクトを多く表示する
Foliage	地面に大量の草木を配置させる
Shading	シェーディングのクオリティが高い。特に反射や透明の質感は負荷が高い
Landscape	地形作成

　リアルタイムレンダリングをするコンテンツでは、企画の段階で上記の点について注意が必要です。表示計算の処理速度を上げるためにはこれらの中から負荷軽減の手段を考慮する場合もあります。

ドローコール

　Unreal Engineのリアルタイムレンダリングには[ドローコール]という処理があります。これは[3D空間を描画するためのプログラム処理]で、負荷が大きくなる要因にもなります。それを軽減する手段として以下の方法があります。

- ◆ モデルをインスタンス化する。
- ◆ 複数のモデルを1つに結合する。
- ◆ 複数モデルそれぞれにテクスチャを貼るのでなく、複数モデル用を1枚に統合する。

　つまり、UE5でリアルタイムレンダリングをすることは、[拡張機能]と[ドローコール]を考慮してレベルを構築しなくてはならないということです。今後の操作でこの注意点が随所で現れます。

FPSの確認

　画面左上の≡マーク（VIEWPORT OPTIONS）から[Show FPS]のチェックをOnにすると、現在の描画フレームレートと1フレームの描画速度を表示します。30FPS以上では緑

色表示、20FPS 〜 30FPS は黄色表示。20FPS 以下は赤色表示になります。

⬆ 図2-1-60　FPSを確認する

2-1-4 | 最低限必要なアクタ

　通常のDCCツールやCADでは[新規作成]であれば全く何もない3D空間が最初に現れますがUE5では異なります。最初からリアルな映像表現ができる最低限のテンプレートが用意されてすぐにコンテンツ制作を開始できます。画面右側のOutlinerを見ると9つのパーツがあります。これを"アクタ"と呼びます。

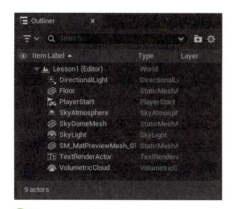

⬆ 図2-1-61　最低限のレベルアクタ

Outlinerの基本操作

　Outlinerで各項目をクリックすると、ViewPort内の物体にオレンジ色の縁が出ます。この状態が選択されたことを意味します。さらにダブルクリックで選択した物体が自動的に画面中央にズームされます。また各項目の左にある目玉のアイコンで表示 / 非表示して存

Section 2-1　UE5の起動とセットアップ、基本操作　53

在を確認できます。

　Outlinerの右側に[Type]という項目があります。通常のDCCツールではオブジェクトとカメラ、ライトくらいの区別ですが、UE5では様々なタイプがあり、それぞれ機能が異なり重要なポイントになります。"Floor"、"SM_MatPreviewMesh_01"はStaticMeshActorと記載されています。この[スタティックメッシュ]が通常のDCCツールで作成された3DCGのオブジェクトと同等の意味になります。

基本的なアクタ

PlayerStart

　プロジェクトを実行すると、ここからスタートします。ゲームのプレイヤーです。標準ではカメラが内蔵されており、視点が決まります。ちょうどMatPreviewMesh_01に水色の矢印を向けて対座した配置になっています。

⬆ 図2-1-62　PlayerStart

DirectionalLight

　太陽光として動作するライトです。矢印を操作して光の角度を変更できます。

⬆ 図2-1-63　DirectionalLight

Floor

　単なる床です。影を表現するためだけでなく、Playerがここから踏み外すと下に落ちてし

まいます。UE5では物理シミュレーションの機能が充実しています。

このFloorのチェック模様の質感は何も設定していないデフォルトの状態です。

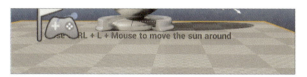

⬆ 図2-1-64　Floor

SM_MatPreviewMesh_01

中央にUnreal Engineの[U]のロゴが入ったアクタです。マテリアルを確認するための基本パーツです。ここでは金属の質感で背景や床の映り込みや影を表現しています。

このアクタの代わりに車や家、工業プロダクトを置けば、まずは作品としての基本構成ができるでしょう。

⬆ 図2-1-65　MatPreviewMesh

SkyAtmosphere

大気の表現を作りだす要素です。遠景の彩度を下げることでリアルな表現になります。ワールド全体を覆う大きさです。

⬆ 図2-1-66　SkyAtmosphere

✥ SkyDomeMesh

このワールド全体をカバーするドームであり、雲や星空を表示します。SkyAtmosphereとコンビを組んで動作します。

⬆ 図2-1-67　SkyDomeMesh

✥ SkyLight

このワールド全体を照らす間接光のライトです。これがないと床や壁に反射した光の計算が正しくできません。

⬆ 図2-1-68　SkyLight

✥ Volumetric Cloud

ボリューメトリッククラウドという物理法則に従った手法で雲を表現します。

⬆ 図2-1-69　Volumetric Cloud

✥ TextRenderActor

地面の上にある文字です。操作などの説明をするために使います。

"Use CTRL + L + Mouse to move the sun around"とあるので、CTRL + L キーを押し

ながらマウスを移動してみましょう。ライトの方向が変化し、空の色も変わります。キーを離せば終了します。

⬆ 図2-1-70　TextRenderActorを操作説明文に使う

CTRL+L（ライトの方向を変える）

2-1-5 ビューポート操作

基本的な画面操作

まず、画面操作を習得しましょう。画面のアイコン、メニューをクリックしても構いませんが、効率を上げるためキーボードショートカットでの操作をお勧めします。

ツールバーの[Play]は先に説明しました、ゲームをプレイする機能です。再度クリックしてみましょう。

⬆ 図2-1-71　プレイ開始

Alt+P（ゲームプレイ）

現在は新規作成したレベルですから、何も始まりません。PlayerStartから見た視点になります。

前述のSkyLightなどアクタは非表示になります。またビューポートの上にあった[Perspective]などのUIも非表示になります。Outlinerは、元々なかったアクタが出現しますが、現時点では気にすることはありません。

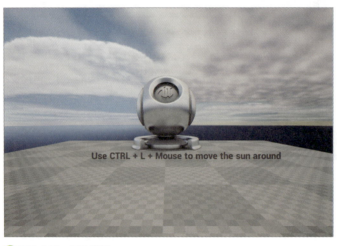

⬆ 図2-1-72　プレイ画面はアイコンやUIが消える

F11 キーで、OutlinerなどのUIが消えて、フル画面になります。再度 F11 で戻ります。

⬆ 図2-1-73　フル画面

F11 （フル画面）

この状態で、まずマウス左ボタンでビューポートをクリックします。

【マウス左ボタン】クリック

　これで、プレイヤーとなりゲームとしての操作が可能になります。ビューポートのマウスカーソルも消えてクリックなどできなくなります。

この状態で W・A・S・D キーを押すと前後左右、E・C キーで上下に視点を移動できます。PCゲームの操作と同じです。またマウスを移動するとその場で視点を変更できます。

⬆ 図2-1-74　前後左右に移動

W（前に移動）

A（左に移動）

D（右に移動）

S（後ろに移動）

⬆ 図2-1-75　視点を移動

E（上に移動）

Q（下に移動）

【ボタンを押さずマウス移動だけ。マウスホイールは無効】

ツールバーの［停止］をクリックまたは Esc キーを押すと、プレイ終了です。

↑ 図2-1-76　プレイ停止

ESC（停止）

プレイしていない状態でのキーボード操作

プレイしていない状態でキーボードの画面操作は以下のようになります。

テンキー 8 またはカーソル ↑（前に移動）

テンキー 2 またはカーソル ↓（後ろに移動）

テンキー 4 またはカーソル ←（左に移動）

テンキー 6 またはカーソル →（右に移動）

テンキー 7 または Page Up（上に移動）

テンキー 9 または Page Down（下に移動）

視点の移動が速すぎる場合、[Camera Speed] から調整します。

↑ 図2-1-77　カメラ速度の変更

プレイしていない状態でのマウス操作

マウス操作もプレイしていない状態では異なります。

左ボタンのドラッグでマウスを移動すると、視点を回転しながら移動できます。慣れない

と操作が難しい操作です。

⬆ 図2-1-78 　移動しながら視点回転

【マウス左ボタンドラッグ】

中ボタンドラッグで視点を移動します。

⬆ 図2-1-79 　視点移動

【マウス中ボタンドラッグ】

　右ボタンドラッグで場所を動かずに視点を回転し、ぐるっと見回すことができます。中ボタンと組み合わせることで、ボールの反対側にまわり込むことができます。

⬆ 図2-1-80　その場で視点回転

【マウス右ボタンドラッグ】

マウス中ボタンホイールを回転でカメラが近づいたり遠ざかったりできます。

⬆ 図2-1-81　視点のドリーイン・アウト

【マウス中ボタンホイール回転】

> **Column 画面操作を間違えて、視点がどこだかわからなくなったとき**
>
> ツールバー［プレイ］をクリックするか、または ALT ＋ P を押してゲームをスタートさせます。すると、PlayerStartにカメラが強制的に移動しますので、すぐに ESC キーで終了すれば最初の位置にカメラが戻ります。

MatPreviewMesh_01を選択した状態で F キーを押すと図の様に、そのアクタがビューの中央になるように視点が移動します。Outliner上でダブルクリックしても同様なことが起きます。

Blenderの"."（ドット）の操作と同じです。

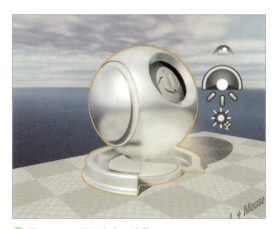

⬆ 図2-1-82　画面中央に移動

F キーを押した後でのマウス操作は、Mayaを使っている方はお馴染みの操作です。ALT とマウス左ボタンドラッグで選択したアクタを中心に点を回転します。

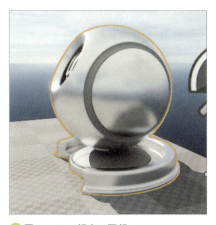 

⬆ 図2-1-83　視点の回転

| ALT ＋【マウス左ボタンドラッグ】 |

　ALT とマウス右ボタンドラッグでセンターホイールより、スムーズにカメラ距離を変更します。

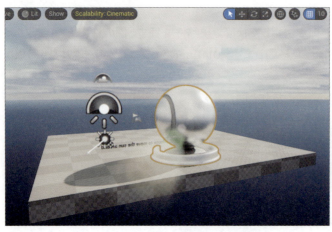

⬆ 図2-1-84　アクタとカメラの距離を移動

| ALT ＋【マウス右ボタンドラッグ】 |

カメラの操作と切り替え

　制作作業中に、多方向からの視点に切り替えたい場合の操作を説明します。
　ビューポートの[Perspective]をクリックし、メニューから視点を切り替えます。

⬆ 図2-1-85　視点の切り替え

　次の図は[右（Right）]カメラに切り替えた状態でパースのない平行投影です。
この状態ではここまで説明した操作と違いが出てきます。

```
【マウス中ボタンホイール回転】（視点のズームイン・ズームアウト）
【マウス右ボタンドラッグ】（視点の移動）
【マウス左ボタンドラッグ】（囲んだ範囲のアクタを選択）
```

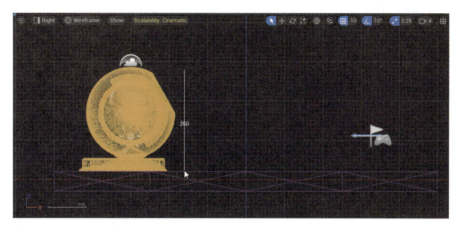

⬆ 図2-1-86　距離の計測方法

　画面左下に [1m] と表記があります。この状態でマウスを中ボタンドラッグすると距離計測機能が使えます。

　ここで表記されている [260] は260cm＝2,600mmです。UE5の数値表記の単位はcmで統一され、これを [1 Unreal Unit] といい日本語で [1アンリアル単位]、略語で [uu] と呼びます。

　この後、DCCツールやCADデータをインポートする際に正しい大きさに変換されているかどうか確認ができるので重要です。

　VIEWPORT OPTIONSからFields of View＝視野角の変更が可能です。

⬆ 図2-1-87　視野角の変更

同じくVIEWPORT OPTIONSから画面分割レイアウトを変更できます。

🔼 図2-1-88　画面レイアウト

画面の右上の[田]のアイコンをクリックしても画面を4分割可能です。

🔼 図2-1-89　画面の4分割

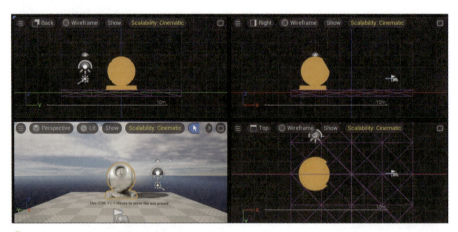
🔼 図2-1-90　画面を4分割した状態

次の図は3分割したところです。ビューの境界をドラッグすれば、領域を変更できます。

⬆ 図2-1-91　画面の3分割と領域の移動

元の1画面に戻す場合、分割した各ビューポート右上のアイコンをクリックします。

⬆ 図2-1-92　画面分割を1つに戻すアイコン

カメラブックマーク

　VIEWPORT OPTIONSの[Bookmarks]→[Set Bookmark]から、カメラを移動した位置をブックマークとして10か所登録することができます。プロダクト紹介のための視点を決めて、瞬時に切り替えるだけでもプレゼンテーション・プリセットになります。

⬆ 図2-1-93　カメラ位置のブックマーク

> Ctrl +【テンキーではない 0 - 9 】（カメラ位置をブックマーク登録）

登録したブックマークに切り替えるには、再度 [Bookmarks] から選択します。

⬆ 図 2-1-94　ブックマークに移動

>【テンキーではない 0 - 9 】（ブックマークしたカメラ位置に切り替え）

表示モード

[View Mode] を切り替えることで様々に表示設定を変更できます。ここまでの通常の表示モードは [Lit] になっています。これはライティングされた最終的な画質の状態です。

⬆ 図 2-1-95　View Mode の切り替え

> ALT + 4 （[Lit] に切り替え）

[Unlit] は、日本語表示では [非ライティング] と呼び、ライト無しの状態です。単にパー

ツの色だけで表示します。処理が軽いので大きなデータで作業する場合に便利です。
　また、ライトを無視するので明暗が強いシーンで作業する場合にも使えます。
　[Wireframe]はワイヤーフレームの表示です。DCCツールやCADから変換したポリゴンの細かさを確認する場合に多用するので重要なモードです。

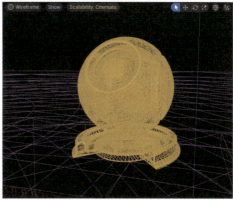

⬆ 図2-1-96　UnlitとWireframeモードの表示

```
ALT + 3 （[Unlit]切り替え）
ALT + 2 （[Wireframe]に切り替え）
```

　[Detail Lighting]のモードは[詳細ライティング]と呼ばれ、色や色のテクスチャの表示をOFFにして、状態を確認する場合に使います。映り込みや後述するノーマルマップは表示されるので細かいディティールは確認できます。

　[Lighting Only]は、すべての色、テクスチャ、反射などの機能をOFFにして、ライトとシャドウだけを確認できるモードです。ライティングの操作時に便利です。

 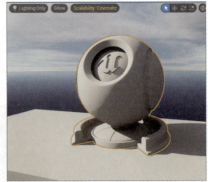

🔼 図2-1-97　Detail Lighting モードと Lighting Only モードの表示

[ALT]+[5]（[Detail Lighting モード]に切り替え）
[ALT]+[6]（[Lighting Only モード]に切り替え）

2-1-6 アセットとアクタの操作

アクタの削除

ここからは Content Browser にある[アセット]とレベル上のパーツである[アクタ]の操作を学びます。

まず、不要なものを削除する方法です。レベルか Outliner で [TextRenderActor] を選択し [DEL] キーを押します。これで削除できます。

🔼 図2-1-98　アクタの削除

[DEL]（アクタの削除）

間違って削除しても、どのツールにもあるアンドゥ機能はあります。[CTRL]+[Z]のキーボードショートカットや[Edit]メニューから可能です。[Undo History]を使えば操作の工程をどこまで戻るか自由に決めることもできます。

⬆ 図2-1-99　アンドゥ / リドゥ

CTRL + Z（アンドゥ）
CTRL + Y（リドゥ）

アクタの質感を変更

アクタの質感を変更してみます。SM_MatPreviewMesh_01をOutlinerから選択します。既にレベル上にあるので、これは[アクタ]と呼びます。Detailsを見るとStatic MeshとMaterialという項目があります。Static Meshが3Dモデル、Materialが質感を意味しています。

⬆ 図2-1-100　Detailsで使用しているアセットの確認

Static Meshの項目にあるルーペをクリックすると、次の図の様になります。

ルーペは、このアクタの元になったアセットがContent Browserのどこにあるのかを検索する機能です。

↑ 図2-1-101　ルーペからアセット検索

マテリアルの項目でルーペをクリックすると、以下のようになります。

↑ 図2-1-102　検索結果

つまり、レベル上のアクタは、このメッシュとマテリアルのアセットがセットになって構成されていることがわかります。

では、レベルのSM_MatPreviewMesh_01をクリックして、削除してみます。

レベルからSM_MatPreviewMesh_01（アクタ）は消えましたが、Content Browserのアセットはそのまま残っています。ContentBrawserからレベルにアセットをドラッグ＆ドロップすれば、復活できます。

↑ 図2-1-103　アクタを削除してもアセットは残る

Content Browser左側のフォルダツリーから[ConceptCar]→[Car]→[Assets]へ移動し、その中にあるマテリアルをレベルのアセットの上へドラッグすると、別のデザインのSM_MatPreviewMesh_01を構成することができました。

🔺 図2-1-104　別のアクタの生成

以下は、その上の階層にある、最初のレベルあった車のアセット（SM_AutomotiveTP_Car）をレベルに2回ドラッグして、別のマテリアルを設定した状態です。

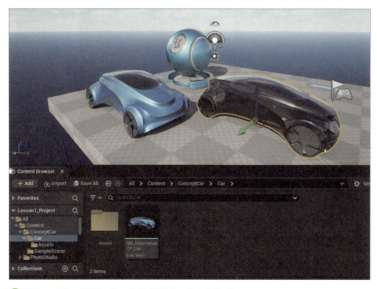

🔺 図2-1-105　同じアセットから別のアクタを生成

アセットとアクタの関係

ここで、Content Browserのアセットを DEL キーで削除してみます。

すると以下のようなダイアログが表示されます。これは、このアセットが表示されているレベル（シーン）で多数アクタとして使われているので、消してしまうと影響が出ることを警告しています。

［Force Delete］で強制削除できます（この操作は不要です）。または［Replace References］で別のアセットに置き換えてから削除することも可能です。必ず Cancel をクリックします。

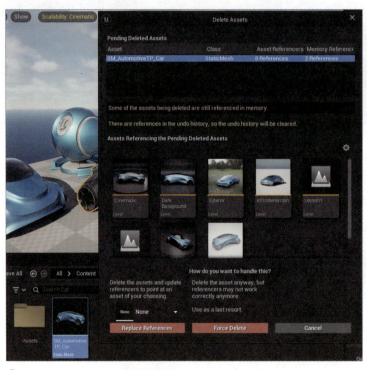

⬆ 図2-1-106　アセットの削除の警告

一方で今操作している Lesson1 レベルは、まだ保存していないので警告に含まれていません。画面上のタブのレベル名とアセットに"＊"（アスタリスク）が表示されていると、保存されていないことを示しています。

つまり［レベルの保存］とは、レベルにどんなアセットを配置しているか、という情報を保存しているのです。

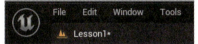

⬆ 2-1-107　アセットの未保存の表示

このようなアセットとアクタの関係を表示するツールがあります。
　Content Browserの車のアセットに戻り、右クリックから[Reference Viewer]を選択します。

⬆ 図2-1-108　Reference Viewerを表示

　Reference Viewerはそのアセットがどのレベルでアクタとなっていて、さらにどのマテリアルを使っているのか、を示すプロジェクトの系統図です。UE5ではすべてのアセットとアクタがこのように関連付けされて管理しています。各ノードをダブルクリックするとそのアセットが中央になります。
　アセットとアクタの関連付けは初心者が起こしやすいトラブルの1つなので、注意が必要です。

⬆ **図2-1-109** Reference Viewerでアセットの関係を見る

ここからわかることは以下のようなことです。

◆ アセットをレベルに出すことでアクタになる
◆ アクタは消去しても、アセットは残る
◆ アクタはContent Browserから何回でも分身（インスタンス）を出す（スポーン）ことが可能である
◆ メッシュとマテリアルのアセットを組み合わせることでデザインのバリエーションを作ることが可能
◆ Content Browserからアセットを消去すると、分身であるアクタも消滅する

これらがUnreal Engineのアセットの基本的な概念です。

☕Column　Engine Content とは何か

ここまで Content Browser には Content フォルダしかありませんでした。

SM_MatPreviewMesh_01 とそのマテリアルは、UE5 自体が持っているアセットであり、Engine Content と呼びます。

⬆ 図 2-1-110　Engine Content

Engine Content は普段は非表示になっており、Content Browser の [Settings] から、Show Engine Content のチェックをオンにして表示します。

ここの設定の Thumbnail Size を変更することで、Content Browser のアイコンサイズを変更できます。

⬆ 図 2-1-111　Engine Content の表示

Starter Content のインポート

Starter Content(スタータコンテンツ) とは、UE5 の標準アセット集のことです。これをインポートすることで基本的なレベル構築を学ぶことが可能です。

まず Content Browser の [＋Add] をクリックして、Add Future or Content Pack を選択します。

⬆ 図2-1-112　Add Future or Content Pack の実行

　Contentのボタンをクリックして、Starter Contentを選び[Add to Project]をクリックします。少し待って[Cancel]をクリックします。

　別途ゲームのコンテンツを後から追加することも可能です。

⬆ 2-1-113　Starter Contentを選択

> **Column** Starter Contentをプロジェクト作成時にインポートする
>
> Starter Contentはプロジェクト作成時にインポートすることも可能です。プロジェクト作成時に「Starter Content」のチェックボックスをONにしておくとStarter Contentをインポート済みのプロジェクトが作成されます。

⬆ 2-1-114　プロジェクト作成時のStarter Content

StarterContent→MapsフォルダのStarterMapレベルをダブルクリックすると、サンプルレベルが起動します。このようなアセットが追加されました。

⬆ 図2-1-115　StarterMapレベルを開く

Playすると浮いていた箱や球が落下します。UE5の物理シミュレーションが設定されていますが、あくまでゲーム用なので、科学技術計算レベルの精度は期待できません。

また、炎や火花、煙のエフェクトが確認できます。音も出ているので確認してみましょう。周りにある球体や床はマテリアルのサンプルです。中央のテーブルセットはUnreal Engine 4時代からある有名なアセットです。

⬆ 図2-1-116　物理法則シミュレーション

アセットの種類と命名規則

　UE5コンテンツ制作をする際には、多くのアセットを組み合わせていることがわかりました。そのような多数のアセットの種類と、それらをどのように管理すべきなのかを、公式のStarter Contentを例に解説します。

　同時にアセットの名前の付け方のルール（命名規則）も考えます。チームでコンテンツを制作する場合、命名規則を決め、従うことはとても重要です。

　Content BrowserからStarter Contentの中を再度確認します。これはUE5公式コンテンツなのでEpic Gamesでもこのルールを基本としていると考えられます。

⬆ 図2-1-117　Content Browserの確認

❖ Static Mesh（スタティックメッシュ）

　DCCツールで作成した3DオブジェクトはStatic Mesh（スタティックメッシュ）と呼び、名前には [SM_] を頭に付けます。アイコン下に水色のラインが表示されます。

80　Chapter 2　Unreal Engine 5の基本操作と3Dデータの変換

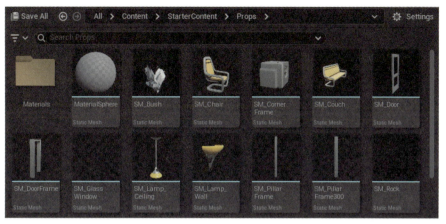

◯ 図2-1-118　スタティックメッシュは [SM_]

✣Material（マテリアル）

　質感のMaterial（マテリアル）の名前の先頭には[M_]を付けて別フォルダで管理します。後述するMaterial Instance（マテリアルインスタンス）は[MI_]を付けます。アイコン下には緑のラインが表示されています。

◯ 図2-1-119　マテリアルは [M_]

✣Texture（テクスチャ）

　マテリアルに貼ってある岩や草のTexture（テクスチャ）の名前の先頭は[T_]になります。2Dの画像データです。アイコン下は赤のラインです。

↑ 図2-1-120　テクスチャは[T_]

❖Particle（パーティクル）

　エフェクトはParticle（パーティクル）と呼び、先頭の文字は[P_]にします。アイコン下のライン色は白です。これは古いアセットでCascadeというシステムです。最近のパーティクルエフェクトはNiagaraというツールを使います。その場合は[FX_]を使います。

↑ 図2-1-121　パーティクルは[P_]

❖Blueprint（ブループリント）

　UE5でのプログラミングをするBlueprint（ブループリント：ビジュアル スクリプティング）は、名前の先頭に[Blueprint_]または[BP_]をつけます。アイコン下は青のラインです。

↑ 図2-1-122　ブループリントは[Blueprint_]または[BP_]

アセットの検索

この命名規則を決めれば、Content Browserのルーペのあるフィールドに[SM_]とタイプすれば、図のような検索結果が表示され、探す手間が省けるようになります。

⬆ 図2-1-123　命名規則を使った検索

> **Column　検索を常に活用する**
>
> Content BrowserだけでなくOutlinerやDetailsなど各ウィンドウに検索フィールドがあり、特定の項目を検索することが可能です。UE5では大量の情報を扱います。ウィンドウのスクロールバーを動かして、探し出すより効率的でストレスもありません。
>
>
>
> ⬆ 図2-1-124　検索フィールドを活用

フィルタ

フィルタを使うとアセットを種類にわけて表示を切り替えることができます。

[Open the Add Filter Menu]をクリックし、必要なアセットのチェックを入れます。図ではレベルだけ表示する操作をしています。

⬆ 図2-1-125　フィルタの設定

　Levelのフィルタを設定した状態から、図の[Level]のアイコンをクリックすると解除されます。このフィルタの色は、それぞれのアイコンの下線の色と一致しています。
　また、アイコンをマウスオーバーすれば、そのアセットがどの階層にあるのか、などの情報が表示されます。Pathに「Game」とありますが、これは「Content」を指します。

⬆ 図2-1-126　Levelでフィルタ設定した状態

　フィルタアイコンを削除するには、[Level]のアイコンを右クリックしメニューからRemove:Levelをクリックすると削除されます。

⬆ 図2-1-127　フィルタの解除

レベルへのアセット配置と操作

余分なアクタを削除

ここからレベルへのアセット配置と操作を解説します。

まずLesson1レベルに戻り、ここまでレベルに配置したStatic Meshアクタを削除します（FloorとSkyDomeMesh以外を削除）。

アクタの位置は座標で管理されます。画面左下にXYZのアイコンがあります。UE5では空間座標の設定がX＝前後、Y＝左右、Z＝上下となります。Blenderと同じ座標軸です。

PlayerStartの水色の矢印がカメラの向きになるので、それに向かい合うようにアセットを配置していくのが基本です。

⬆ 図2-1-128　UE5の座標方向

アセットを配置

Contents Browserからアセットを配置します。[StarterContent] → [Architecture] → [Wall_Door_400x300]をレベルにドラッグ&ドロップします。

⬆ 図2-1-129　Architectureアセットの配置

> ### ☕ Column　明るいものが輝いて操作の支障になる
>
> 　配置したアセットが明るく輝いることがあります。これは5章で説明する、Post Process（ポストプロセス）の機能によるものです。図のようにビューポートの[Show]から[Bloom]をオフにして消すことができます。Showはそれ以外特定の種類のアクタの表示／非表示を操作します。
>
>
>
> ⬆ 図2-1-130　Post ProcessのBloomを非表示

❖アクタの位置の確認と移動

Outlinerの下に[Details]タブがあり、そこに[Transform]という項目があります。ここからこのアクタの現在の位置、回転、スケールの状態を数値で確認できます。

図の右にあるアイコンをクリックすると値はゼロになり、アクタはワールドの中心に移動します。このアイコンはDetailsだけでなく各所で現れますが、パラメータをデフォルト値に戻す、という意味です。

⬆ 図2-1-131　TransformのDetailsの値をリセット

図のアイコンをクリックするとPivot（ピボット：原点）に矢印が表示されます。これを[トランスフォーム ウィジェット]といいます（以下[Tウィジェット]と表記します）。

Tウィジェットをドラッグするとアクタを移動できます。

これ非表示にするには、先ほどのアイコンの左の矢印部分をクリックするか、キーボードショートカット Q キーを押します。

⬆ 図2-1-132　Tウィジェットで移動

| Q キー（Tウィジェット非表示） |

❖Floorの位置と大きさを修正

このアクタが地面のFloorに埋まっているように見えます。これはFloorがZ＝20の場所で作成されていることが原因です。Floorを選択し、この値の上でマウスドラッグすると、カーソルが[↔]になり、Zの値が変化します。[0]になったらドラッグを止めて、変更を確定します。

⬆ 図2-1-133　値をドラッグして変更する

FloorのScaleをX=10、Z=10、Y=0.1に設定します。これで広大な床になりました。Scaleの文字の右にある錠前のアイコンをクリックして錠前を閉めた見た目にすると、XYZのスケールを同時に変化させることができます。

⬆ 図2-1-134　スケールをロックして調整

Tウィジェットの矢印をドラッグすれば、その方向に移動します。移動中は矢印が黄色に

なります。ショートカットキーは W キーです。

その後、Details から Rotation Z ＝ -90 をキーボードから入力します。

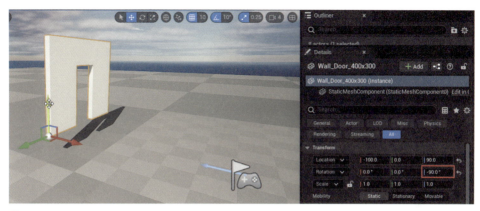

⬆ 図2-1-135　アクタの移動

W キー（移動）

ワールド座標とローカル座標の切り替え

図のアイコンをクリックすると、ワールド座標とローカル座標を切り替えます。-90度回転しているので、XとYの向きが違います。Blueprintでのプログラムはこのローカル座標になるので注意してください。

⬆ 図2-1-136　ワールド座標とローカル座標を切り替え

❖アクタを回転させる

図のアイコンをクリックするとRotationの[Tウィジェット]へ切り替わります。ショートカットキーは E キーです。[Tウィジェット]の扇型の部分をドラッグすると回転します。

⬆ 図2-1-137　回転のTウィジェット

❖アクタを拡大縮小する

図のアイコンはスケールの[Tウィジェット]です。各キューブをドラッグすれば、拡大・縮小できます。中央の白いキューブをドラッグすると均一にスケールします。ショートカットキーは R キーです。

⬆ 図2-1-138　スケールのTウィジェット

> **☕Column 視点の回転と混乱**
>
> ALTキーとマウスドラッグの操作は視点の回転でも使います。Tウィジェットの矢印の上で操作すると、複製やピボットの移動になるので、注意が必要です。知らないうちにアクタが増えている場合、これが原因になることも少なくありません。
>
> ALTキー＋マウス中ボタンでTウィジェットの移動（ピボット：回転軸の一時的な移動）。

建物アクタの組み立て

前項目で使ったStarterContentのアセットを組み合わせて、建物を作成します。

壁を組み立てる

Contents BrowserのStarterContent→ArchitectureからWall_400x300、Wall_Window_400x300をレベルにドラッグ＆ドロップします。

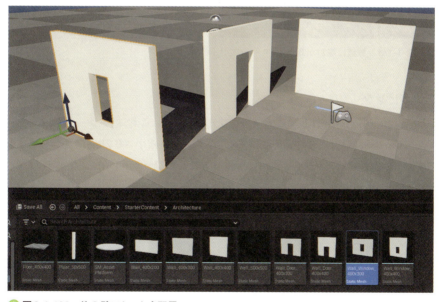

⬆ 図2-1-139　他の壁アセットを配置

Tウィジェットによる操作

これらのアクタはTウィジェットを使って移動します。10cm単位で移動するので図の様に正確に一致させることが容易です。

⬆ 図2-1-140　壁の位置を合わせる

Detailsを確認しても、数値に端数が現れません。

⬆ 図2-1-141　数値に端数が現れない

❖ スナッピング

UE5ビューポートの右上にアイコンが並んでいます。これは[スナッピング]という機能で、左から移動は10cmずつ、角度は10度ずつ、拡大・縮小は0.25ずつ変化するようになっています。UE5ではアクタをきれいに配置するためデフォルトでONになっています。

⬆ 図2-1-142　スナッピングはオン

青いボタンをクリックすることで、スナッピングをオフにできます。

⬆ 図2-1-143　スナッピングはオフ

数字をクリックするとプルダウンメニューが表示され、そこから設定を自由に変更できます。

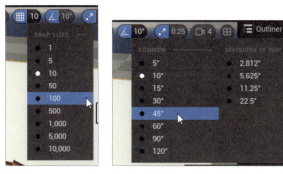

⬆ 図2-1-144　スナッピングの設定変更

スナップを変更して、移動・回転を行ってアセットを組み立てていきます。

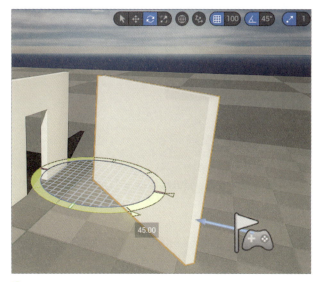

⬆ 図2-1-145　45度にスナッピング

UE5では、このようにスナップを多用してアセットを配置していくスタイルが基本です。

DCCツールでモデリングする場合もこれに従い、組み立てる前のパーツを制作し、UE5側でパーツを組み合わせていくワークフローになります。これにより処理の軽減が可能になります。これをモジュラー化と呼びます。

❖ マテリアルの設定

　[Starter Contents] → [Materials] → [M_Brick_Clay_Old] を壁のアクタにドラッグします。このようにメッシュとマテリアルは組み合わせる前提で設計します。

⬆ 図2-1-146　マテリアルのアセットをドラッグ

❖ 大きなアクタの作成とマテリアル設定

　床（Floor）に同じマテリアルを設定すると、図の様になってしまいます。UVのリピートが合っていません。

⬆ 図2-1-147　テクスチャが大きすぎる

テクスチャのリピートを調整することも可能ですが、ここでは、Floorのスケールを1に戻して対応します。移動のスナップを100に設定して、ALTキーを押しながらドラッグします。これでコピーができます。CTRL＋Dキーでも複製が可能です。

⬆ 図2-1-148　床をALTで複製

```
ALTキー＋マウスドラッグ（アクタの複製）
CTRL＋D（アクタの複製）
```

　さらにコピーした2枚の床をShiftキーで2つ選んで、さらにALT＋ドラッグで移動します。
　このように床もモジュラー化して並べていく方式をとる場合があります。

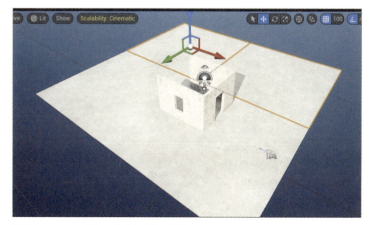

⬆ 図2-1-149　さらに床をALTで複製

Section 2-1　UE5の起動とセットアップ、基本操作　95

❖ 天井のアクタを作る

　Wall_400x400で天井を塞ぎました。スナッピングを利用して隙間なくアクタを組み立てることで、壁の間から光が漏れない状態を作り、GI(グローバルイルミネーション)をリアルタイムで表示します。

　2つのライトは作業しやすいように建物の上に移動しても問題ありません。ライトを回転して光の向きを変更してみます。

⬆ 図2-1-150　ライトを回転しても光は漏れない

❖ ドアと窓アセット

　Starter ContentのPropsフォルダからドア、ドアの枠と窓、ガラス板をドラッグしてレベルに配置します。このようにアセットの段階でマテリアル・テクスチャをセットする手段もあります。各階や各壁に同じアセットを使用する場合は、複製して使うことで処理負荷の軽減になります。

⬆ 図2-1-151　ドアと窓のアセット

ドアとドア枠を正しく位置を合わせることができない場合、スナッピングを小さく設定を変更して移動します。アニメーションを付加する場合には、ドアの回転軸（ピボット）をDCCツール側であらかじめ決めておく必要があります。

⬆ 図2-1-152　ドア枠を設定、ドアを回転

窓枠と窓ガラスも同様に調整して設置します。他にもPropsフォルダに様々なアセットがあるので、配置をしてユーザーインターフェイスに慣れる練習をお勧めします。

⬆ 図2-1-153　ガラス窓を設定

グループと階層化

グループ化

レベルまたはOutlinerから CTRL キーを押しながら複数のアクタを選択し、右クリックして出てくるメニューから[Groups]を選択するとグループ化できます。ここでは4枚に複製した床をグループ化しています。

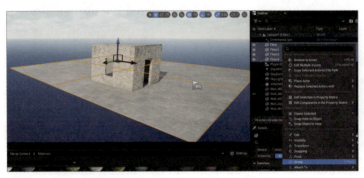
⬆ 図2-1-154　グループ化

グループ化すれば、まとめて移動・回転などが可能です。再度右クリックから[Groups]→[Ungroup]で分解でき、Unlockで一時的にアクタを移動や回転が可能です。Outlinerで選択したとき、複数行が選ばれる場合は、グループ化されている状態です。

⬆ 図2-1-155　グループ化の解除

階層化

グループ化は、例えばドアを開けるアニメーションをしたい場合には不可能です。そこで、Outlinerでドアをドアｆにドラッグ＆ドロップすることでAttach（アタッチ：階層化）が可能です。

⬆ 図2-1-156　階層化

または、子にしたいアクタを右クリックしてAttachで、親を選択することでも可能です。

これで親の階層のアクタを移動すれば、子は追従します。子は独立してアニメーションが可能です。

🔼 図2-1-157　Attach Toで階層化

階層化を解除したい場合は、右クリックして、Detachを選択します。

🔼 図2-1-158　階層化の解除

Quickly Add to the Projectによるアクタの生成

画面左上の立方体に＋マークのあるアイコンは、UE5だけでアクタを作成するメニューです。このメニューのShapesからは基本の立体を作成できます。テストでレベルを作る際に活用します。これはContent Browserのアセットからアクタを生成しない特殊なケースです。

✜Sphereを作成

図のようにメニューから球体（Sphere）を作成します。

⬆ 図2-1-159　Quickly Add to the Project

生成された球体にStarter ContentsのMaterialから金属の質感を設定します。

図の様に背景を映り込ませる機能がデフォルトで設定されています。この機能については後述します。

⬆ 図2-1-160　背景が映り込む金属

❖その他のアクタの作成

それ以外にも[Basic]ではPlayer StartなどBlueprintに関係するアクタを作ることができます。

Visual Effectsは様々なエフェクトのアクタを生成します。

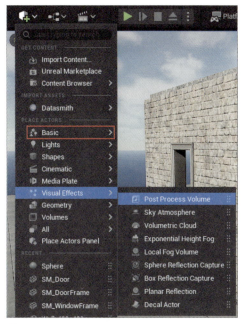

↑図2-1-161　エフェクトのアクタを生成

ライトのアクタを作成

Lightは各種ライトを作成します。

↑図2-1-162　ライトのアクタを生成

Lを押しながら、レベルをクリックすると、ポイントライトが生成できます。

⬆ 図2-1-163 ポイントライトの生成

[L]キー＋マウスクリック（ポイントライトの作成）

　ライトは、普通のアクタのように移動できますが、ポイントライトの場合は回転やスケールは効果がありません。Intensityが明るさです。Attenuation Radiusが光の到達範囲です。Light Colorが光の色です。Cast Shadowのチェックで影のオン/オフができます。

　他のライトの操作も基本同様です。ライティングをリアルタイムに確認できるのがゲームエンジンのメリットです。

⬆ 図2-1-164 ライトの明るさと色の調整

　ここまでで、一旦Saveします。トラブルに対応するためにも、こまめにSaveをしておくと安心です。キーボードショートカットは、[CTRL]＋[S]です。

⬆ 図2-1-165　こまめにSaveするのが安全

```
CTRL キー＋ S キー（レベルの保存）
```

Column　Place Actor

Quickly Add to the ProjectはUE5から登場した機能で、UE4ではPlace Actorと呼ばれていました。UE5でも表示することができます。Place Actorで慣れている方はこちらを使っても構いません。

⬆ 図2-1-166　Place Actorの表示

Column　パーティクルエフェクトについて

Starter ContentsのParticlesフォルダに埃、爆発、炎、煙、火花、蒸気のエフェクトがあります。UE5では基本的にパーティクルエフェクトにスプライトアニメーション（板に連番画像を貼ったもの）のポリゴンを飛ばしています。図の様にドラッグ＆ドロップでレベルに表示できます。例えば触った瞬間に爆発をさせるなどBlueprintからプログラムも可能です。

また、ライトの役割もしますし、鏡面に映すことも可能です。

図のエフェクトはCascade（カスケード）と呼ばれる古いタイプのものです。

⬆ 図2-1-167　旧式のCascadeエフェクト

　Cascadeは、Niagara（ナイアガラ）というエフェクトシステムに移行されています。[Settings]→[Plugins]から[Cascade]→[Niagara]に変換するプラグインを使うことで過去の資産を活用できます。

⬆ 図2-1-168　Cascade→Niagaraに変換するプラグイン

Fabの設定

　Fabとは3Dのアセットを共有できるWebサイトです。Unreal Engineだけでなく、Unity、UEFN（Unreal Editor For Fortnite：10章で解説します）のアセットの購入（無料もあり）や販売ができます。右上のアイコンをクリックすると、サインインすることができます。

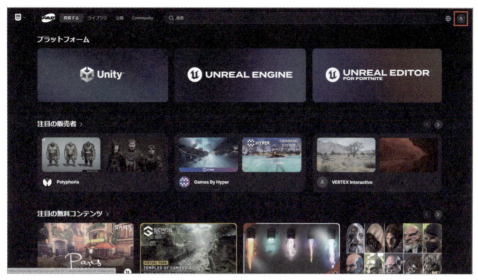

⬆ 図2-1-169　Fabのホームページ

→https://www.fab.com/ja/

Epic Games LauncherでUE5をインストールした時に使ったアカウントを入力します。

⬆ 図2-1-170　Fabのサインイン

サインインが完了すると、画面右上のアイコンが名前のイニシャルに変わります。

⬆ 図 2-1-171　Fab のサインイン完了

　画面左上の「検索する」をクリックするとカテゴリを選ぶことができます。その横のルーペのアイコンがある「検索」にキーワードを入れてアセットを探すことができます。

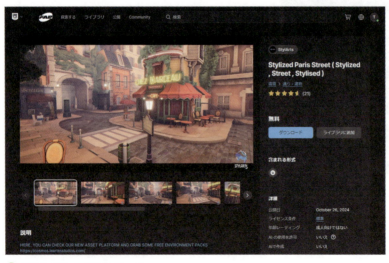

⬆ 図 2-1-172　アセットの検索

　コンテンツをダウンロードしたい場合は、次の画面の「ダウンロード」をクリックします。「ライブラリ追加」をクリックした場合は、Epic Games Launcher のライブラリに登録されるので、そこから「プロジェクトを作成する」をクリックします。

⬆ 図 2-1-173　無料コンテンツ

➛ https://www.fab.com/ja/listings/abbaf1ea-b98b-4e96-8ee8-daeb241a1377

⬆ 図2-1-174 「プロジェクトを作成する」をクリック

　クリックすると以下のようなダイアログが開くので、ユーザーライセンス契約に同意するチェックを入れます。その下のニュースなどのメール受信の希望は任意でチェックを入れ、「同意」をクリックします。

⬆ 図2-1-175　ユーザーライセンス契約に同意

　次に以下のダイアログが表示されます。これはUE5にFabプラグインを入れてからダウンロードするように指示されています。ここで一旦、UE5を終了してください。

⬆ 図2-1-176　Fabプラグインを入れる指示

> **Column** Fab の Web サイトから直接ダウンロードできる場合
>
> 　基本的にはこの後説明する「Fab UE Plugin」でUE5から直接Fabを操作してアセットをインポートできます。しかしコンテンツによっては一旦ダウンロードしてからインポートが必要な場合もあります。
>
> 　その場合、「ダウンロード」ボタンをクリックすると以下のようなダイアログが出てきて、必要なファイル形式を選ぶことができます。UE5で読み込める形式は次の章で説明します。
>
>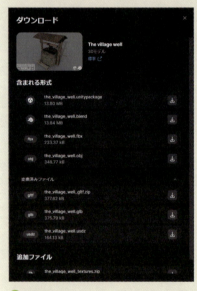
>
> ⬆ 図2-1-177　Fabからダウンロードするタイプ
>
> ↪ https://www.fab.com/ja/listings/94209ee7-2423-4e76-96c7-5f70bd6fe626

　Epic Games Launcherを起動します。上側にある「ライブラリ」タブをクリックして、スク

ロールすると「Fab Library」の項目があるので、右の検索フィールドに「Fab」をキー入力します。

すると「Fab UE Plugin」が表示されるので「エンジンにインストールする」をクリックします。

🔼 図2-1-178　Epic Games Launcher で Fab UE Plugin を検索する

図のようなダイアログがでるので、インストールするUE5のバージョンを▼から選びます。選択したら「インストールする」をクリックします。

🔼 図2-1-179　Fab UE Plugin をインストール

上にスクロールしてインストール済プラグインをクリックします。するとFab UE Pluginのインストールが確認できます。

🔼 図2-1-180　Fab UE Plugin をインストールを確認

Section 2-1　UE5の起動とセットアップ、基本操作　109

UE5を再起動し、Lesson1のプロジェクトを開いてください。図のようにFabのウインドウが開きます。

⬆ 図2-1-181　Fabウインドウが開く

Fabウインドウが開いていない場合は、ContentBrowserに「Fab」のアイコンがあるので、クリックします。

⬆ 図2-1-182　Fabの起動アイコン

ここまで作ったLesson1のレベルを開きます。

⬆ 図2-1-183　レベルを再起動する

Fabの検索で、「3D People」とキー入力します。すると図のようにアセットが出るので「Scanned 3D People Pack」をクリックします。

⬆ 図2-1-184　Fabで3D Peopleを検索する

以下のように「Scanned 3D People Pack」の画面が表示されるので、右側の「プロジェクトに追加」をクリックします。

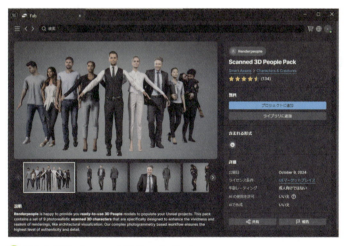

⬆ 図2-1-185　Scanned 3D People Pack

画面左下にプログレスバーが表示されダウンロードが始まります。

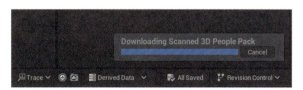

⬆ 図2-1-186　コンテンツのダウンロード中

Section 2-1　UE5の起動とセットアップ、基本操作　111

ダウンロードが終了して、ContentBrowserに「Scanned3DPeoplePack」フォルダができれば完了です。

このようにFabからシームレスにUE5へコンテンツをダウンロードすることができます。

図 2-1-187　コンテンツのダウンロード完了

Column 有料コンテンツの場合

有料のコンテンツを入手する場合、以下のように表示の形式が違います。

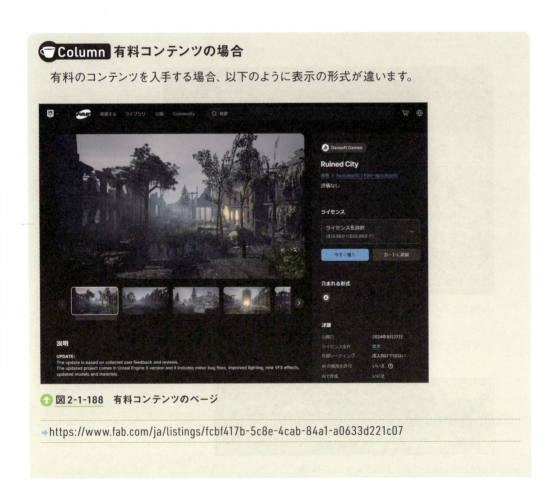

図 2-1-188　有料コンテンツのページ

→ https://www.fab.com/ja/listings/fcbf417b-5c8e-4cab-84a1-a0633d221c07

まず、個人とプロフェッショナルで価格が違います。条件に合う方を選んでください。

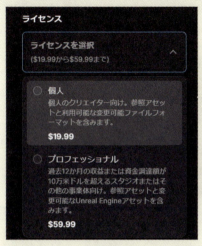

⬆ 図2-1-189　料金の選択

「今すぐ購入」ボタンをクリックすると、クレジットカードかPayPalの決済ウィンドウが開きます。

⬆ 図2-1-190　決済画面

Column 毎月の無料コンテンツ

Fabでは月替りでいくつかの無料コンテンツを配布しています。かなり高額なものもあり、お得に入手することができるのでチェックしてみてください。

図2-1-191　毎月の無料コンテンツ

❖追加したコンテンツのアセットを配置

プロジェクトのContent Browserを見ると[Scanned3DPeoplePack]のディレクトリが生成されています。その中からScenesフォルダの「PR_Scene」レベルを起動すると、サンプルレベルが表示されます。

図2-1-192　Scanned 3D People Packのダウンロード完了

キャラクターのアセットを選択し、ルーペでContent Browserの場所を確認します。

⬆ 図2-1-193　Scanned 3D People Packのアセット

ここで、制作したLesson1レベルに切り替えます。1つのプロジェクトにある複数のレベルを同時に開くことはできません。

⬆ 図2-1-194　Lesson1レベルに切り替える

人物のアセットをレベルに配置します。

⬆ 図2-1-195　人物アセットを配置

Section 2-1　UE5の起動とセットアップ、基本操作　115

Playして確認します。このアセットはアニメーションを持っているので、キャラクターは様々なポーズをとっていきます。

2-1-7 UE5の各種ウィンドウと起動レベル

ここまでの説明で、UE5のUI（ユーザーインターフェイス）と、アセット・アクタについて学んできました。さらに改めてアクタとアセットの関連を掘り下げ、各種設定ウィンドウの説明をしていきます。

再度、ドアのアクタを選択します。Detailsを見ると、SM_DoorというStatic Meshと、M_Doorがフレーム部分、M_Glassがガラスです。複数のマテリアルを持っている場合このように表示されます。ルーペで探すとContent Browserのアセットにたどり着くのは、前述のとおりです。

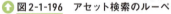
図2-1-196　アセット検索のルーペ

では、それぞれのアイコンをダブルクリックします。

Static Mesh（スタティックメッシュ）Editor

Static Meshをダブルクリックすると図の様なウィンドウが開きます。これはドアのアセットの詳細な設定を行うものです。UE5では各ウィンドウにもそれぞれDetailsがあり、設定をしていきます。

ポリゴン数（三角形）や頂点数、マテリアルの確認や当たり判定であるCollision（コリジョン）、LOD設定など行います。

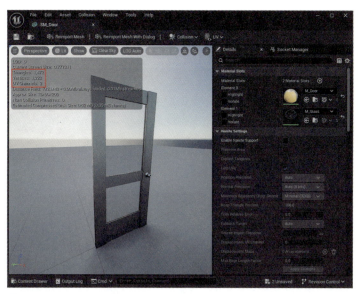

↑ 図2-1-197　スタティックメッシュEditor

UVの項目からUV展開の状況を確認することが可能です。UVチャンネルが0と1の両方に設定されていることが重要です。

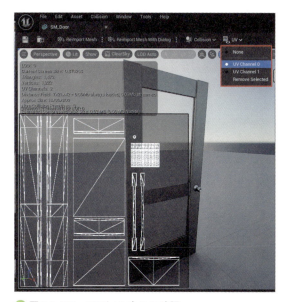

↑ 図2-1-198　UVチャンネルの確認

Material（マテリアル）Editor

DetailsからでもStatic Mesh Editorからでもマテリアルのアイコンをダブルクリックすると図の様にEditorが表示されます。ノードをワイヤーで接続することで、質感をプログラミングしていくウィンドウです。一般的にはシェーダープログラミングと呼ばれます。

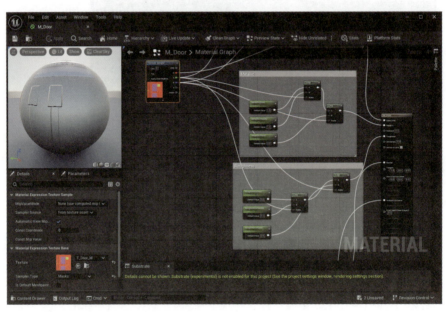

⬆ 図2-1-199　マテリアルEditor

❖ Texture（テクスチャ）Editor

マテリアルEditorのノードに小さな画像があります。クリックすると右側にDetailsが表示されるので、[Texture]アイコンをダブルクリックします。

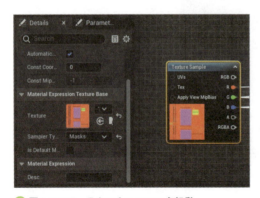

⬆ 図2-1-200　テクスチャEditorを起動

Texture Editorが開きます。ここで、テクスチャの圧縮方式、[LOD Bias]による解像度の変化、色や明るさの変更などが可能です。Photoshopなどペイントツールへ戻り編集する必要はありません。

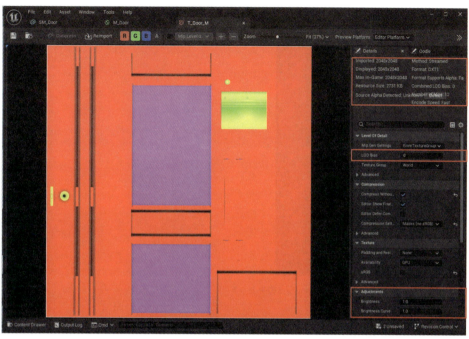

🔼 図2-1-201　テクスチャEditorで解像度を変更

> **Column　LODとは**
>
> 　Level of Detail（レベルオブディーテイル）の略で、カメラの距離によってポリゴン数やテクスチャ解像度を変更する技術です。

Section 2-1　UE5の起動とセットアップ、基本操作　119

Skeletal Mesh（スケルタルメッシュ）Editor

スケルタルメッシュのアクタの場合、Details の表示が異なります。

⬆ 図2-1-202　スケルタルメッシュのアセット

　上の図のアイコンをダブルクリックすると、次の図のようなウィンドウが開きます。これをSkeletal Mesh Editorと呼びます。右下のリストでアニメーションの切り替えを管理し、右側でマテリアルなどの設定を行います。

⬆ 図2-1-203　スケルタルメッシュ Editor のモーション

右上のアイコンを切り替えるとスケルトン構造が表示されます。

🔼 図2-1-204　スケルタルメッシュ Editor のスケルトン

☕Column　Skeletal Mesh はキャラクターだけではない

　このキャラクターをDCCツールで作成する場合、図のようなスケルトン（Mayaの例：ツールによっては、ボーンやジョイント、アーマチュアと呼ばれます）になります。本来ゲームのキャラクターなのですが、ビジュアライゼーションにおいては車のドライバーや建築物の住人などに活用します。

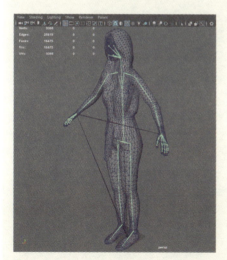

🔼 図2-1-205　Scanned 3D People Pack の Joint 構造

キャラクターだけではなく、UE5でのアニメーションは基本的にSkeletal Meshに設定します。例えば、テンプレートの[Vehicle]ゲームでは車に設定されています。

⬆ 図2-1-206　VehicleゲームSkeletal Meshアセット

このアセットをDCCツールで作成する場合、図のような構造にします（Mayaの例）。

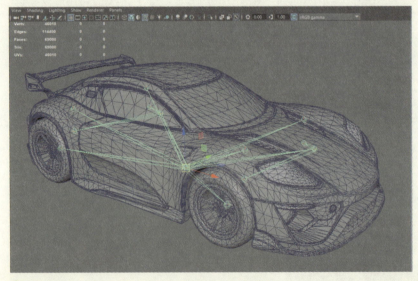

⬆ 図2-1-207　VehicleゲームSkeletal MeshのJoint構造

オリジナルの車のモデルデータでドライブシミュレータを作成したい場合は、次の公式ドキュ

メントをご覧ください。

→ https://dev.epicgames.com/documentation/ja-jp/unreal-engine/vehicles-in-unreal-engine?application_version=5.5

Blueprint（ブループリント）Editor

Starter ContentsにBlueprintsフォルダがあります。その中のアセットをダブルクリックしてください。

⬆ 図2-1-208　ブループリントのアセット

図の様にBlueprint Editorが開きます。Material Editor同様にノードをワイヤーで接続してプログラミングをしていくウィンドウです。これをビジュアルスクリプティングと呼びます。ウィンドウにある[Viewport]タブをクリックします。

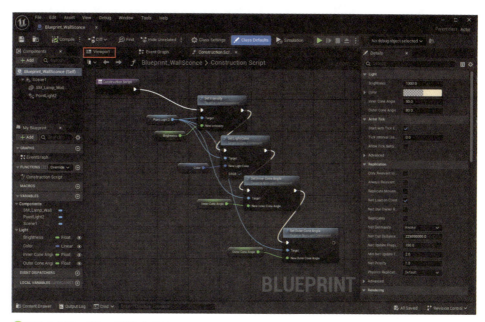

⬆ 図2-1-209　ブループリントEditor

すると、画面左のOutlinerのような項目（Components：コンポーネント）でブラケットライトのStatic Meshとポイントライトがまとめて設定されているのがわかります。Blueprintとはプログラミングのことですが、メッシュやエフェクトにプログラムを組み合わせて、特殊な機能を持った[もの]として使います。

　先述しましたが、ライトはアクタとしてレベルに配置します。同じ明るさや色を設定したい場合は手間になります。これをBlueprintとしてアセットにすれば、同じものを何個も配置が可能です。また、ライト自体は見えませんので、電気スタンドの電球などのStatic Meshを同時に配置するのは面倒です。それもBlueprintならば楽に配置できます。

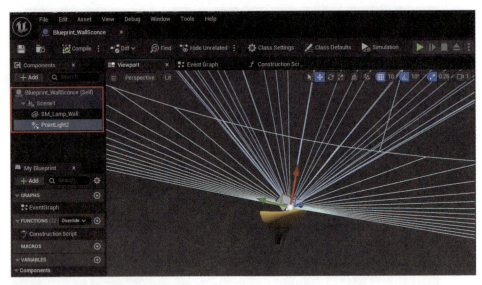

⬆ 図2-1-210　Blueprintコンポーネント

　図はブラケットライトのBlueprintアセットをレベルに配置したところです。これをBlueprintアクタと呼びます。DetailsにStatic MeshにはないLightという項目があり、明るさや色などを変更できます。この仕組みをBlueprintのプログラムで設定しているのです。

⬆ 図2-1-211　BlueprintアクタのDetailsで明るさ調整

> **Column** UE5の操作にはデュアルディスプレイがお勧め
>
> UE5では様々なウィンドウが開きます。デュアルディスプレイにすると複数ウィンドウの作業をモニタ間で行き来できるので作業効率が高まります。

Detailsの表示を制限する

Detailsは非常に多くの設定項目があり、必要な箇所を探すのが困難です。

そこで、通常 [All] になっている図のボタンを切り替えることによって、限定したカテゴリを表示できます。初心者は [General] がお薦めです。

🔼 図2-1-212　Detailsの表示を制限

物理シミュレーション関連の設定は [Physics] で行います。

🔼 図2-1-213　DetailsのPhysics

レンダリングに関連するのは[Rendering]で行います。

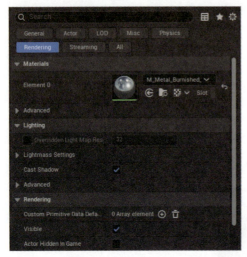

⬆ 図2-1-214　DetailsのRendering

また、Detailsの右にある歯車のアイコンをクリックして、[Collapse All Categories]を選ぶと、全項目を閉じた状態になります。ここから必要な大項目を見つけ、設定を進めることをお勧めします。

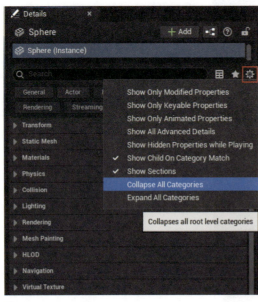

⬆ 図2-1-215　DetailsのCollapse

Levels Editor

[Window] → [Levels] を実行します。（既に表示されている場合もあります）

⬆ 図2-1-216　Levels Editor の表示

Levels（レベル）Editor が起動します。タブをドラッグして、Outliner の横にドロップします。

⬆ 図2-1-217　Levels Editor の移動

❖ レベルの中に別のレベルを追加

Contents Browser のフォルダツリーから、[PhotoStudio] → [Levels] → [Exterior] の Exterior レベルをダブルクリックすると起動します。テンプレートのレベルの1つです。

↑ 図2-1-218　Exteriorレベルを起動

このレベルの背景はHDRIBackdropというライトの一種を使っています。HDR画像を背景に置きIBL（Image Based Lighting：イメージベースドライティング）を行います。

↑ 図2-1-219　HDRIBackdropの背景

Levels EditorへContent BrowserにあるLesson1レベルをドラッグ&ドロップします。

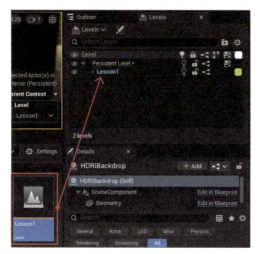

🔺 図2-1-220　レベルをドラッグ&ドロップ

　Viewportの表示が図の様になります。ExteriorレベルとLesson1レベルが合成されました。ExteriorレベルをPersistent（パーシスタント）、Lesson1レベルをSub Level（サブレベル）と呼びます。

　この操作は何回も可能で、多くのサブレベルで大規模なコンテンツをチームで分担することが可能です。Sub Levelは選択して、Deleteキーで削除可能ですが、Undoできないので注意してください。

　床がチラつく場合、メッシュが重なっているので、背景のHDRIBackdropを選択してZ方向に少し移動します。Viewportが暗い場合、OutlinerのSkylightの目玉アイコンをクリックして非表示にしてください。

🔺 図2-1-221　複数レベルの設定

Section 2-1　UE5の起動とセットアップ、基本操作　129

❖ レベルの切り替えとアクタの所属

　Levels Editor は Outliner と同様に目玉のアイコンで表示を切り替えられます。右側にあるフロッピーのアイコンは各レベルの修正をした場合の保存が可能です。文字が青い状態が現在操作しているレベルになり Current level（カレントレベル）と呼び、特に注意が必要です。

　チームで作業を分担する場合、他人にそのレベルの更新をして欲しくないときは、鍵のアイコンでロックできます。

🔼 図 2-1-222　Levels Editor の操作

　Levels Editor でダブルクリックするか、Viewport の右下のプルダウンメニューから切り替えることができます。

🔼 図 2-1-223　Level の切り替え

　Outliner でタイトルの Type を右クリックして、Level のチェックを ON にします。

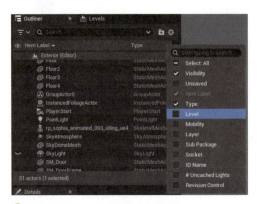

🔼 図 2-1-224　Outliner のレベル表示

図の様に各アクタがどのレベルに所属しているか、表示されます。

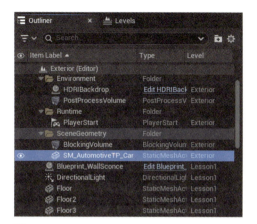

⬆ 図2-1-225　各アクタのレベル確認

Propsから植木をレベルに配置しました。この場合には、Levels Editorで青くなっているLesson1レベルの所属になります。

⬆ 図2-1-226　アセット配置時のレベル所属

植木のアクタを選択したまま、Levels EditorのPersistent Levelを右クリックして、[Move Selected Actor to Level]を実行します。これでレベルを移動できます。

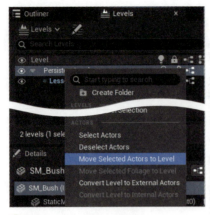

⬆ 図2-1-227　レベルの移動

> **Column** Level（レベル）とMap（マップ）の違い
>
> 　Starter Contentのレベルが保存されているフォルダがMapという名称になっています。UE5では、[レベル]と呼ぶ場合と[マップ]と呼ぶ場合があります。
> 　その違いは、このプロジェクトのExteriorとLesson1はそれぞれレベルと呼び、複数のレベルを持つ場合にマップと呼びます。

✥Levels Editorの本来の意味

　ExteriorはLesson1レベルを追加したので、別名で保存します。注意としてはExteriorをカレントレベルにしてから操作をします。

⬆ 図2-1-228　各レベルの保存

　Playすると図のようにLesson1レベルが表示されません。

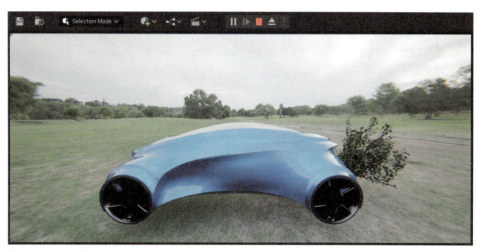

⬆ 図2-1-229　Lesson1レベルが消えてしまう

　これはStreaming Methodの問題です。本来のレベルはゲームの面（ステージ）に該当します。メインのキャラクターはPersistent Levelに配置し、背景や敵などはSubに配置し、Blueprintのプログラムで切り替えていく仕組みを作ります。

　そのためレベルを右クリックして表示されるChange Streaming Methodが[Blueprint]になっている場合、Blueprintでこのレベルを呼び出していないと非表示になってしまいます。これを[Always Loaded]へ切り替えます。

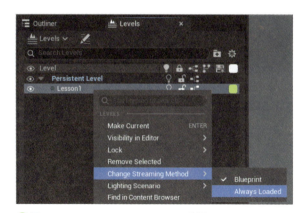

⬆ 図2-1-230　Streaming Methodの変更

　再度、Playすれば、Lesson1レベルが表示されます。

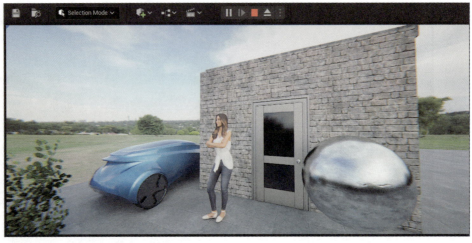

⬆ 図2-1-231　Always Loaded された状態

> ### ☕Column　Save が2種類ある
>
> [File] → [Save Current Level] と [Save All]、また画面左上と Content Browser にも Save アイコンがあります。Save Current Level はレベル上にアクタや Blueprint の操作をした場合に使います。Save All はそれに加え、アセットを変更した場合に使います。使うのは Save All をお勧めします。
>
>
>
> ⬆ 図2-1-232　2つある保存の種類
>
> [CTRL] + [Shift] + [S]（アセットの変更を含めたすべての保存）

Layers Editor

✦レイヤーの作成と切り替え

　Levels Editor はレベルが分かれていれば表示/非表示は可能ですが、それ以上細かく操作することができません。さらにレベル操作の効率を上げるには、Layers（レイヤーズ）Editor を使います。DCC ツールや CAD にも実装されている機能です。

　Window メニューから「Layers」を起動します。

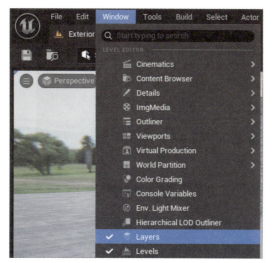

↑ 図2-1-233　Layers Editor の起動

Levels Editorと同様にタブをドラッグして、Outlinerの並びに配置します。（自動で配置される場合もあります）

↑ 図2-1-234　Layers Editor の配置

レベル上にある分類したいアクタを選択して、「Add Selected Actors to New Layer」を実行します。これは選択したアクタを新しく作成したレイヤーに設定します。

🔼 図2-1-235 アクタを作成したレイヤーに設定

F2キーでレイヤー名を任意に変更できます。目玉アイコンをクリックすれば、レイヤーに入っているアクタが非表示になる確認できます。

🔼 図2-1-236 Layerを非表示にして確認する

F2 キー（Outliner、Level、Layersの名称変更）

今度は、Layers Editorで右クリックから「Create Empty Layers」を実行します。

🔼 図2-1-237 Create Empty Layersを実行

草を選び、レイヤーを右クリックから「Add Selected Actors to Selected Layers」を実行します。

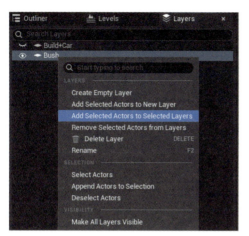

⬆ 図2-1-238　Add Selected Actors to Selected Layersを実行

草が別のレイヤーに設定され目玉アイコンをクリックすると非表示になります。同様の操作で、レイヤー間でアクタを移動できます。レイヤーはレベルに関係なく動作しますが、レベルの表示/非表示が優先します。

⬆ 図2-1-239　レイヤーを非表示で草が消える

レイヤーを右クリックからSelect Actorを実行すると、レイヤーに所属するアクタをすべて選択します。これはレイヤーに含まれるアクタ、例えばライトやカメラの設定をDetailsで一斉に変更する場合、かなり効率が上がります。

Append Actor to Selectionは現在選択されている状態に、追加で選択を加えます。

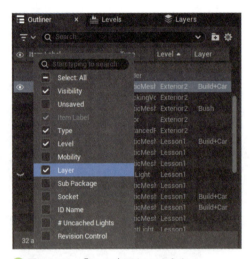

⬆ 図2-1-240　レイヤーに含まれる

❖ レイヤーに所属するアクタの確認

　Outlinerの上のバーで右クリックして、「Layer」のチェックをオンにすると、どのアクタがどのレイヤーに所属しているかを確認できます。

⬆ 図2-1-241　「Layer」のチェックをオン

Camera

❖ 複数のカメラ・アクタの優先度と切り替え

　前節で、Playするとカメラが車を横から撮影したアングルになりました。これはCineCamera（シネ・カメラ）というカメラ・アクタがあるので、それに切り替わったので

す。トラブルを修正した後はPlayerStartのカメラに戻りました。このことから優先順位はPlayerStartカメラが上になっていることがわかります。

これらを切り替えてみます。Outlinerでカメラを選択します。

🔼 図2-1-242　CineCameraからのアングル

カメラを切り替えるには、ViewportのPerspectiveからCineCameraを選びます。

🔼 図2-1-243　CineCameraに切り替える

Viewportの左上に現在切り替わっているカメラ名が表示されます。この状態で、マウスや ALT キー＋中ボタンドラッグで視点移動すると、カメラが移動してしまいますので、注意が必要です。

作業用のPerspectiveカメラに戻すには、図のボタン[Stop Piloting]をクリックします。

🔼 図2-1-244　CineCameraに切り替える

Section 2-1　UE5の起動とセットアップ、基本操作　139

> **☕Column** カメラが回転できない
>
> これはCineCameraがCamTarget01というアクタを見続ける設定になっているからです。CamTarget01を移動すると、カメラはそれに追従して回転する仕組みになっています。

✣カメラの設定

カメラを選択して、Detailsを確認します。CineCameraは、図のようにフィルムバック・センサーサイズ・レンズ設定・被写界深度・絞り・FStopなど、現実のカメラをシミュレーションした設定が可能です。リアルなボケを作りだすことやホワイトバランスなどの調整もできます。

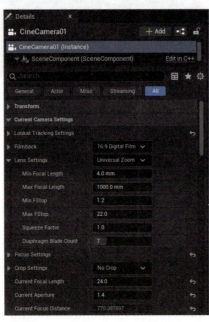

⬆ 図2-1-245　CineCameraの細かい設定項目

✣CineCameraの作成方法

CineCameraアクタの作成は、Perspectiveカメラでアングルを決めて、Viewport Optionから[Create Camera Here] → [CineCamera] を実行します。

⬆ 図2-1-246　CineCameraの作成

　下の図にある[CameraActor]はゲームで使う標準的なカメラです。先述したCineCameraのような現実のカメラの詳細な設定はできません。色が違うのでそれで識別してください。

⬆ 図2-1-247　標準のCameraアクタ

☕Column　カメラを固定する方法

　BookMarkだけでなく、作成したカメラを決めた位置に固定したい場合には、レベルのカメラを右クリックから、[Transform]→[Lock Actor Movement]を実行します。再度実行すれば、解除されます。これはカメラだけでなく、アクタであれば何でも固定が可能です。

⬆ 図2-1-248 カメラを固定

Favorites

Component Browserは大量のアセットを管理します。よく使うフォルダを右クリックし、[Add To Favorites]を実行します。

⬆ 図2-1-249 よく使うフォルダを登録

すると、Component Browserの左側の[▼Favorites]に登録され、選択しやすくなります。削除はフォルダを右クリックから、[Remove form Favorites]を実行するだけです。

⬆ 図2-1-250　Favoritesに登録

Thumbnail（サムネイル）

保存したレベルのアイコンを右クリックし、[Asset Action] → [Capture Thumbnail] を実行します。

⬆ 図2-1-251　レベルアセットのサムネイルの登録

現在のレベルをキャプチャしたサムネイル画像のアイコンに更新されます。
レベルが増えてきた場合、判別がしやすくなります。

⬆ 図2-1-252　サムネイルの設定完了

フォルダの作成とアセットの分類

本格的な制作になると、Content Browserのアセットが大量になります。そのような場合は新規でフォルダを作成し、分類します。プロジェクトによっては数千になる場合もあるので、事前にチームで命名や分類のルールを決めることをお勧めします。

フォルダを作成

Content Browserの[＋Add]をクリックして[New Folder]を選びます。

⬆ 図2-1-253　新規フォルダを作成

このようにフォルダが作成されます。ショートカット F2 キーで名称の変更をします。「Levels」と入力します。

⬆ 図2-1-254　フォルダ名の変更

> F2 キー（Content Browserのアセット・フォルダ名称変更・全UI共通）

144　Chapter 2　Unreal Engine 5の基本操作と3Dデータの変換

❖ **色を変更**

フォルダの色を変えます。ここではレベルを入れますので、レベルのアイコンの色に合わせて、オレンジ色にします。フォルダを右クリックから、[Set Color]を行います。

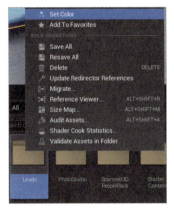

🔼 図2-1-255　Set Colorでフォルダ色を変更

カラーピッカーが表示され、任意の色を選び、「OK」をクリックします。

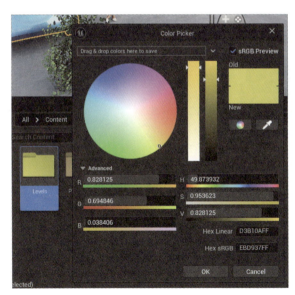

🔼 図2-1-256　色を変更

一度セットした色は、Set Colorに登録されるので、何度でも設定可能です。
色を消したい場合は再度右クリックから[Clear Color]を選びます。

⬆ 図2-1-257　SetColorの登録と消去

✥移動やコピー

アセットのフォルダへの移動やコピーはドラッグ＆ドロップすれば、[Move Here（Copy Here）]などと小さいメニューが表示され、選択すると実行されます。SHIFT、CTRLキーで複数選択し、同時に移動が可能です。

レベルの移動の際には[レベル名_BuildData]というアセットも同時に移動します。これは、ビルドに関する情報が入っているので、セットで管理します。

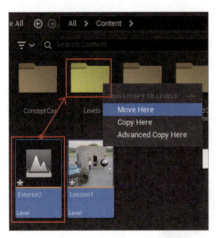

⬆ 図2-1-258　アセットのフォルダ移動

アセットをフォルダへ移動が完了すると次の図のような状態になります。

⬆ 図2-1-259　フォルダへ移動が完了

プロジェクトの起動時のレベルを決める

UE5を再起動すると、デフォルトでは最初の車のスタジオが起動してしまいます。再起動後に現在作業中のレベルから作業を始めたい場合の設定方法を解説します。

まず、メニューの[Settings]→[Project Setting]を実行します。

⬆ 図2-1-260　プロジェクトの設定はProjectSetting

これは、このUE5プロジェクトの各種設定をするウィンドウです。左側の項目リストから、[Map & Module]を選び、Content Browserのレベルアセットを図の様にDefault Mapsの2つのアイコンにドラッグ＆ドロップします。

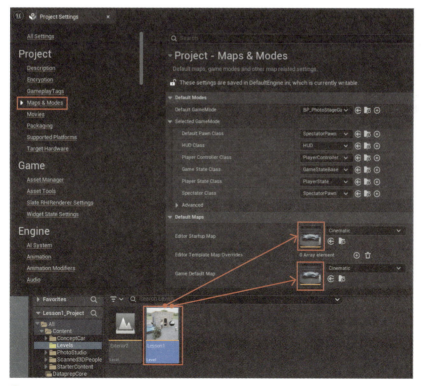

⬆ 図2-1-261　Map & Moduleに登録

Section 2-1　UE5の起動とセットアップ、基本操作　147

次の図の様になれば完了です。上はUnreal Editorが起動するレベルで、下がゲームプレイする際に起動するレベルです。ゲーム開発でテストと本番というような使い分けをするためにこうなっていますが、同じレベルを設定しても問題ありません。ここで、プロジェクトをSaveして、一旦UE5を終了します。

⬆ 図2-1-262　Default Mapsの2つに登録

再起動後、指定したレベルが起動しているはずです。
　大規模かつ長期のプロジェクトになると、Levelが爆発的に増えていきます。プロジェクトを起動する際、最新版が起動するよう設定することでヒューマンエラーを回避しやすくなります。

⬆ 図2-1-263　指定したレベルが起動

☕ Column　Build（ビルド）とMessage Log（メッセージログ）について

プロジェクトやレベルを起動したときに画面が暗い場合があります。画面が暗いのはUE5のカメラが明るさに対して自動で露出を変更しているからです。明るい屋外から部屋に入ったときのような状態です。しばらく待つとだんだん明るさが回復するはずです。

しばらくしても明るさが戻らない、またビューポートの左上にエラーメッセージらしきものが出る場合があります。そのときは [Build] → [Build All Levels] を実行すると改善される場合があります。
　ただしこの操作は数分から数時間待つ場合もあるのでご注意ください。

⬆ 図2-1-264　Buildを実行する

　画面中央にプログレスバーのダイアログが表示されます。[Build All Levels]は基本的にはUE5のレベルをすべて再計算する、という意味です。

⬆ 図2-1-265　Build中の進捗確認

　完了すると、画面が更新され、エラーメッセージも消えているはずです。
　同時に以下の[Message Log]が表示されます。黄色のアイコンは警告なので、現時点では気にしなくても結構です。

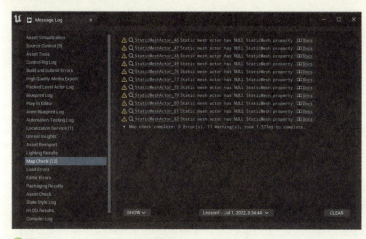

⬆ 図2-1-266　Message Logの警告

Section 2-1　UE5の起動とセットアップ、基本操作　149

☕ Column UE5のキャッシュについて

　UE5が起動する際に、かなり時間がかかりました。しかし、2回目以降の起動では早くなったと思います。これはキャッシュデータというのが生成されていて、シェーダーの計算結果が残っているからです。以下のフォルダに保存されています。

　C:¥Users¥ユーザー名¥AppData¥Local¥UnrealEngine¥Common¥Zen¥Data¥cache

　（UE5.3までは、C:¥Users¥ユーザー名¥AppData¥Local¥Unreal Engine¥Common¥DerivedDataCache）

🔼 図2-1-267　UE5のキャッシュフォルダ

　図の様に、キャッシュがかなりディスク容量を圧迫しています。このディレクトリをすべて削除することでディスクの容量を広げることができます。各フォルダ名と作業しているプロジェクトのアセットとの関連はなく、ここまで作業してきたすべてのキャッシュが保存されています。

🔼 図2-1-268　キャッシュが大きな容量になっている

　削除してもUE5の動作には問題ありませんが、次回の起動でキャッシュを作り直しますので、シェーダーの再計算が完了するまで待つことになります。

　同じGPUを積んだPC同士であれば、キャッシュをコピーすることで、起動時間を早めることも可能です。また、この処理はCPUで行うため、高性能マルチコアCPUを使うことで作業効率が上がります。

UE5へモデルデータを
インポートする

Section 2-2

2-2-1 │ DCCツールから変換するワークフロー

前項までで基本的な操作を説明しました。しかし、UE5自体のモデリング機能には限界があるので、大抵の場合、アセット素材は他ツールで作成し、インポートします。

ここでは、他のツールからデータをインポートする過程の全体的な流れを解説します。

まず次のような制作コンテンツの完成イメージを用意するとします。夜のレベルも作っていきます。

⬆ 図2-2-1　制作するコンテンツの完成図（昼と夜）

このような完成イメージの場合、プリレンダリングでの制作は、以下のようなシーンをDCCツールで作成を始めることが多いと思われます。しかし、リアルタイムレンダリングでの作り方としては処理が重くなるので、お勧めできません。

また、マテリアルをUE5に変換できないので、DCC側でマテリアル設定は行いません。

⬆ 図2-2-2　Mayaで作成したシーン

UE5では[ホワイトボックス]と[キットバッシング]という手法を用います。

これは、2016年のGTMFの[Unreal Engine 4を利用した先進的なゲーム制作手法]というEpic Games Japanの講演でも説明があります。

[Unreal Engine 4を利用した先進的なゲーム制作手法]

→https://www.slideshare.net/GTMF/gtmf2016unreal-engine-4-the-unreal-way-2016-epic-games-japan

YouTubeによる講演動画

→https://youtu.be/tRSa7larsgU

この講演にあるプロジェクトはUE4時代のものなので、現在入手できませんが、教材として過去のデータからプロジェクトを作成しました。ここではシンプルな寺院を作る例を挙げます。

プロトタイプのレベルの作成

❖ ステップ1 ホワイトボックスのレベル作成

まずDCCツールは起動しません。UE5を起動して、箱や円柱、板などの仮のアセットを大雑把に配置して、空間をレイアウトします。メインとなるプロダクトは、過去の素材やフリー素材など元に仮配置（プロトタイプ）します。

企画書や2DのイラストなどからDCCツールで時間をかけて3Dにする場合、完成イメージの差が大きいほど、手戻り修正工程が増えます。まず、時間と手間をかけずにイメージを具現化し修正工程を回避します。

可能であれば、VR/ARやコンフィグレータを作成する際に、事前に実機検証を行います。特にVRでの見栄え・動作・パフォーマンスをこの段階でクライアントやディレクターなど制作責任者に確認することで、最終段階でのトラブルを回避できます。

この時点でエンジニアがプログラミングの作業を開始しておくと、後半のスケジュールに余裕が持てることが多くなります。

⬆ 図2-2-3　ホワイトボックス

❖ ステップ2 メッシング

ステップ1で作成したUE5のアクタをFBX形式でエクスポートし、DCCツールやCADなどで大きさを維持した状態でモデリングします。

例では中央の像がプレゼンテーションを行うメインプロダクトと想定してください。

このアセットをUE5へインポートし、仮のアクタと差し替え、マテリアル（質感）設定まで行います。この時点で処理速度などを確認し、ポリゴン数やテクスチャサイズなどを検

討します。制作物のリストが事前に決まるので、チーム内の分担とスケジュールを組み立てやすくなります。

⬆ 図2-2-4 メッシング

✥ ステップ3 ライティング

ライトや5章で説明するポストプロセスエフェクトを追加し、マテリアルを調整して画質全体を確認していきます。この時点でリアルタイムレンダリングのパフォーマンスを測ります。

⬆ 図2-2-5 ライティング

✧ ステップ4 最終調整

アニメーション、パーティクルエフェクト、サウンドを加えます。VRやコンフィグレータなどでは、インタラクションをプログラミングして、完成します。

🔼 図2-2-6　最終調整

☕ Column　サンプル

　Epic Games Launcherの[サンプル]タブにはチュートリアルや制作の手本になるものがあります。[機能別サンプル]はUE5の各機能を説明するレベルとアセットを多数紹介している展示会場のようなプロジェクトです。UE5自習のためにダウンロードすることをお勧めします。

　「City Sample」はPlayStation 5/XBOXテクニカル デモ[The Matrix wakens: An Unreal Engine 5 Experience]の一部が公開されたサンプルプロジェクトです。膨大な広さの街を高い完成度で表現しています。

🔼 図2-2-7　Epic Games Launcherの[サンプル]

Cityサンプル（City Sample）
→ https://www.fab.com/ja/listings/4898e707-7855-404b-af0e-a505ee690e68

機能別サンプル（Content Examples）
→ https://www.fab.com/listings/4d251261-d98c-48e2-baee-8f4e47c67091

キットバッシング

次に［キットバッシング］です。通常の3DCG制作はイメージボードのとおりにモデリングを進めていきます。しかしゲームエンジンでは処理負荷を軽減するために、同じアセットを複数レベルに配置して構築していきます。ブロック玩具をイメージしてください。

上記のレベルはたった39のアセットと58のマテリアルを組み合わせてレベル全体を構築していきます。

DCCツールでは、この少数のモデリングおよびテクスチャ作成を行い、UE5へ変換してから配置、レベルを作成します。

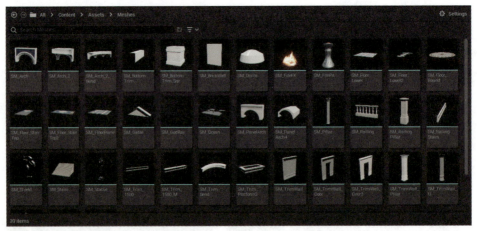

⬆ 図2-2-8　キットバッシングのStatic Mesh

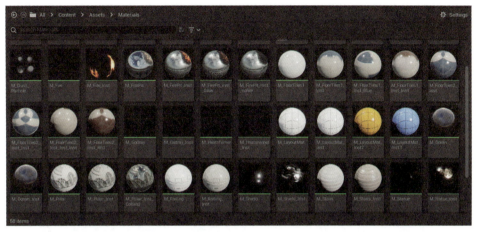

⬆ 図2-2-9　キットバッシングされたマテリアル

> **Column　キットバッシング（kit bashing）の語源**
>
> 　アナログ時代、ハリウッド映画のVFX（ビジュアルエフェクト）工房では、ミニチュアモデルにリアルなディティールを与えるため、プラモデル（キット）の部品を宇宙船や建物の表面に張り付けていたことが由来になっています。

ホワイトボックスのレベル作成

　では実際にホワイトボックスのレベルを作成します。この作業はディレクター・プランナー自身が操作をするか、または同席して指示を出すことで、プロジェクトが円滑に進みます。

❖素材のインポート

File → New Level から Basic を起動します。

⬆ 図2-2-10　Basicの新規レベル

　ビジュアライズするプロダクトの仮素材として、3Dフリー素材サイトの[Turbosquid]から3Dモデルを無料ダウンロード(要ユーザー登録)します。ファイル形式は[OBJ]か[FBX]で探してください。もし、プロダクトの仮素材の必要がない場合は、UE5のStarter ContentやBOXアクタなどの代用でも問題ありません。

⬆ 図2-2-11　3Dフリー素材サイトからダウンロード

　本書で使うのは以下のURLの素材です。

→https://www.turbosquid.com/ja/3D-models/trials-bike-3D-model-1293517

Content BrowserのContentフォルダをクリックしてから上にある[Import]をクリックします。

○ 図2-2-12　Importをクリック

ダウンロードしたフリー素材を選択します。[All Files]のプルダウンメニューを確認します。UE5でインポートできる基本的なファイル形式をチェックしておきましょう。

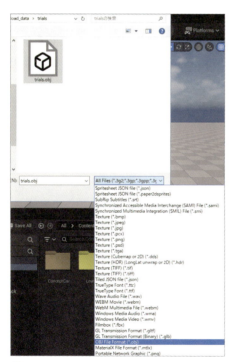

○ 図2-2-13　インポートできるファイル形式

Import Contentのダイアログが開きます。詳細は後述するので、ここでは[Import]をクリックします。

⬆ 図2-2-14　Import Allをクリック

　フリー素材がインポートされました。素材によって、向きや大きさに不具合がある場合は、Detailsから数値で調整します（インポートしてもサイズが小さすぎて見えない場合もあります）。[Quickly add to the Project] → [Shapes] からCubeを出します。これは1辺が1mなので、大きさの目安になります。

　外部からインポートした場合は [Save All] を忘れず行います。[Save] だけでUE5を終了したり、クラッシュした場合は、インポートしたアセットは消えてしまうので注意が必要です。

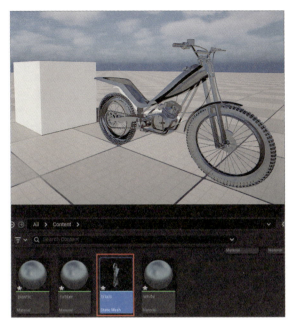

⬆ 図2-2-15　フリー素材をインポート

✣ ホワイトボックスのレベルを作成（ステップ1）

　企画書やイメージボードに従い、前節で学んだ、[Quickly Add to the Project] → [Shapes] や Starter Content のアセットを使い、白い箱や板を並べていきます。この段階である程度、キットバッシングをイメージして、レゴブロックのように同じパーツの繰り返しができないか、を検討します。

⬆ 図2-2-16　ホワイトボックスを構築

さらに Starter Content のマテリアルを仮に設定します。キットバッシングを考慮して、以下に分類しました。

- ◆ ビルA
- ◆ ビルB
- ◆ カフェの壁
- ◆ 建物下道路
- ◆ 歩道
- ◆ 車道

⬆ 図2-2-17　キットバッシングをイメージし仮マテリアルで分類

可能であれば、この段階で仮にカメラアングルやライティングを確認します。

🔼 図2-2-18　カメラアングルやライティングの仮決定

[File] → [Export All] を実行します。FBX Export Optionが表示されますが、チェックをすべてオフにします。

🔼 図2-2-19　Export Allで書き出し

ホワイトボックスのFBXがエクスポートされました。

🔼 図2-2-20　書き出されたFBXファイル

そのFBXをBlenderで開いた状態です。小さな箱はバイクの代わりです。

マテリアル・テクスチャは変換されていませんが、マテリアル名はUE5から引き継がれますので、レイヤーやグループで分類しやすくなっています。

ここから、細かくモデリング、テクスチャ制作の作業をチームで分担していきます。

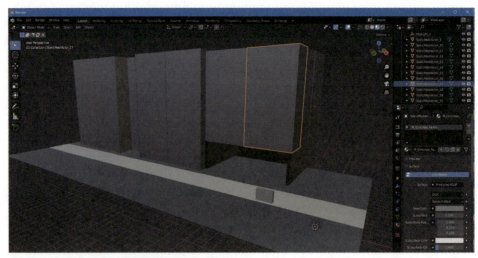

⬆ 図2-2-21　UE5のホワイトボックスをBlenderで開く

2-2-2 | 制作に用いる3D素材の注意

3Dモデルデータ作成時の注意

　　ホワイトボックスで必要なアセットを割り出したので、ここから「メッシング」の作業になります。

　　DCCツールによるモデル・テクスチャ制作では以下の点を注意します。

❖Nanite（ナナイト）の利用は状況によっては避ける

　　UE5の新機能のNanite（ナナイト）を使うことで、背景のポリゴン数が多くなってもかなり高速で処理できます。更に近景・中景・遠景とカメラからの距離に合わせて、ポリゴン数は多・中・少と自動で変化します。

　　しかしながらNaniteはポリゴン数を減らす処理を加えるため、工業デザイン分野ではCADで滑らかに設計したディテールを壊してしまう場合があるので、状況によっては避けることをお勧めします。

❖軸方向を決める基準

　　乗り物はX軸、キャラクターはY軸を前にします。背景の建物やプロップ（小道具）は方向を気にしなくて大丈夫です。

　　これはあくまで乗り物を走行させるシミュレーターやキャラクターをアバターとして操作できるようにする場合の基準であり、単にビジュアライズするだけなら軸方向を考慮しなくても構いません。

Column　SunSkyライトと東西南北

　建築のテンプレートはSunSkyというライトを使っています。これは、正しい太陽の位置をシミュレーションすることができます。これに準ずるとX＝北、Y＝東、-X＝南、-Y＝西、Z＝上という設定がUE5では基準であると考えられます。

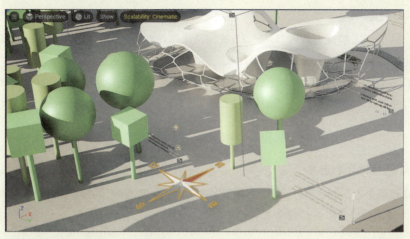

⬆ 図2-2-22　SunSkyライトの方角

　SunSkyは[Quickly Add to the Project]から作成できます。Detailsの設定で緯度経度と月日、時間を設定すれば、現実に近い太陽光を再現できます。

⬆ 図2-2-23　SunSkyライトで太陽のシミュレーション

❖オブジェクト名の命名規則

オブジェクト名の命名規則は事前に決めておきます。名前の重複は基本的に禁止です。名前に重複があるスケルトン（Joint）ではインポートができません。またContent Browserでアセットを探す際に元DCCツールと異なると管理が大変になります。

❖VR/ARへの対応

コンフィグレータと映像制作のコンテンツを同時に作れますが、VR/AR用はレンダリング用ポリゴン数とテクスチャ解像度を下げることを推奨します。変更はUE5側で可能です。

理由はVRでは大画面2枚の表示で60fps以上の処理速度でないと不快感が生じるためです。またARではスマートフォン・タブレットがメモリ不足でクラッシュする恐れがあるためです。

❖スケールは原寸に合わせる

物理的な処理をする場合やカメラの距離などでスケールが違うと問題が起きやすいため、スケールは原寸に合わせることを推奨します。

❖UVオーバーラップは禁止

UV展開は必須です。またUVオーバーラップは、後述のライトマップで陰影を付ける際に問題が出るため禁止にし、きれいにUV展開されている方が望ましいとされます。

❖テクスチャの解像度は2の冪（べき）乗にする

テクスチャの解像度は、ペイントツールなどで2, 4, 8, 16, 32, 64, 128, 256, 512, 1024…というピクセル数に設定します。適当な値だと処理が重くなる原因になります。正方形でなくても構いません。最大テクスチャサイズは8K（8192 x 8192）です。コンテンツ制作では大きいサイズで作成しておき、UE5側で処理負荷に合わせ、小さくすることは可能です。

❖テクスチャの枚数をなるべく減らす

パーツに1つずつテクスチャを貼るのではなく、大きなテクスチャ1枚に複数のパーツを配置することで処理負荷を軽減することができます。これを[アトラス]と呼びます。

❖一枚ポリゴンは作らず厚みを付ける

裏面は透明になるので、反対側が見える場合は一枚ポリゴンを作らずに厚みを付けます。

書き割りで背景作成でも良いですが、裏面からライトを当てると透過してしまうので、対策を考える必要があります。

❖四角ポリゴンの分割

　UE5に変換する際に三角ポリゴンに自動で変換されます。そのため四角ポリゴンの分割方向が勝手に決まるので、気になる場合は事前に分割しておきます。

❖ピボットがすべて原点になる

　変換時にピボットがすべて原点になってしまうため、ピボットを決めて原点に移動してからエクスポートするか、後述の [Import Into Level] を利用して DCC ツールのピボットを変換します。ただ、エクスポートとインポートの手段を変えればそのまま変換も可能な場合もあります。

❖重複するマテリアルはまとめる

　例えば、タイヤが4つあるマテリアルは同じゴムの材質ならば1つにします。マテリアルが同じオブジェクトでグループ化しておくと便利です。マテリアルとテクスチャが多いと処理が重くなる原因の1つになります。

❖DCC ツール独自のレンダラーのマテリアル設定はしない

　V-RayやArnold、Cycles、EeveeなどDCCツール独自のレンダラーのマテリアル設定は無視されるので作業時間が無駄になります。標準のマテリアルを使ってColorだけ設定します。

　なお3dsmaxのV-RayだけはDatasmithでUE5へ変換されますが、完全ではないので修正作業は発生します。

❖テクスチャの変換

　テクスチャはDCCツールで設定されたColorとNormalは変換されます。テクスチャはUE5側で設定しても問題ないのでDCCツールではUV展開だけしておきます。

❖テクスチャのファイル形式

　テクスチャのファイル形式は、JPEG・PNG・TGA・TIFFなどが使えます。

　画像の圧縮は行いません。最高画質で用意します。UE5へインポートする際にDirectXのフォーマットに圧縮されるので、素材の段階で圧縮されていると劣化が酷くなります。

　また、連番ファイルや動画をテクスチャとして使うことも可能です。

❖ **サウンドのファイル形式**

　コンフィグレータでのBGMやサウンドファイルはWave形式です。MP3も使えないわけではありませんが特殊な方法になります。

❖ **可能な限りパーツを結合して数を少なくする**

　MayaならCombine、BlenderならばJoinで結合しておきます。ただしアニメーションするパーツやコンフィグレータとして表示を切り替える箇所は分けておく必要があります。

❖ **DCCツールのトランスフォーム情報、ヒストリなどは削除しておく**

　Mayaならば、[Edit] → [Delete by History]、[Modify] → [Freeze Transformation] を実行しておきます。

　Blenderでは、Modifierの[Apply]と[Object] → [Apply] → [AllTransforms]を実行しておきます。

　ただし、回転するタイヤやドアのピボット（回転軸）を維持したい場合は位置のフリーズはしないよう注意します。

☕ **Column 既にMayaでFreezeしてしまった場合**

　[CG自習部屋 Mayaの時間]の[AriReFreezeTranslate]のMELスクリプトを使うことで元に戻せます。以下からダウンロードできます。

➡ http://cgjishu.net/blog-entry-73.html

☕ **Column 使っていないマテリアルを削除**

　使っていないマテリアルは事前に削除しておくと無駄がありません。MayaならHyperShadeから[Delete Unused Nodes]を実行すれば自動で削除します。BlenderならOutlinerの[Orphan Data]で表示されたものを削除します。

⬆ 図2-2-24　MayaとBlenderで使っていないマテリアルの削除

各アセットの説明

ここから各アセットの説明をします。記載のポリゴン数はトライアングル（3角形）換算になります。

ビルA

約2,400ポリゴンです。Mayaで作成しています。ホワイトボックスではカメラから奥の方に配置されるので少なめのポリゴン数で作成してあります。Mesh→Combineで1つにしてあります。

建物の角を原点に移動します。これでピボットは原点になります。スナッピングで配置が楽になるように合わせておくと効率が良くなります。

一階部分はお店のアセットを入れ替える仕組みにするので空洞にしてあります。UV展開はオーバーラップがないように調整してあります。

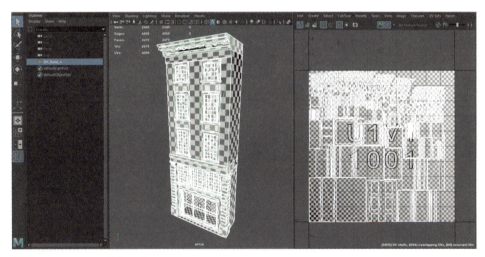

⬆ 図2-2-25　Maya制作：ビルA

ビルB

約32,000ポリゴンです。ホワイトボックスではカメラの前に配置されるので、多めのポリゴン数で作成してあります。一階部分はカフェなので2階からのアセットです。この時点でスタティックメッシュの命名規則で[SM_]を付けてあります。

⬆ 図2-2-26　Maya制作：ビルA

❖カフェ

　約130,000ポリゴンです。テーブルセットやグラスなどプロップが多いので多めになりますが、ビルBの一階部分なので重要な箇所です。種類ごとのグループ化とマテリアルの重複を回避しています。

　マテリアルの命名規則で[SM_]をあらかじめ付けておきます。

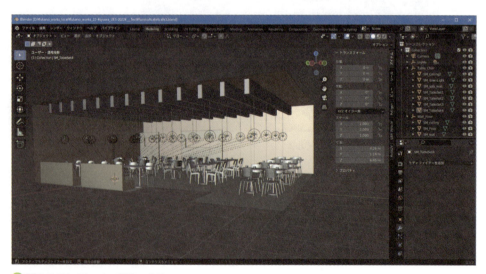

⬆ 図2-2-27　Blender制作：カフェ

❖ 道路A、B、C

全部で約4,000ポリゴンです。細かいディティールはテクスチャワークで行います。キットバッシングのために道路を短く3つにわけました。

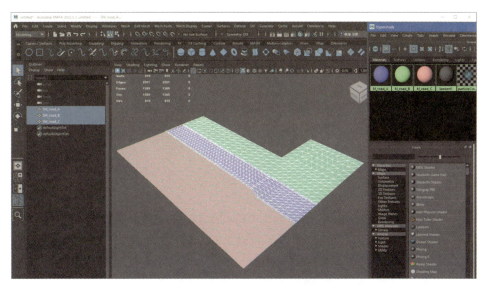

⬆ 図2-2-28　Maya制作：道路A,B,C

背景素材のモデリングとUV展開までMayaやBlenderなどDCCツールで作業を行います。マテリアルやテクスチャはこの後UE5側で設定していきます。

❖ オフロードバイク

ビジュアライズするメインのモデルです。Blenderで作成しています。約29,000ポリゴンです。ハンドル、リアサスペンション、スタンドなど、アニメーションで動かすことを想定して階層化してあります。色は仮で識別しやすく設定しています。

ミラーが２つあるのは、コンフィグレータで切り替える為です。ナンバープレートにテクスチャがあります。黒いテクスチャは文字だけを光らせるためのものです。

⬆ 図2-2-29　Blender作成：オフロードバイク

❖レストランの看板アセット

　　Blenderで作成しています。約6000ポリゴンです。テクスチャ作業まで終わっています。命名規則に従い、テクスチャのファイル名は [T_] を付けます。ファイル形式は非圧縮のPNGです。テクスチャの種類については3章のマテリアルで説明します。

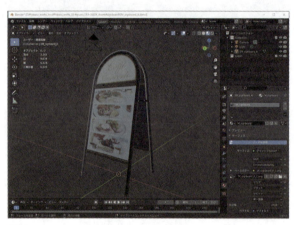
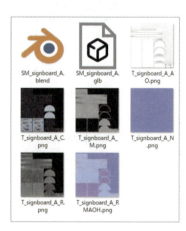

⬆ 図2-2-30　Blender作成：カフェ看板

❖1、2階部分のピラーとカフェの日よけテント

　　それぞれ約300ポリゴンと18000ポリゴンです。どちらもカフェの上に配置します。日よけテントは左側のネオンサインがポリゴン数のほとんどを占めています。夜のシーンで活用します。テントは布ですが、一枚ポリゴンでなく、わずかに厚みを付けて裏側が透明になるの回避しています。

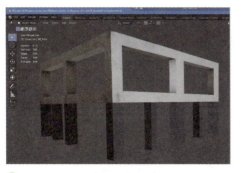
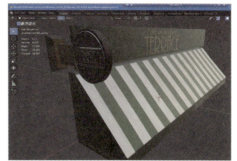

↑ 図2-2-31　Blender作成：カフェのピラーとテント

❖ テーブル、テーブルセット

　Maya、BlenderはUV展開とカラーテクスチャのみの作業に留め、Substance 3D Painterを使ってテクスチャを作成しています。複数パーツに1枚のテクスチャを設定して、全体のテクスチャ枚数を減らしています。Photoshopでも制作可能ですが、Substance 3D PainterとUE5の連携によりかなり作業効率が上がるので、このコンビを強くお勧めします。

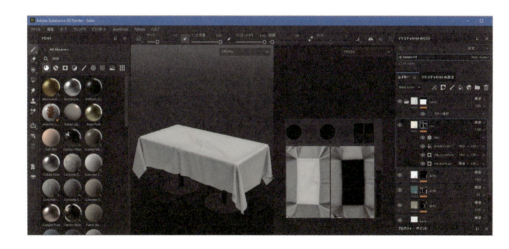

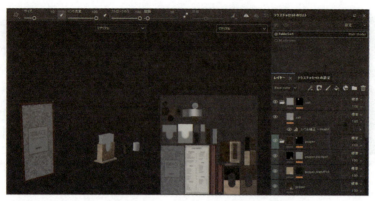

⬆ 図2-2-32　FBXからSubstance 3D Painterでテクスチャ作成

インポートするアセット保存フォルダの作成とアセットの移動/コピー

これから作成するカフェストリートのアセットをまとめるフォルダを作ります。[CafeStreet]としましたが任意で構いません。これも、ここまでのテンプレートやStarterContentと差別化するために色を付けておくと良いでしょう。

⬆ 図2-2-33　カフェのあるストリートのフォルダ

> ☕ **Column** アセットやフォルダが削除できないトラブル
>
> 作業中にアセットを別フォルダへ移動/コピー、名前を変更した場合にフォルダが削除できないことがあります。これはRedirector（リダイレクタ）という情報が間違って残った場合に起きます。この情報はContent Browserでは非表示になっているので、確認できません。
>
> この場合、Content Browserのフォルダアイコンを右クリックして、[Update Redirector References]を実行します。
>
> ➡ https://dev.epicgames.com/documentation/ja-jp/unreal-engine/asset-redirectors-in-unreal-engine?application_version=5.5

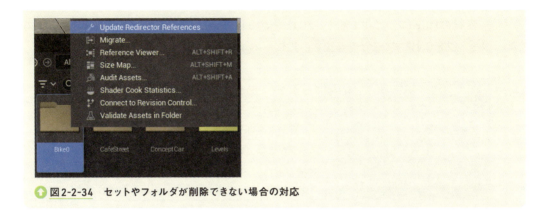

⬆ 図2-2-34　セットやフォルダが削除できない場合の対応

2-2-3 ｜ FBX経由で変換

ビルの変換

❖Mayaでの作業

ここから3Dデータの準備の方法と変換を説明します。

まず、Mayaシーンファイルのビルを変換します。注意点としては、ポリゴンに異常があるとUE5がクラッシュする場合があります。その場合は、「Send and Restart」をクリックして再起動します。

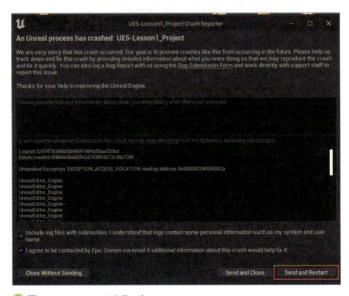

⬆ 図2-2-35　UE5のクラッシュ

素材のMayaファイルを開き、メニューから[Mesh]→[Cleanup]を実行して、以下のチェックをONにすることで修復をします。

Lamina Faces	2枚重なった面がある。
Nonmanifold geometry	非多様ポリゴンと呼ばれ、エッジや頂点の共有に異常がある、隣接する面で法線が逆になっている場合です。
Faces with zero length	エッジがほぼゼロのポリゴンがある。
Faces with zero geometry area	面積がゼロのポリゴンがある。ゼロでなくとも、極めて面積が小さいポリゴンもトラブルの原因になる場合があります。

他のDCCツールでも同様な機能があれば事前に処理をしておくことを推奨します。

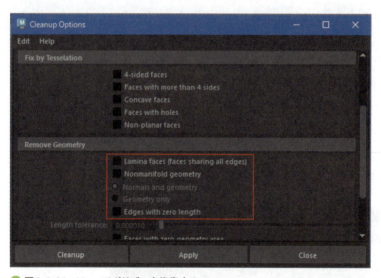

⬆ 図2-2-36　Mayaでポリゴンを修復する

Cleanupについて詳細はAutodesk Mayaのマニュアルをご覧ください。

→ https://help.autodesk.com/view/MAYAUL/2024/JPN/?guid=GUID-0E2A7B88-E5B4-4B2A-96D0-C1BCBF6D3C27

　Mayaからのエクスポートは、Plug-in Managerを起動します。FBXのプラグインの[Loaded]のチェックがオンになっていることを確認します。

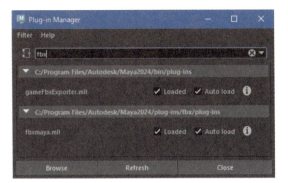

⬆ 図2-2-37　MayaのFBXのプラグイン

[File] → [Game Exporter] を実行します。（[File] → [Export Selection] でも構いません）

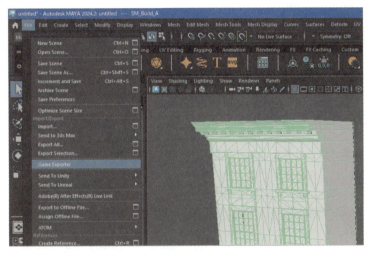

⬆ 図2-2-38　Game Exporterの起動

図のダイアログが起動します。ファイルパスとファイル名を設定します。

Section 2-2　UE5へモデルデータをインポートする　177

⬆ 図2-2-39　Game Exporterで出力先を決める

　図のように現在作業中のUE5プロジェクトフォルダ内に[FBX]フォルダを作成し、出力先として指定します。

　この指定は必須ではありませんが、プロジェクトとアセットFBXをどのように管理するか、チーム内で決めておくと良いでしょう。

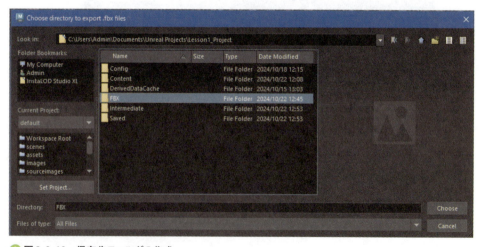

⬆ 図2-2-40　保存先フォルダの作成

　[Export Selection]で現在選択しているアセットだけをエクスポートします。選択をしな

いとカメラやライトもエクスポートされてしまいます。最後に一番下の[Export]をクリックします。

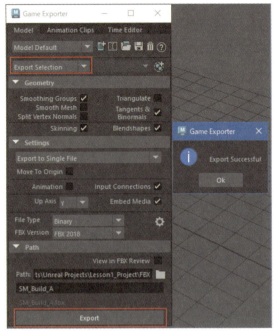

⬆ 図2-2-41　エクスポートの実行

❖ UE5での作業

UE5へ切り替え、[CafeStreet]の下にさらに分類フォルダ[Build]を作成し、ダブルクリックして開きます。

今後はこの操作の記述は割愛しますが、新しいアセットをインポートする度にフォルダを作成してください。

⬆ 図2-2-42　さらに分類フォルダを作成

Content Browserの[Import]をクリックします。この作業は、[Build]フォルダにWindowsエクスプローラーからFBXファイルを直接ドラッグ&ドロップすることでも可能です。

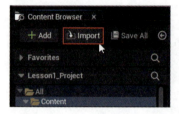

⬆ 図2-2-43　FBXのインポート操作

先ほど作成したFBXを指定します。

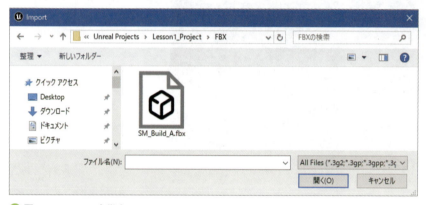

⬆ 図2-2-44　FBXを指定

図のダイアログは[Import Content]です。ホワイトボックスの仮のバイクアセットのインポート時にも表示されましたが、ここでは詳細設定を行います。

このダイアログは設定項目が非常に多いので、一番上の「Essentials」のチェックを入れます。これで最低限の項目に絞りこむことができます。
以下の2つのチェックを外します。

[Import Skeltal Mesh]

これは骨（ジョイント）を入れてアニメーションするモデルとしてインポートする場合にオンにします。

[Import Animations]

アニメーションをインポートする場合にオンにします。

最後に [Import] をクリックします。

🔼 図2-2-45　[FBX Import Options] の詳細設定

インポートが完了しました。アセットアイコンの左下 [*] マークは未保存であることを示しています。

🔼 図2-2-46　インポートが完了

[Save All] を実行すると、以下のダイアログが表示され、保存するアセットの確認ができます。

保存したくないものがある場合、左側のチェックを外すことで保存を回避できます。

⬆ 図2-2-47　保存するアセットの確認

　もう1つのビルディングも変換し、同じフォルダへインポートします。このようなインポートの繰り返しは効率が悪いので、インポートの際に複数のFBXをShiftキーで複数選択すると、大量のアセットの変換とインポートが可能です。

　アセットが増えてくると管理が複雑になります。そこで、Meshes・Materials・Texturesの3フォルダをそれぞれのアイコンに合わせて色を付けて作成し、Moveして分類します。

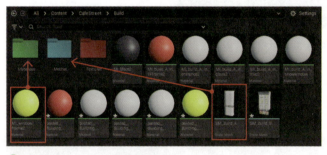 

⬆ 図2-2-48　フォルダの分類

　この3つのフォルダを毎回作成するのは手間なので、テンプレートの空のフォルダを用意し、これを[Copy Here]で複製後インポートを繰り返します。

⬆ 図2-2-49　テンプレートの空のフォルダ

❖ アセットをインポートした素材に差し替える

インポートが終わったらホワイトボックスのレベルを開きます。変換したアセットをViewportに配置しても構いませんが、既に配置してあるBoxを選択し、DetailsのStatic Meshへドラッグ＆ドロップします。

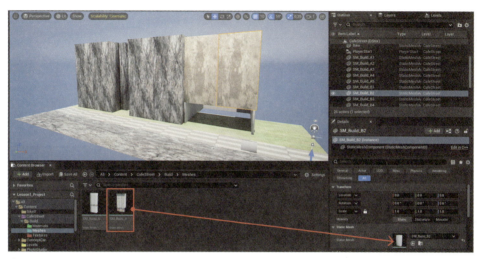

⬆ 図2-2-50　ホワイトボックスのアセットの入れ替え

ピボットの位置が同じであれば、そのままアセットが差し変わり、改めてレイアウトし直す手間が省けます。Static Meshが差し変われば、マテリアルも自動で切り替わります。

これもホワイトボックスとキットバッシングのメリットです。

⬆ 図2-2-51　ホワイトボックスの計画通りの配置

> **Column インポートを再度行いたい**
>
> UE5へインポートした後に、アセットに問題がある場合、DCCツールで修正を行いFBXを再エクスポートします。このときContent Browserから削除しなくても、右クリックから「Reimport」で、再インポートします。既にレベルに配置している場合は、自動で新しいファイルに差し変わります。
>
>
>
> ⬆ 図2-2-52　再インポートの実行

道路のアセットも同様の操作でホワイトボックスと入れ替えます。マテリアルがないので、StarterContentで仮設定します。

⬆ 図2-2-53　道路のアセットのインポート

カフェの変換

✥ FBXファイルをインポートする

ビルと同様にFBXインポートします。UE5で[Cafe]フォルダを事前に作成します。

インポートする方法として、[File] → [Import Into Level]を実行します。これはDCCツー

ルの階層を維持したまま変換する場合に用います。

🔼 **図2-2-54** カフェは Import Into Level

FBXファイルを選択したら、事前に作成したフォルダをアセットの保存先を指定します。

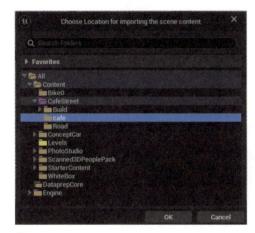

🔼 **図2-2-55** カフェの保存先フォルダを指定

[FBX Scene Import Option] から、Hierarchy Type に [Create level Actor] を選択します。[Create one Actor with Components] を選択すると1つにマージしたアクタとしてインポートされます。

ウィンドウの左側を見るとMayaの階層が維持されていることがわかります。インポートに不要な要素があれば、ここでオフにすることができます。

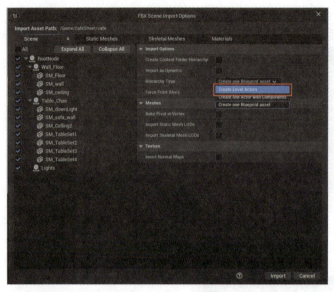

⬆ 図2-2-56　FBX Scene Import Option の設定

　[Static Mesh]タブに切り替えます。「Normal Import Method」を「Import Normal」にします。前述しましたが、FBXの法線ベクトル情報を正しく読み込む設定なので、これは必須です。

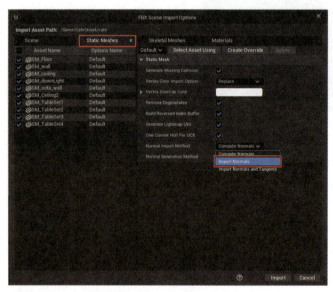

⬆ 図2-2-57　FBXの法線ベクトル情報の読み込み

　[Material]タブに切り替えます。インポートするマテリアルを確認します。ここでも不要な要素をオフにできます。特に変更がなければ[Import]をクリックします。

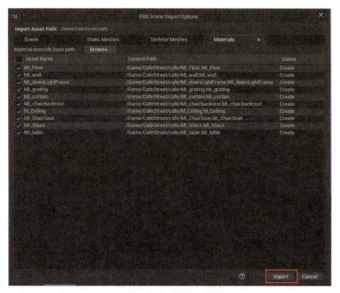

⬆ 図2-2-58　インポートするマテリアルを確認

インポート中です。変換にしばらく時間がかかることもあります。

⬆ 図2-2-59　インポートの進捗を確認

　このようにカフェのアセットを読み込みます。ここでもMeshes・Materials・Texturesの3フォルダに分類します。多数のアセットは処理負荷が大きくなる原因なので、できればDCCツール側でメッシュをマージ（結合）するべきです。もしくはカフェのテーブル、椅子やコップなどすべて1つだけのアセットでインポートしてから、UE5でレイアウトする方が軽量なレベルになります。またはインポート時に [Create one Actor with Components] を選択して1つにまとめるのも良いでしょう。

⬆ 図2-2-60　大量なカフェのアセット

❖マージしてパーツの数を減らす

ここからはDCCツールに戻らずに、UE5側でパーツ数を減らしていきます。図のように、マージしたいアクタをOutlinerで選択し、メニューの[Actor]→[Marge Actor]→[Marge]を実行します。

⬆ 図2-2-61　[Marge Actor]でアセットをまとめる

Content Browserの保存先を指定します。

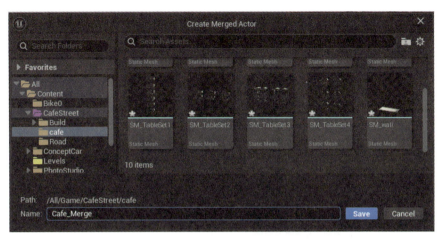

⬆ 図2-2-62　まとめたアセットの保存先を決める

このように1つのStatic Meshとして新たなアセットが生成されます。自動で命名規則を守り、UV座標も維持します。このカフェ全体で1つのアセットにしても問題はありません。

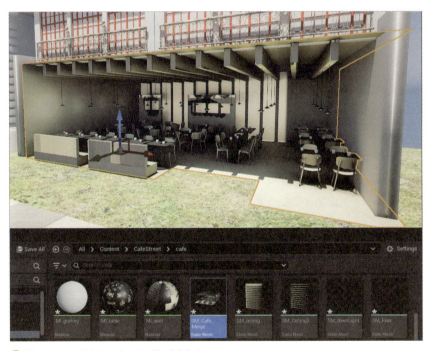

⬆ 図2-2-63　新たなアセットが生成される

BlenderからFBX変換

❖各種の名前を英語に変更しておく

　Blenderから変換するときの注意点は、Outlinerでのメッシュの階層の名前がアセット名になることです。Blenderが勝手に命名するので、UE5では混乱を招きます。Blenderが日本語UI設定の場合、日本語名を付けてしまうので修正します。

　さらにマテリアルもデフォルトでは"メッシュ.035"のように名前にドットを含んでしまいます。インポート時に自動で"_"（アンダースコア）に修正されますが、この命名規則はUE5でトラブルになるのでBlender側で事前に修正します。

⬆ 図2-2-64　Blenderのメッシュ名の注意

❖Blenderからエクスポート

　BlenderからFBXでエクスポートします。手順は[File]→[Export]→[FBX]です。Mayaのようなプラグイン設定は不要です。

🔼 図2-2-65　FBXでExport

- Selected Objectのチェックをオンで、選択したものだけをエクスポートします。
- ObjectTypesを[Empty][Mesh]エクスポートします。[Empty]は階層の親です。
- UPをZにします。
- Apply Modifiersをオンにして、モディファイヤをApplyします。

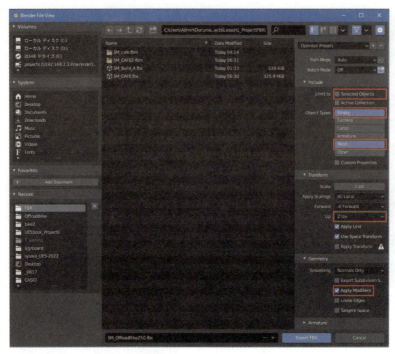

⬆ 図2-2-66 エクスポートの設定

✧ UE5にインポート

UE5側でカフェ同様にFile→Import Into Levelを実行し、BlenderからのFBXを選択し、保存先をあらかじめ作成しておいたBikeフォルダにします。

⬆ 図2-2-67 BlenderからのFBXを選択

[FBX Scene Import Options] から、Hierarchy Typeを [Create One Blueprint Actor] に設定します。ウィンドウの左側を見るとBlenderで設定した階層が変換されることがわかります。

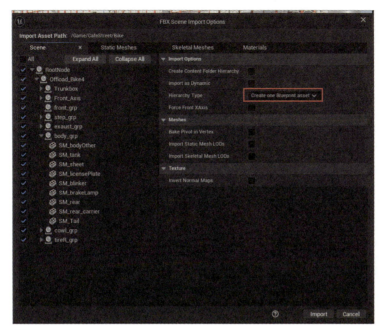

⬆ **図2-2-68** Import Into Levelの設定変更

　図の様に新しい「Blueprint Editor」が自動で開きます。

　Blueprintは、本書の9章で説明しますが、3Dモデル、カメラ、ライトなど様々なパーツの集合体であり、さらにプログラムを内蔵するアクタと定義されます。

　このようにパーツが多く、すべてを一纏めにして管理する方がハンディなので、このインポート方式をとります。操作方法は通常のビューポートと同様です。

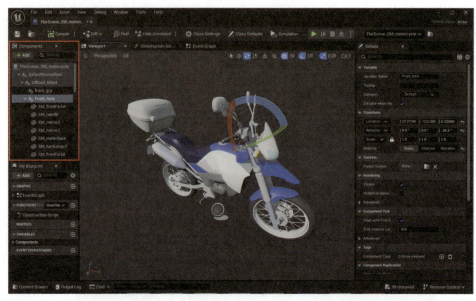

⬆ 図2-2-69 「Blueprint Editor」が自動で開く

左側に「Components」というタブがあります。これはこのBlueprintの構成要素です。Outlinerと同じだと思ってください。Blenderで構成した階層構造とピボット・トランスフォーム情報のまま変換されます。

❖配置後に移動させる

同時にレベルにも配置されます。Blueprint Editorを閉じてしまった場合は、OutlinerのTypeの部分をダブルクリックするとBlueprint Editorを再起動します。

しかし、ホワイトボックスで決めた位置へ移動しようとしても、できません。

⬆ 図2-2-70　アクタが移動できない

　これは、Blueprint EditorのDetailsのMobility(可動性)が、[Static]になっているからです。右側のComponentsのDefaultSceneRootの1つ下の階層を選んでから、[Movable]に切り替えます。UE5では、処理負荷を減らすため、動かない背景の陰影計算を行わない[Static]の設定がデフォルトです。この場合、移動・回転・スケールはできません。

⬆ 図2-2-71　Mobility(可動性)の設定を変更

　ツールバーにある「Compile」というボタンが黄色い「?」になっています。これをクリックすると図の様に緑の「✓(チェック)」になりました。
　「Compile（コンパイル）」とは、「操作したことをUE5へ翻訳して理解させる」という工程です。9章で説明するプログラミングでは、ミスがあるとCompileできずエラーとなります。

これはBlueprint Editorで何か操作した後、必ずこの操作が必要になるので覚えておいてください。

⬆ 図2-2-72　Compileの完了

| F7 |（コンパイル）

Compile後ホワイトボックスで決めた位置へ移動ができます。Content Browserの各アセットをフォルダへ分類します。新規で青い[Blueprint]フォルダを用意します。Blueprintは青いアイコンなので、そのフォルダに保存します。

⬆ 図2-2-73　バイクの移動

BaseColorとNormalMap以外のテクスチャはインポートされません。Windowsのエクスプローラーのフォルダから直接ドラッグ＆ドロップしてテクスチャをインポートします。

↑ 図2-2-74　テクスチャのインポート方法

❖自然な見た目に調整する

バイクが直立して停車しているのは不自然なので、Blueprintのアイコンをダブルクリックして Blueprint Editor を開いてハンドルの親の階層を選択し、ハンドルを回転します。

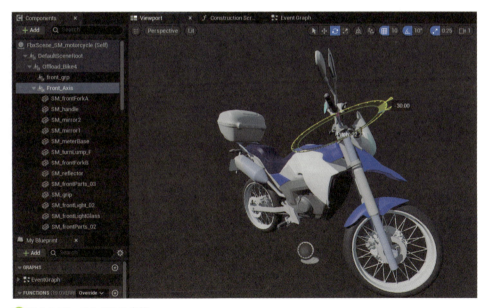

↑ 図2-2-75　ハンドルの車体

同様にサイドスタンドを回転します。

🔼 図2-2-76　サイドスタンドと車体

　Componentsから2つあるミラーの1つを選びます。右側のDetailsから「Vis」と検索キーワードを入力して、「Visible」のチェックをオフにすると非表示になります。

🔼 図2-2-77　ミラーを非表示にする

　Compileすると、図のようにBlueprint Editor内で設定したパーツは、レベルに配置されたパーツに反映されます。

⬆ 図2-2-78　ハンドルとスタンドを設定したBlueprintアクタ

☕Column　大量のアセットを削除する場合に時間がかかる

　インポートに問題があった場合、アセットをShiftキーで選んでDELキーで削除できます。ただし、大量に削除する場合、アセット同士の関連性をプロジェクト全体で検索するため、かなり時間がかかります。フリーズしているような挙動をしますが、しばらく待ってみましょう。

☕Column　自動車の教材データ

　本書ではオフロードバイクで制作実習していますが、4輪車データで学びたいという方向けにダウンロード教材として、本書の姉妹書である「Unreal Engine 4リアルタイムビジュアライゼーション」で使っていたスポーツカーを用意しています。本書の操作を置き換えて学習することは可能なのでご活用ください。

🔼 図2-2-79 「Unreal Engine 4 リアルタイムビジュアライゼーション」の車のアセット

2-2-4 | Blenderからの特殊な変換

Blenderを使ってglTFへ変換

　glTFはKhronos Groupが提唱しているオープンソースの3Dシーン・ファイルフォーマットです。WebGLの標準フォーマットが目的でしたが、様々な3Dツールからの入出力用として採用されています。

　ここではBlenderを使って説明していますが、glTFファイルエクスポートが可能なツールなら同様の操作が可能です。FBXより多くのマテリアル要素をDCCツールからUE5変換できるので、今後は主流になるのではないかと期待されています。

➡ https://www.khronos.org/gltf/

　ここでは、カフェの看板を使って変換します。まず、[Object]→[Apply]→[All Transforms]を行い、移動や回転をゼロにします。Modifierがある場合はApplyして消しておきます。

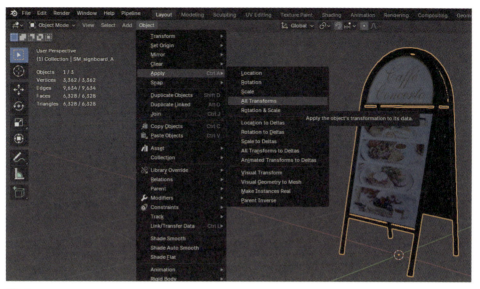

🔼 **図2-2-80** カフェの看板はApplyして出力

glTFはBlender2.9以降は標準でエクスポートの形式として設定されています。

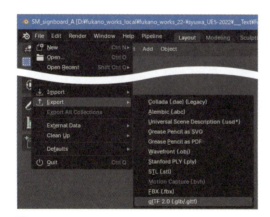

🔼 **図2-2-81** glTFエクスポート

　ここではバイナリの".glb"を選びます。特に設定変更の必要はありませんが、[＋Y UP]のオンは確認します。

↑ 図2-2-82　バイナリの .glb 形式を選択

　CafeStreetの中に事前に「signboard」フォルダを作成し、FBX同様にglTFファイルをドラッグ＆ドロップしてインポートします。[Import Content] ダイアログが出るので、下の[Import]をクリックします。

　図のようにインポートされます。

↑ 図2-2-83　glTFのインポート結果

202　Chapter 2　Unreal Engine 5の基本操作と3Dデータの変換

BlenderのAddonの [Send to Unreal]

これは、Blenderのモデルの加工作業をUE5へ直ちに反映するAddonです。カフェの上のPillarを使って変換作業をします。

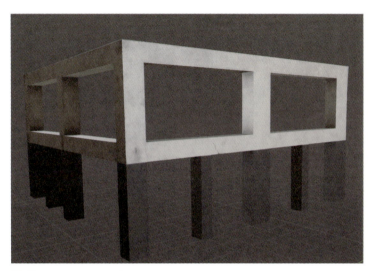

⬆ 図2-2-84　カフェの上のPillar

　Addonの公式ドキュメントは下記リンクです。2020年のサイトですが、Blender3とUE5に対応しています（Bleder4には未対応です）。また、Rigify(リグファイ)のキャラクターアニメーションにも対応しています。

→ https://www.unrealengine.com/ja/blog/download-our-new-blender-addons

まず、以下のGithubへアクセスします。

→ https://github.com/epicgames/blendertools

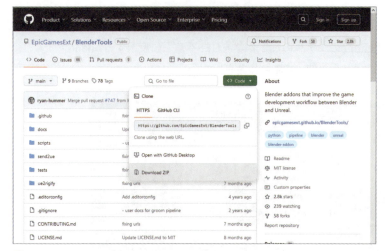

⬆ 図2-2-85　Epic GamesのGitHubからダウンロード

ダウンロードしたZipを展開し、中の[send2ue]フォルダだけをZip圧縮します。

⬆ 図2-2-86　中の[send2ue]をZip圧縮

　BlenderのAddonとしてインストールします（Addonのインストール方法については割愛します）。インストールが完了すると、図のように[Pipeline]というメニューが追加されます。

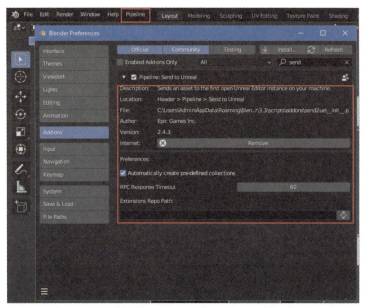

⬆ 図2-2-87 [send2ue]Addonをオンにする

UE5へ戻り、画面右上の[Settings]→[Plugins]から[Python Editor Script]をオンになっているのを確認して、UE5を再起動します。

⬆ 図2-2-88 Python Editor Scriptをオン

Project Settingから[Enable Remote Execution?（リモート実行を有効にする）]をオンにします。

⬆ 図2-2-89　Enable Remote Execution?をオン

EditorPreferenceで[CPU]を検索して、以下の[Use Less CPU when in Background]のチェックをオフにします。これで設定完了です。

⬆ 図2-2-90　EditorPreferenceのCPUをオフ

Blenderへ戻り、OutlinerでUE5へ変換したいメッシュを、Addonが自動生成した[Export]コレクションに階層を移動します。この操作をせずに[Send to Unreal]を行うとフリーズする場合があるので注意が必要です。

⬆ 図2-2-91　[Export]コレクションに階層を移動する

メニューのPipeline→Export→[Push Assets]を実行します。

⬆ 図2-2-92　Send to Unrealを実行します

UE5側で [untitled_category] フォルダ自動生成され、アセットが転送されます（レベルへの配置は手動です）。エクスポートとインポートの操作が不要です。

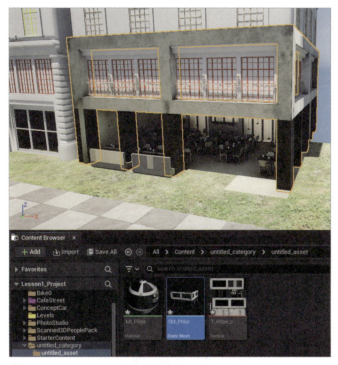

⬆ 図2-2-93　アセットが自動で転送される

Blender側でモデルをエディットして、[Push Assets] を再実行します。押し出し、UV編集などジオメトリの範囲の編集はすべて反映されます。

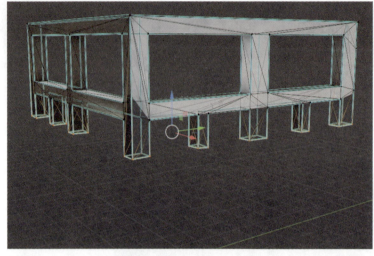

⬆ 図2-2-94　Blender側でモデルをエディット

即時に変更がUE5へ反映されます。もちろんBlender側でUndoすれば、UE5側でも編集結果は元に戻ります。

また、UE5およびBlenderをいったん終了して再起動しても、リンクは維持されます。再リンクを設定する必要がないため作業効率が上がる機能といえます。

⬆ 図2-2-95　即時に変更をUE5に反映

Section 2-3 UE5へCADデータをインポートする

2-3-1 | DatasmithによるCAD変換

工業プロダクトのビジュアライズであれば、UE5ではDatasmith（データスミス）によってCADから直接変換が可能です。Datasmithとは、UE5におけるCAD・3DCGデータ変換のパイプラインのシステム全体を意味します。

→https://www.unrealengine.com/ja/datasmith

プラグインでは下記のツールが対応しており、Webサイトからダウンロード可能です。

→https://www.unrealengine.com/ja/datasmith/plugins

❖建築
- ◆ SKETCHUP PRO
- ◆ AUTODESK REVIT
- ◆ AUTODESK NAVISWORKS
- ◆ GRAPHISOFT ARCHICAD
- ◆ ALLPLAN

❖工業デザイン
- ◆ Rhinoceros 3D
- ◆ FORM・Z

❖機械設計
- ◆ SOLIDWORKS

❖ **その他**
- ◆ **CR-5000(CDB)**……電気回路CAD
- ◆ **Presagis Creator（OPENFLIGHT）**……リアルタイムシミュレーション
- ◆ **CET**……設備・インテリアのビジュアライゼーションツール
- ◆ **3ds MAX**……CADでなくDCCツール。他のAutodeskのCADデータをインポート可能なので、データ変換経路にも使える

このプラグインをインストールすることで各CADのエクスポートのファイル形式に"～.datasmith"の出力が加わります。UE5側で以下のメニューからインポートできます。

⬆ 図2-3-1　Datasmithインポートと Datasmith Direct Link

Revit、3ds Maxなど一部のプラグインでは、CAD側の変更操作がUE5側で即時反映される「Datasmith Direct Link」機能が使えます。詳しくは以下のドキュメントをご覧ください。

> → https://dev.epicgames.com/documentation/ja-jp/unreal-engine/using-datasmith-direct-link-in-unreal-engine?application_version=5.5

Datasmithインポートがメニューに表示されない場合はプラグインがオフになっています。建築と機械のテンプレートからUE5プロジェクトを作成した場合は自動でオンになっています。

UE5でメニューから[Edit]→[Plugins]で[Datasmith]を検索し、確認します。ここでは、[Datasmith CAD Importer]を選びます。[C4D]はCinema4Dファイルのインポートが可能です。また、FBXがありますが、これはAutodesk VREDと3DEXCITE DELTAGEN変換専用で、設定が複雑です。

◯ 図2-3-2　Datasmithプラグインの確認

　[Datasmith CAD Importer]プラグインをオンにすると、以下のような各種CADフォーマットをインポートすることが可能になります。

◯ 図2-3-3　インポート可能なCADフォーマットの確認

- ◆ 3D ACIS Modeler（〜.sat）
- ◆ AliasStudio（〜.wire）
- ◆ AutoCAD（〜.dwg）
- ◆ CATIA（〜.CATprat、〜.CATProducts等）

- Solidworks（～.SLDPRT、～.SLDASM）
- Creo（～.prt、～.asm等）
- Inventor（～.ipt、～.iam）
- SolidEdge（～.par、～.psm）
- NX(Unigraphics)（～.prt、～.asm)

汎用CADフォーマットでは以下のとおりです。

- Parasolid（～.x_b、～.x_t）
- Iges（～.igs、iges）
- Step（～.stp、～.step）

ここではAutodeskのFusion（フュージョン）を使っていますが、他のCADでも同様の操作で変換できます。ここではバイクのヘルメットをUE5へ変換します。

注意点としては、日本語UIのCADの場合、パーツ名、マテリアル名など日本語2バイト文字を使っている場合があります。また保存先のファイルパス名にも日本語2バイト文字や特殊記号があると、インポートのトラブルになる可能性があります。

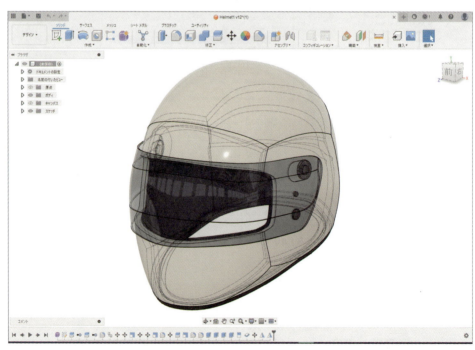

図2-3-4　Fusion作成のバイクのヘルメット

212　Chapter 2　Unreal Engine 5の基本操作と3Dデータの変換

Fusionからは、iges形式でエクスポートします。

🟢 **図2-3-5　iges形式でエクスポート**

　UE5側では新規レベルの[Basic]を起動します。インポートを繰り返すとUE5の処理が重くなるので、別レベルでインポート作業を行い、その後でLevels Editor上でまとめていくのが基本フローです。

　メニューから[Quickly Add to project] → [Datasmith] → [File Import]を実行します。

🟢 **図2-3-6　Datasmith インポートとDatasmith Direct Link**

　Fusionから出力したファイルを指定します。読み込める形式であれば、UE5が自動判別して処理します。

🔼 **図 2-3-7** igesファイルを指定

保存先のフォルダを決めます。

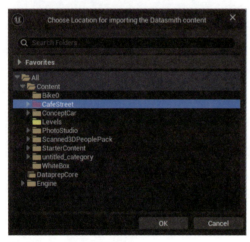

🔼 **図 2-3-8** 保存先を指定

　Import Optionはそのままで構いませんが、▼Geometry &Tessellation Optionから Advancedを確認しておきます。

⬆ 図 2-3-9　Import Option を確認

　このインポートはすぐに終了します。車1台分など大きなデータの場合、数時間に及ぶこともあるので、ご注意ください。ここでのピボットはCADのスケッチの原点になります。
　CADで設定した階層も維持されます。各アセットはフォルダに分類されます。
　レベルにあるアクタを消した場合、図のアイコンをドラッグアンドドロップすることで、階層を維持した状態で配置することができます。

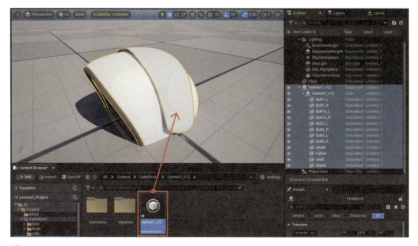

⬆ 図 2-3-10　Import Option を確認

Section 2-3　UE5へCADデータをインポートする　215

FBXと違い、インポート時に回転などのトランスフォーム情報を変更することはできません。Outlinerで1つ下の階層で角度をX＝270にして向きを補正、Z方向に上方へ少し移動して、床に接地するようにします。これはEmptyActor（空のアクタ）といって、階層の親として、活用します。

⬆ 図2-3-11　1つ下のEmptyActorで回転

　分類されたマテリアルのフォルダです。CADで設定したマテリアルカラーに変換されます。左側のReferencesは「マスターマテリアル」というものです。詳しくは4章で説明します。

⬆ 図2-3-12　CADのマテリアルカラーの変換

　GeometriesはCADで設計されたパーツと一致します。

⬆ **図2-3-13** CAD変換されたMeshのアセット

アセットにマウスオーバーすると、頂点数やポリゴン数などが表示されます。この機能はCADデータだけでなく、すべてのアセットで確認できます。

⬆ **図2-3-14** マウスオーバーで情報表示

アセットをダブルクリックするとStatic Mesh Editorが開きます。画面左上に頂点数やポリゴン数が表示されます。

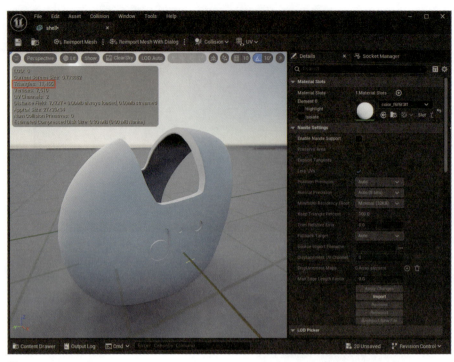

⬆ 図2-3-15　Static Mesh Editorでポリゴン数を表示

　Litの状態でワイヤーフレームを表示できる「Lit Wireframe」表示に切り替えます。ショートカットキーでLitとモード切り替えで操作すると良いでしょう。

⬆ 図2-3-16　ワイヤーフレーム表示に切り替え

| ALT + 9 ([Wireframe] に切り替え) |
| ALT + 4 ([Lit] に切り替え) |

　ポリゴンメッシュの細かさを確認できます。

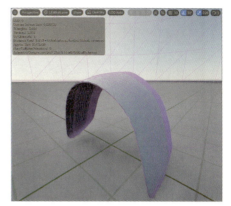

⬆ 図2-3-17　ポリゴンメッシュの細かさを確認

　ポリゴン数を調整したい場合は、Static Mesh Editorのメニューの[Asset]→[Retessellate]を実行します。

⬆ 図2-3-18　アセットにRetessellateを実行

　インポート時に表示されたダイアログが再表示されます。

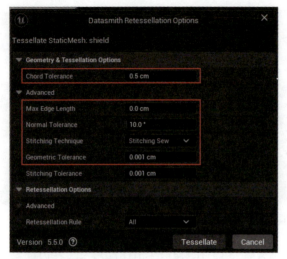

⬆ 図2-3-19　Tessellate設定ダイアログ

　ここで重要なのは次の4つ変換のオプションです。ここでポリゴン数を調整する「Tessellate（テッセレート）」と呼ばれるCADからUE5のポリゴンに変換する操作を行います。

❖Chord Tolerance

　これはCADの曲面を弓と考え、それに弦を張った場合の長さをポリゴンとして考える手段です。この長さが小さければ、弦が短くなり、曲面が細かく分割されます。

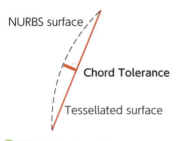

⬆ 図2-3-20　Chord Tolerance

❖Max Edge Length

　変換したポリゴンの最大の長さを決めます。均等できれいに分割されますが、比較的平面な箇所では無駄なポリゴンが増えてしまう問題があります。ゼロであれば、特に何も操作しません。

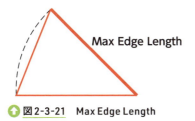

図 2-3-21　Max Edge Length

❖Normal Tolerance

ポリゴンの延長戦と、隣接するポリゴンの最大角度を決めます。曲率が大きい箇所（フィレットなど）での精度が高く変換されます。この値が小さいほど、ハイポリゴンになります。

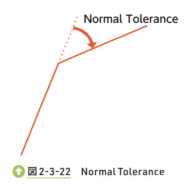

図 2-3-22　Normal Tolerance

❖Stitching Technique

この設定は図の様に3通り選択できます。デフォルトの［Stitching Sew］で面の連続性を調べ、つながっているならば結合します。［Stitching Heal］は同じパーツ内だけで結合します。［Stitching None］は一切結合しません。

変換後にCADでは意図していない箇所で結合、分離した場合、設定を変えて再変換します。

図 2-3-23　Stitching Technique の設定

Geometric Tolerance

この値を大きくすることでポリゴン数を減らすことができます。

これらの項目の機能の詳細は以下の公式マニュアルをご覧ください。

→ https://dev.epicgames.com/documentation/ja-jp/unreal-engine/importing-cad-files-into-unreal-engine-using-datasmith?application_version=5.5

図のようにChord Toleranceの値を0.01まで小さくしました。[Tessellate] で実行します。

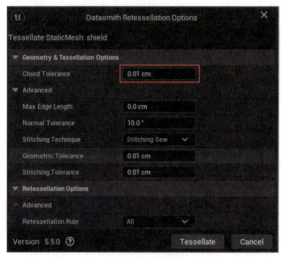

🔼 図2-3-24　Chord Toleranceを大きく

図のようにポリゴンを細かく分割して滑らかにすることができます。デフォルトの0.5より大きくしてもあまりポリゴン数は減りません。

この操作はUndoできません。Retessellateを再度行ってください。

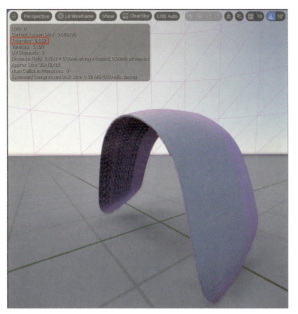

🔼 図2-3-25　ポリゴンを増やして滑らかにする

Chord Toleranceを0.5に戻し、GeometricToleranceを0.1に大きくします。

🔼 図2-3-26　GeometricToleranceを変更する

　図のようにポリゴン数を約半分に減らすことができました。この値を大きくし過ぎると、メッシュの形状を壊してしまうので気をつけてください。

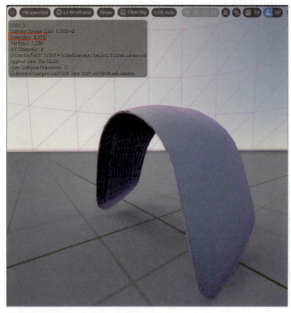

⬆ 図2-3-27 ポリゴン数を減らす

　GeometricToleranceの値を戻し、Normal Toleranceの値を少しだけ大きくして[Tessellate]で実行します。

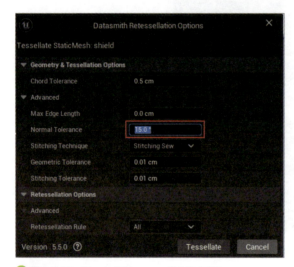

⬆ 図2-3-28 Normal Toleranceを大きくする

　図のようにこの方法でも約半分にポリゴン数を減らすことができます。この値も大きくしすぎるとポリゴンメッシュが壊れてしまうので注意が必要です。

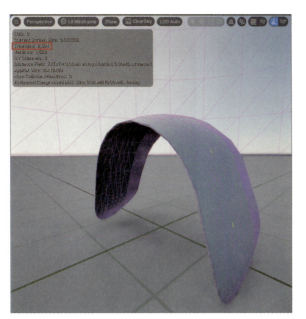

⬆ **図2-3-29　更にポリゴン数を減らすことができるが、壊れる危険がある**

　この操作を1つのパーツごとに行うのは面倒なので、Content Browserで複数のアセットを選択して右クリックから、[Datasmith] → [Retessellate] で一度に実行が可能です。

⬆ **図2-3-30　複数のアセットを選択して実行**

　設定を変えてTessellateを繰り返し、ディティールを確認します。以下の図ではかなりポリゴン数が減りましたが、ヘルメットの輪郭のポリゴンが目立っており、シールドにはポリゴンが破綻したために異常なシェーディングが表示されています。

⬆ 図2-3-31 　ポリゴンを減らしすぎによるトラブル

　次の図はかなり細かくTessellateをかけた状態です。確かに滑らかに表示されていますが、これでは処理負荷が高すぎるためポリゴンを減らすべきと考えます。

　VR/ARコンテンツの場合、この時点でVRゴーグルやARのスマートフォンで表示し、ディティールや処理負荷の検証をお勧めします。

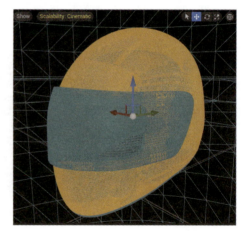

⬆ 図2-3-32 　ポリゴンが多すぎるので処理負荷が高い

> ☕ **Column** Fusion 360からはFBXでもエクスポート可能
>
> 　DatasmithのようにК細かいリダクション設定項目がありません。詳細は筆者が制作を行ったAutodesk Fusion 360公式動画の最終レッスンをご覧ください。

⬆ 図2-3-33　MayaとFusion 360ではじめる ハードサーフェスモデリング

➡ https://area.autodesk.jp/movie/maya-fusion360-hard-surface-modeling/

2-3-2 ｜ DataPrepによるCADアセンブリ変換

サンプルで使う素材

　DataPrepによるCADアセンブリの変換を解説します。9章のコンフィグレータで使うオプションパーツのバイク・ミラーを変換します。これはSolidworksで制作して、STEP形式に変換しています。

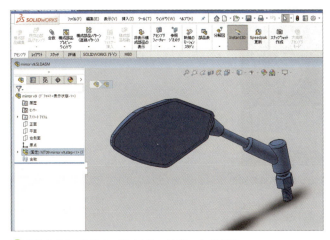

⬆ 図2-3-34　オフロードバイク・オプションのミラー

Section 2-3　UE5へCADデータをインポートする　227

DataprepEditorの起動と基本操作

まず、プラグインの確認をします。このテンプレートならオンに設定されています。

⬆ 図2-3-35　DataPrepプラグインの確認

Content Browserを右クリックから[DataPrep]→[DataPrepAsset]を選びます。

⬆ 図2-3-36　Content BrowserからDataPrepAssetを選択

DataPrepアセットが生成されます。F2キーで任意に名前を変更してください。変更したらダブルクリックします。

⬆ 図2-3-37　DataPrepアセットの名前の変更

DataPrep Editorが起動します。

⬆ 図2-3-38　DataPrep Editor の起動

画面右上の（＋）をクリックし、「Datasmith File Importer」を選択します。

⬆ 図2-3-39　Datasmith File Importer の実行

インポートに対応している形式のCADファイルを選択します。

⬆ 図2-3-40　CADファイルを選択

ファイルパスが設定されます。その左横の歯車のアイコンをクリックすると、Import時のTessellationの設定ができます。その下の[Output]でContentBrawserに入れるフォルダとレベル名を決めることができます。ファイルパスの右のゴミ箱アイコンで設定を削除できます。設計ができたら[Import]をクリックします。

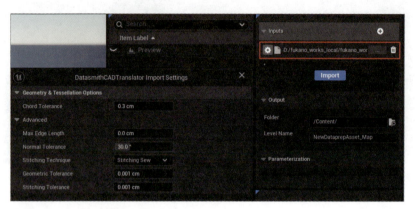

⬆ 図2-3-41　Import時のTessellationの設定

DataPrep EditorがCADデータをインポートして、編集できる状態になりました。UIは以下のとおりです。

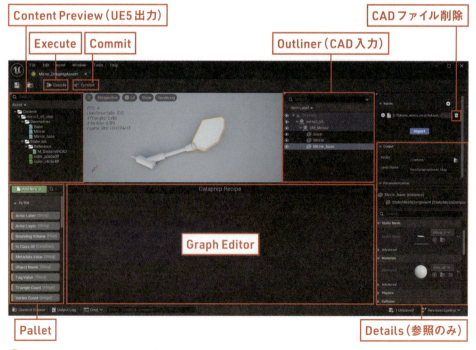

⬆ 図2-3-42　DataPrep EditorのUI

- ◆ Commit……CADデータを変換して、UE5へ送る決定をする
- ◆ Execute……Graph Editorのプログラムの処理を実行
- ◆ Graph Editor……CADデータの処理をGUIでプログラミングする
- ◆ Pallet……GUIプログラムの要素
- ◆ Outliner……インポートしたCADデータの階層情報
- ◆ Content Preview……これからUE5に出力するデータのプレビュー
- ◆ Details……Outliner選択したアセット情報だが、参照だけで修正できない。

Dataprep Graph Editor概念

　Dataprepは3種のグラフを組み合わせます。「Selection（セレクション）」はアセットの選択条件、「Operation（オペレーション）」はアセットのリダクションやマージなどの加工の操作、「Filter（フィルタ）」はOperationパーツの絞り込みを行います

　操作はPalletをドラッグ＆ドロップして配置します。この図では「階層下のオブジェクトに対して」→「指定のポリゴン数以下のアセットを選択」→「面をTessellationする」という処理になります。

⬆ 図2-3-43　Dataprep Graph Editor 概念

Dataprepでリダクションの自動化

　通常のDatasmithの操作では、かなり手間がかかりました。また、設定した値などをメモで残さないと同じTessellationができない、など問題がありました。DataPrepを使うことでそのような問題を改善することができます。

　ここではミラーの自動変換を解説します。OutlinerでCADパーツを選び、Graph Editorで右クリックし、Create Filter from Selectionを実行します。

⬆ **図2-3-44　Create Filter from Selectionでパーツを登録**

　Filter by Selectionができるので、PalletからDatasmith Tessellationをドラッグアンド
ドロップしてブロックをつなげます。

⬆ **図2-3-45　Datasmith Tessellationをドラッグ**

　これを繰り返して、他のパーツでも以下の様に設定します。Tessellationのパラメータを
変更します。

⬆ 図2-3-46　同じ操作を繰り返す。

Executeをクリックするとプログラムが実行され、再Tessellationされます。複数のパーツでそれぞれの設定を変更して何度も実行できるので、かなり効率が高くなりますFPSも表示されパフォーマンスを確認できます。

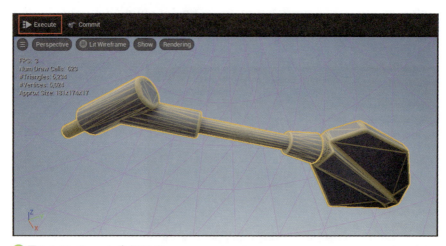

⬆ 図2-3-47　Executeをクリック

この時点ではまだUE5のアセットではありません。DataPrep Editorは独立したツールなので、変換作業中でもUE5の作業が可能です。

パーツが増えてきた場合、Filterを使って、オブジェクト名、レイヤー名、ポリゴン数の上限などでまとめて処理できます。CAD側と命名規則が揃っていると作業が楽です。
CADによってはタグが付けられるものがあり、それを元にフィルタをかけることも可能です。

⬆ 図2-3-48　Filterを使って一括処理

これを拡張して次の様にします。

- ◆ SetMaterialを追加し、画面左下のContent Drawerをクリックして、StarterContentのマテリアルをドラッグ＆ドロップして、設定します。Content Drawerは再度クリックすると消えます。
- ◆ 2つのパーツをOutlinerで選びFilter by Selectionを行います。この作業は何個でもできるので、連続処理の場合便利です。これに、Mergeを加え、パーツを1つにまとめた後のStatic Mesh名を入力しておきます。

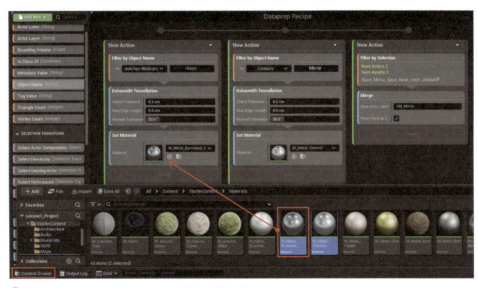

⬆ 図2-3-49　SetMaterialとMergeを加えて拡張する

　設定の保存をします。後で設定を流用して、他のCADデータでも同じ処理フローで連続リダクション作業を行います。

⬆ 図2-3-50 設定のSave

Executeで動作を確認します。質感が変更され、新しいStatic Meshができています。そこで、Commitをクリックします。

⬆ 図2-3-51 新しいStaticMeshが生成される

DataPrep Editorから何もなくなりますが、UE5へ転送した結果なので問題ありません。Importの（＋）をクリックすれば、再度処理ができます。

⬆ 図2-3-52 DataPrep Editorからパーツが消える

UE5側でアセットが生成され、レベルに自動配置されます。Tessellationも マテリアルも設定済です。

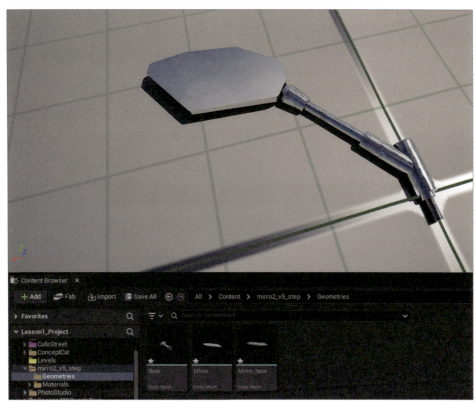

⬆ **図2-3-53　UE5側でアセットが生成**

さらに詳細な操作は以下の公式ドキュメントをご覧ください。

→https://dev.epicgames.com/documentation/ja-jp/unreal-engine/dataprep-overview-in-unreal-engine?application_version=5.5

ここまでCADから変換したアセットを別フォルダへMoveしておきます。

⬆ **図2-3-54　CADアセットをフォルダへまとめる**

☕Column　InstaLODによる大量データ変換について

DatasmtihとDataPrep Editorは無料で使えて確かに便利です。しかし、自動車などは数千にもなるパーツがあるため、それら1つ1つに変換作業を行い、マテリアルを設定することは現実的ではありません。さらに時間もかかります。

そこで弊社ではビジュアライゼーション用にCADから変換する際にはInstaLODを用いています。Maya、3dsMax、VRED、Unity、UE5のプラグインもあり、高速にかなり少ないポリゴン数まで減らすことができます。

⬆ 図2-3-55　InstaLODホームページ

➡ https://instalod.com/ja/#

☕Column　インポートできるその他の3Dファイル形式

UE5では以下のプラグインが対応しています。使用法については割愛します。

USD（Universal Scene Description）
NVIDIA Omniverseが採用しているPixarの3Dフォーマット。

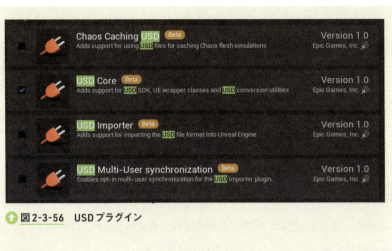

⬆ 図2-3-56　USDプラグイン

Alembic

アニメーションやVFXで使われている3Dキャッシュファイルフォーマット。

⬆ 図2-3-57　Alembicプラグイン

点群データ（PointCloud）

LiDARなどを使って計測した3D空間内の点集合データです。

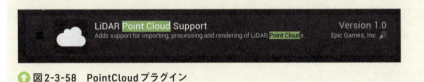

⬆ 図2-3-58　PointCloudプラグイン

Section 2-4 プロジェクトとレベルの管理

2-4-1 プロジェクトの内部の確認

ここまでの操作でヘルメットとミラーがCADから変換できました。オフロードバイクとカフェの街と組み合わせてコンテンツとして組み上げていきます。

その前に現在作業しているプロジェクトフォルダの容量をチェックしたところ、2GB以上あります。これはどういうことか説明します。

⬆ 図2-4-1　プロジェクトのフォルダ容量

まず、今作業している「Lesson1_Project」のフォルダ内を見てみます。基本、1つのファイルと複数のフォルダで構成されています。[〜.uproject]ファイルがプロジェクトを管理しており、これをダブルクリックしてもプロジェクトの起動が可能です。

⬆ 図2-4-2　プロジェクトのファイル構成

✦Config

この中に〜.iniというファイルがありますが、これはUE5の設定ファイルです。

⬆ 図2-4-3　Configフォルダ

これを直接エディットして、UE5の環境設定を変えることもできますが、高度な知識が要求されるため、基本的に直接編集することはお勧めしません。

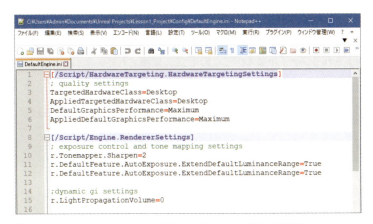

⬆ 図2-4-4　DefaultEngine.iniをテキストEditorで開いて確認

✦Saved・Intermediate・DerivedDataCache

UE5の作業中にできるファイルを一時的に保存している場所です。「Intermediate」はBuildのデータ、「Saved」は自動保存やバックアップやレンダリング画像、「DerivedDataCache」はアセットのキャッシュが入ります。

これらは基本的に削除しても問題ありません。ただしプロジェクトを再起動すると自動で再生成されるため、起動時間が少し長くなる場合があります。

❖ Content

　一番重要なフォルダです。中身を見ると、Content Browserと構成が一致しています。つまり、アセットが保存されている場所です。「〜.umap」がレベルのファイルです。「マップファイル」と呼ばれる理由にもなっています。ファイル自体は容量が小さく何も格納されていませんが、どんなアセットでレベルが構成しているのか、という情報だけを保存しています。

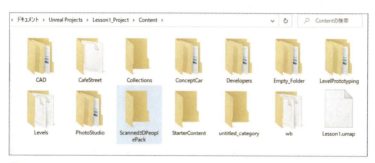

⬆ 図2-4-5　Contentのファイル構成

　図はCADからヘルメットを変換したデータです。他のフォルダ内はすべて〜.uassetというバイナリファイル形式です。モデル、マテリアル、テクスチャなど例外なくすべて同様です。
　UE5でインポートされるファイルはすべてこの形式に変換されています。

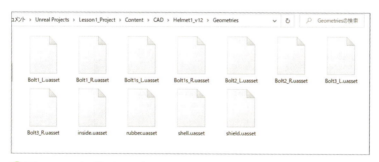

⬆ 図2-4-6　プロジェクトの中のファイル

　注意するべき点は、Windowsのファイルエクスプローラーを使いプロジェクト間でアセットをコピーすることは基本的にできないことです。UE5はモデルとマテリアル、テクスチャ、Blueprintなどの様々な要素の関連性を含めて移動しないと正しく動作しないからです。同様にファイル名の変更や削除も禁止です。

2-4-2 プロジェクト間で Migrate（マイグレーション：移行）

　編集作業が進むに従いプロジェクトデータが大きくなる理由は、プロジェクト未使用アセットが大量に格納されるからです。例えばテンプレートの車やStarterContentこれに当たります。
　対策としては、必要なアセットだけを新しい空のプロジェクトへ移動させます。これをMigrate（マイグレート：移行）と呼んでいます。

基本的な Migrate 方法

　現状のLesson1プロジェクトを起動したまま、再度UE5を起動します。
　GamesのBlankで新しい空プロジェクトを作成します。StarterContentはオフです。

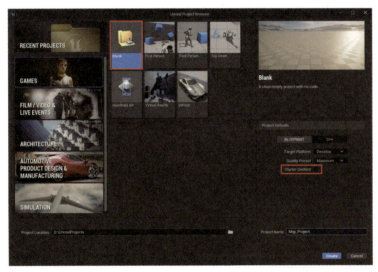

⬆ 図2-4-7　新しい空プロジェクトの作成

> **Column** Projectのアップデートの警告
>
> 　この作業において以下のダイアログが出る場合があります。そのときは「Update」をクリックしてテンプレートなど仕様が古いプロジェクトの更新をします。
>
>
>
> ⬆ 図2-4-8　アップデートの警告

ここでは2つのUE5を起動しましたが、Migrateするために複数起動する必要はありません。Lesson1プロジェクトに切り替えます。

図の様にContent Browserのカフェ看板のアセットを右クリックし、[Aseet Action]→[Migrate]を実行します。

⬆ 図2-4-9　Migrateの実行

このカフェ看板を移行する際に付随するマテリアル・テクスチャの情報をすべて検索してリストアップしてくれます。確認したら「OK」します。

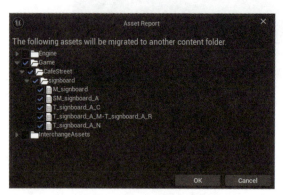

⬆ 図2-4-10　Migrateで付随する情報を検索

先ほど新規作成したプロジェクトのContentフォルダを指定します。

⬆ 図2-4-11　Migrate先のフォルダを指定

☕Column　Migrateすると消えてしまう

Migrateが完了したあと、そのフォルダの中が全て消えてしまうことがあります。その場合、他のフォルダをクリックしてから、戻ってみてください。それでも復活しない場合はUE5を再起動してください。

新しいプロジェクトへ切り替えると、アセットが正しくコピーされていることが確認できます。Content Browserのディレクトリ構造もそのままです。

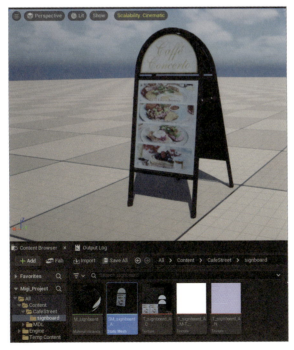

⬆ 図2-4-12　Migrateの確認

Section 2-4　プロジェクトとレベルの管理　245

💭 Column FBXエクスポート

Static Meshを選んで[Aseet Action]→[Export]を選びFBX形式のファイルを出力して、DCCツールで再加工することができます。FBX以外にもOBJやglTFでもエクスポートできます。

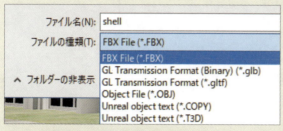

⬆ 図2-4-13　Exportできるファイル形式

改行複数のアセットを一括で移行したい場合は、[SHIFT]キーで複数選択し、[Aseet Action]→[Bulk export]します。テクスチャも可能で、TGA形式で出力されます。

⬆ 図2-4-14　Bulk export

違うPCへのMigrate方法

ここまでがMigrateの基本操作ですが、この作業が行えるのは同じPC上に複数のプロジェクトがある場合に限られます。

アセットをインターネットやサーバ経由でチームメンバーに渡す場合、もう少し注意が必要です。

Storm Syncの設定

画面右上の[Settings]→[Plugins]を実行します。

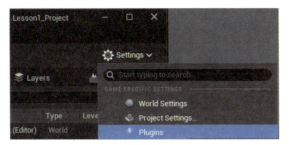

⬆ 図2-4-15　Pluginsを実行

　Pluginsのウインドウが開くので[Strom]というキー入力して検索して、[Strom Sync]を見つけてチェックをONにします。

⬆ 図2-4-16　Strom Syncのチェックを入れる

　チェックをONにすると以下のような警告が表示されます。「Experimental」とは実験的という意味で、動作が不安定だったり今後この機能が変更される可能性があるので注意が必要です。
　そういった条件を理解した上で[Yes]をクリックします。

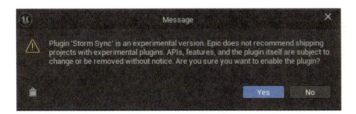

⬆ 図2-4-17　Experimental（実験的）である警告

　次にUE5を再起動するように指示されます。[RestartNow]をクリックします。

⬆ 図2-4-18　UE5の再起動

> **☕ Column** UE5.5のExperimental（実験的）な機能
>
> Strom Syncだけでなく、UE5にはまだ沢山の実験的に装備されている機能があります。興味がある方は以下のURLを見てください。
>
> ➡ https://dev.epicgames.com/documentation/ja-jp/unreal-engine/experimental-features

ここではバイクをStrom Syncで別プロジェクトへ移動したいと思います。右クリックから [Export] を選びます。

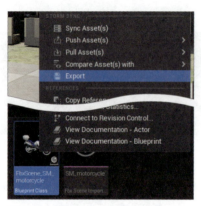

🔼 図2-4-19　Strom SyncでExport

Migrate同様に付随するアセットを検索します。[Next] をクリックします。

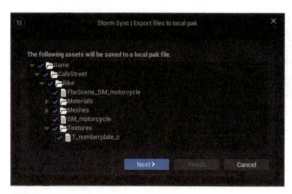

🔼 図2-4-20　付随するアセットの検索

保存するファイル名と保存先のファイルパスを決め、[Finish] をクリックします。

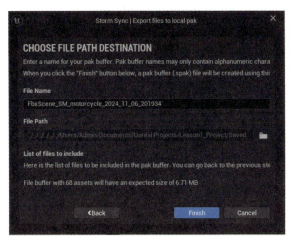

🔼 **図2-4-21** 保存するファイル名と保存先のファイルパスを決める

画面右下にファイルの書き出しの確認のメッセージが表示されます。

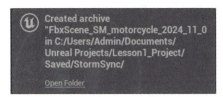

🔼 **図2-4-22** 保存するファイル名と保存先のファイルパスを決める

プロジェクトのSavedフォルダ内の「Strom Sync」フォルダに〜 .spakというファイルができています。このファイルをファイルサーバやUSBメモリなどで共有します。

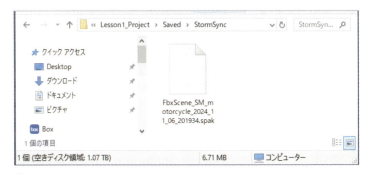

🔼 **図2-4-23** .spakというファイルの生成

先ほど使用した新規プロジェクトに切り替え、同じくStrom Syncプラグインをオンにして再起動します。そこで、作成した.spakファイルをContentBrowserにドラッグ＆ドロップします。

Section 2-4　プロジェクトとレベルの管理　**249**

⬆ 図2-4-24 .spakファイルをContentBrowserにドラッグ&ドロップ

すると図の様にインポートするアセットの一覧が表示されますので、確認して[Import]をクリックします。

⬆ 図2-4-25 .spakのインポートダイアログ

CafeStreetフォルダ内にBikeフォルダが生成され、アセットのコピーが完了していることが確認できます。

🔼 図2-4-26　インポートの確認

レベルのMigrate

　モデルやマテリアルを個別に移行するのは面倒です。レベルを移行することでアセット全体を移動することが可能です。レベルを右クリックから「移行」します。

🔼 図2-4-27　レベルを移行

　このレベルに必要なモデル、マテリアル、テクスチャ、Blueprintなどすべてが検索され、移行の準備をします。StarterContentも使っているものだけをピックアップしています。

「OK」から新しいプロジェクトの「Content」フォルダを指定します。

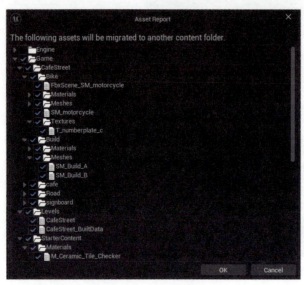

⬆ 図2-4-28　レベルに必要なすべてを検索

移行が開始されると以下の様な警告が出ます。これは既にカフェ看板があるので上書きして良いか、という意味です。「Yes All」で問題ありません。

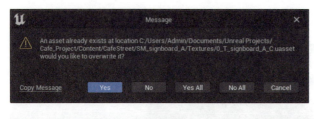

⬆ 図2-4-29　既にあるアセットの上書きを確認

カフェのレベルが移行しました。同一PC内か同じグラフィックボードを搭載している場合、キャッシュの再計算は始まりません。同じ操作でCADデータも移行できます。

⬆ 図2-4-30　Migrate（移行）の完了

　必要なものだけをMigrateしたので、新しいプロジェクトの容量はわずか260MB程度になりました。

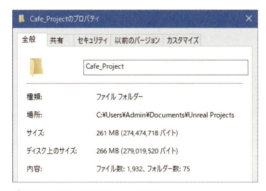

⬆ 図2-4-31　軽量化したプロジェクト

　なおMigrateに関する公式ドキュメントは以下のURLを参照してください。

→ https://dev.epicgames.com/documentation/ja-jp/unreal-engine/migrating-assets-in-unreal-engine?application_version=5.5

Zipプロジェクト

　プロジェクトをチーム内で共有する場合、プロジェクトフォルダをWindowsエクスプローラーでZip形式等に圧縮するのが一般的です。

前述のとおりUE5には使わないデータも多いので、File→Zip Projectを実行します。

⬆ 図2-4-32　Zip Projectを実行

任意のフォルダを指定して、ファイル名を設定して「保存」します。

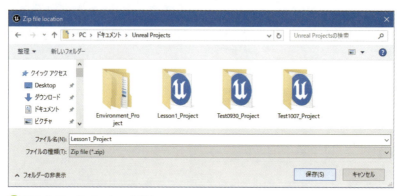

⬆ 図2-4-33　Zip Projectを保存

Zip化の作業が開始されます。右の画像になれば完了です。

⬆ 図2-4-34　Zip Projectの開始と完了

☕ Column　UE5でバージョン管理ツールを使う

　プロジェクト制作をしていると、変更後に上書き保存してしまい、思わぬ後悔をすることがあります。過去のプロジェクトをフォルダごとZipに圧縮して履歴をとる方法もありますが、データ容量が膨大になります。

そこでバージョン管理ツールを使って、管理することができます。これを活用すれば、大きなプロジェクト全体の履歴を保存せず、変更の差分データだけ記録し、いつでも過去のバージョンを復元できます。また、バージョン管理サーバを設置することで遠隔地のメンバー間で作業用データ共有も円滑になります。

画面右下の[Revision Control Off]をクリックし、します。

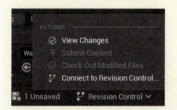

図 2-4-35　ソースコントロール

図の様に何種類かのツール名が表示されます。

図 2-4-36　バージョン管理するPerforceの設定

おすすめは処理速度が速くて安全性の高いPerforceです。

有料ですが、少人数なら無料で使えるトライアル版があるので試す価値は十分にあります。

→ https://www.perforce.com/ja/products/helix-corea

Gitという手段もありますが、UE5のデータは基本バイナリの大規模データなので、プログラムのソースコードバージョン管理以外にはお勧めできません。

詳細は以下のドキュメントをご覧ください。

→ https://dev.epicgames.com/documentation/ja-jp/unreal-engine/collaboration-and-version-control-in-unreal-engine?application_version=5.5

Chapter
3

ライティングと
Nanite & Lumen

前章でUE5の基本操作を理解し、またアセットのインポートまで作業を進めました。次に基本的な太陽光など各種ライトの設定とカメラの露出などを学んでいきます。さらにUE5の新機能であるLumen（ルーメン）による、GI（グローバルイルミネーション）とリフレクションについて学びつつ、従来のライトマップによるGIの手法も理解します。また、UE5の新機能である、Nanite(ナナイト)による処理負荷の軽減を理解し、活用方法も学びます。

Section 3-1 太陽光と空の設定

3-1-1 | 裏ポリゴン対策

Outliner（アウトライナ、以後Outlinerと略します。）からDirectionalLight（ディレクショナルライト）で選択して回転させると太陽光の角度を変更することができます。この場合、スナップをオフにすると良いでしょう。

ライトの角度を回転すると、影に違和感があると思います。これは、天井の3Dモデルが片面のみのポリゴンなのでライトの光が透過してしまうからです。

↑ 図3-1-1　カフェの天井がライトを透過してしまう

UE5では、基本的にサーフェスは表面（法線ベクトルがある方向）に対して片面しか描画されません。そのため、裏側から当たった光が天井で遮蔽されず、影が落ちないという不具合が起きます。

マテリアル設定から、両面を計算する方法もありますが、描画のパフォーマンスに影響が出てしまいます。またはDCCツールへ戻り、修正してから再インポートする方法もあります。

今回は天井や窓のモデルの裏側に、[Shapes] → [Plane] の遮蔽物を置き、影を落とすという方法で解決します。このときスナッピングを使い、光が漏れる隙間を作らないように注意します。

⬆ 図3-1-2　影を作るPlaneを作成

3-1-2 | ライトと露出の設定

ライト明るさ調整

太陽であるDirectionalLightの明るさをIntensityで調整します。角度を地平線まで下げることで、夕日にすることが可能です。

⬆ 図3-1-3　DirectionalLightを暗くして角度を変える

しかし画面が明るいままです。今度はSkyLightの明るさを下げます。「Intensity Scale」でGI（グローバルイルミネーション）の明るさを決めています。

⬆ 図3-1-4　SkyLightを暗くする

　しかし、あまり暗くなりません。UE5では自動でカメラの露出を設定して常に明るさを安定させます。普段の生活でも暗い部屋から外に出ると眩しいですが、段々目が慣れて見えるようになるのと同様です。

　これは明るさの異なる空間を移動してPlayするゲームでは効果的ですが、ビジュアライゼーションでは明るさが変化してしまうと問題が生じます。そこで [Lit] → [Game Settings] のチェックをオフにします。

⬆ 図3-1-5　Game Settingsをオフ

　EV100の値を変化させると、自動補正がされず、図の様に真っ暗な世界になりました。これはカメラの露出補正の影響です。写真撮影の用語の「露出の値」のことで、明るさを表す指標になります。「EV0」とはISO感度100・絞りF1.0・シャッタースピード1秒で撮影した場合になります。

　UE5の露出や明るさについての詳細は以下のマニュアルをご覧ください。

→https://dev.epicgames.com/documentation/ja-jp/unreal-engine/auto-exposure-in-unreal-engine?application_version=5.5

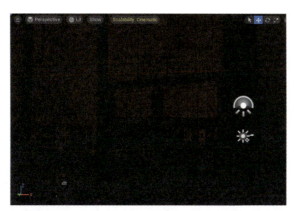

↑図3-1-6　EV100の値を変化させる

カメラのPost ProcessのExposure

しかし、この設定はPlayすると明るくなってしまいます。Game Settingsでの露出補正は一時的なものなので、オンにしなおします。

そこで、ViewportOptionから[Create Camera Here]→[CineCameraActor]を実行します。PerspectiveをクリックしてCineCameraに切り替えます。カメラのDetailsから「Exposure」で検索します。Post Process→Lensにある「Min EV100」と「Max EV100」が自動で変化する露出の値の最大と最小を決めているので、ここに同じ値を入れることで露出を固定できます。

微調整には、「Exposure Compensation」を使います。Post Processは5章で詳しく解説します。

↑図3-1-7　Post ProcessのExposureを固定

このようにUE5では、DirectionalLight、SkyLight、Post Process-Exposureの3つで明るさを決めていくのが基本です。

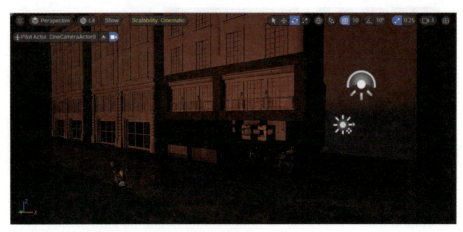

⬆ 図3-1-8　Exposure Compensationで明るさを調整

☕ Column　ゲームビュー

ライトやTウィジェットなどを非表示にしたい場合は [VIEWPORT OPTIONS] → [Game View（ゲームビュー）] で可能です。再度行うと元に戻ります。ショートカットキーは G です。このモードになっていることを忘れないようにしましょう。

⬆ 図3-1-9　ゲームビューでライトなどを非表示

| G + Game View（ゲームビュー） |

3-1-3 空・雲・フォグの設定

ここでは空や雲、フォグなどの設定について解説します。

ここで、CineCameraの選択をオフ、Game Settingsをオン、ライトの設定を初期値へ戻し昼間のライトの明るさにします。

Sky Atmosphere

惑星の大気をシミュレーションする機能です。BasicやTimeOfDayでNewLevelを作成すれば最初から設定されています。レベルで2つ以上作成するとエラーになります。

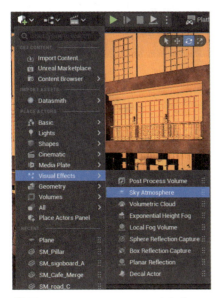

⬆ 図3-1-10　Sky Atmosphereを作成

Sky Atmosphereの設定はDetailsから変更できます。主な設定は次のとおりです。

Rayleigh Scattering	空の色
Ground Albedo	地面の色
Sky Luminance Factor	空の明るさ

⬆ 図3-1-11　Sky Atmosphereで空の色を調整

Sky Atmosphereについての詳細は以下のマニュアルをご覧ください。

→ https://dev.epicgames.com/documentation/ja-jp/unreal-engine/sky-atmosphere-component-in-unreal-engine?application_version=5.5

フォグ

✥ Exponential Height Fog

これはBasicテンプレートでは最初から設定されており、地面に近いところの霧が濃くなり、上空に向けて薄くなります。大都会のスモッグの感じを出すには良いでしょう。

Fog Density	霧の濃さ
Fog Height Falloff	高さによる霧の減衰率
Fog Inscattering Color	霧の色

⬆ **図3-1-12** Exponential Height Fog 設定

→https://dev.epicgames.com/documentation/ja-jp/unreal-engine/exponential-height-fog-in-unreal-engine?application_version=5.5

⬆ **図3-1-13** 地面から上がるフォグを生成

Volumetric Cloud(ボリューメトリッククラウド)の雲

厚みを持った雲を通過する光線が、内部で散乱する性質（多重散乱）をシミュレーションします。

DetailsのLayer項目で高さや厚み、マテリアルを制御できます。

⬆ 図3-1-14　Volumetric Cloudの設定

Volumetric Cloudの詳細は以下のマニュアルをご覧ください。

→ https://dev.epicgames.com/documentation/ja-jp/unreal-engine/volumetric-cloud-component-in-unreal-engine

HDRI Backdrop

　ここまで紹介した空・フォグ・雲とは別に、ビジュアライゼーションでは作業手順を省くため、別の方法を使う場合があります。既に1章で使ったExteriorレベルもその1つです。これはライトの一種で、IBL（Image Based Lighting：イメージベースドライティング）と呼ばれるものです。[Quickly add toProject] から新規に HDRI Backdropを作成します。空が見えなくなるので、SkyAtomsphereやCloudなどを消しても問題ありません。

⬆ 図3-1-15　HDRI Backdropの作成（メニューに無い場合は、[Setting]→[Plugins]から設定します）

これはHDRIのパノラマ写真をドームにテクスチャとして貼っているだけですが、ちゃんとライトとして明るさと方向を持っていますし、影を地面に落とすこともできます。

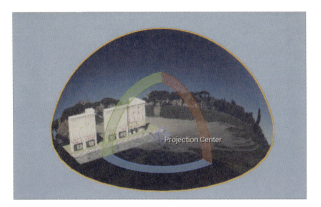

🔼 **図3-1-16**　HDRI Backdropの全貌

　このパノラマ写真は、DetailsからHDRIアセットを捜し、Content Browserにある別の画像をドラッグ＆ドロップして差し替えることもできます。既存の画像の他にスマートフォンやパノラマカメラで撮影されたものでも使うことができます。

🔼 **図3-1-17**　HDRI画像を差し替える

　設定したらドームを移動・回転して、ライティングや背景画像にとって丁度良い位置に調整します。DetailsのIntensityで明るさを調整します。

⬆ 図3-1-18　HDRI Backdropの位置や角度を調整

Column　Fabのスカイアセット集

空を美しく表現したい場合、以下のアセットを使うこともお勧めです。

Ultra Dynamic Sky

→ https://www.fab.com/ja/listings/84fda27a-c79f-49c9-8458-82401fb37cfb

⬆ 図3-1-19　Ultra Dynamic Skyの有料アセット

夜空ならば、こちらがお勧めです。天の川や月の表現が美しいアセットです。

Starry Sky

→ https://www.fab.com/ja/listings/b03b6ca4-fff8-4252-b2fc-2ee8140b5d32

⬆ 図3-1-20　Starry Skyの有料アセット

Section 3-2 NaniteによるLOD設定

3-2-1 Naniteとは何か

Naniteの概要

　Naniteとは仮想化ジオメトリと呼ばれるもので、UE5の新機能の1つです。非常にハイポリゴンなモデルを効率的に自動LODすることで、低負荷でリアルタイムレンダリングをします。

　次の図はNaniteを設定した車のボディです。最初の図は車のドアノブ周りをアップで表示した画像です。その次の中景、遠景の図は、カメラの距離を遠くしたときのドアノブ周りの拡大画像です。

⬆ 図3-2-1　近景の場合のNanite

⬆ 図3-2-2　中景の場合のNanite

⬆ 図3-2-3　遠景の場合のNanite

　カメラの距離に合わせて、ポリゴン数が変化しているのがわかります。
　2章で説明した「The Matrix Awakens- An Unreal Engine 5 Experience」の巨大な建物などもNaniteで作成されています。そのような数十億ポリゴンでも滑らかに動くサンプルも多く公開されています。
　少ないポリゴン（ローポリ）でも効果はあるので、レベル全体に設定しても良いでしょう。

☕Column 従来のLOD（エルオーディ）

「LOD」とは、「Level of Detail」の略であり、カメラからの距離に応じモデルのポリゴン数を調整することです。

従来のLODでは、それぞれの細かさのポリゴンモデルを用意し、自動で切り替えます。これはUnreal Engine 4（UE4）やUE5でも使えます。

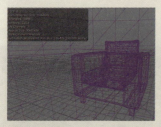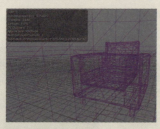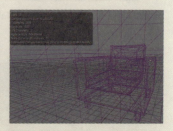

⬆ 図3-2-4　LODモデルを近景・中景・遠景など数種類用意する

次の図はLit→Level of Detail ColorationでLODの変化を色で表示したものです。この手法だと、数種類のMeshを用意する手間がかかることや、モデルが数種類分あるのでデータの数や容量が大きくなり管理が大変になる欠点がありました。

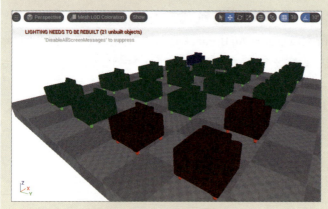

⬆ 図3-2-5　LODを色でチェックするUE5の機能

Nanite 未対応の機能

以下の機能は Nanite に未対応です。今後対応されることを期待しましょう。

モーフ ターゲット	顔の表情や歪む車など
Translucent（透過）	ガラス、水などの透明・半透明の表現
Pixel Depth Offset（ピクセル深度オフセット）	メッシュの境目を馴染ませる機能。地面に埋まった岩などの表現

オフロードバイクのアセットでは、Blender 上で Nanite 化できないクリアパーツを独立した階層に設定してから、UE5 へインポートしています。

⬆ 図 3-2-6　Nanite 化できないアセットを分けておく

ヘッドライトのパーツを透明にします。バイクの Blueprint のアセットをダブルクリックでエディタを起動します。

⬆ 図3-2-7　バイクのBlueprintを起動

右のDetailsのMaterialの[M_glass]をクリックします。リストの1つ上の[M_Glass]を選びます。

⬆ 図3-2-8　透明なマテリアルを選択

図の様にヘッドライトのパーツが透明になりました。

⬆ 図3-2-9　ヘッドライトが透明になったのを確認

> **Column** Nanite対応ハードスペック
>
> Naniteを使うには次のハードウェアとソフトウェアが必要になります。
>
> - **NVIDIA Maxwell世代以降のGPUカード**
> - **AMD GCN世代以降のGPUカード**
> - **Windows 10 バージョン1909～2004～20H2でDirectX 12またはVulkan**
> - **最新のグラフィックボード・ドライバ**

詳細は以下のマニュアルをご覧ください。

→https://dev.epicgames.com/documentation/ja-jp/unreal-engine/nanite-virtualized-geometry-in-unreal-engine?application_version=5.5

3-2-2 | Naniteの設定方法

Naniteの設定方法には複数の方法があります。先述した未対応のハードウェアの場合にはNaniteは自動判断で設定されません。

インポート時に設定

メッシュをUE5にインポートする際に一番上の[Essentials]のチェックを外し、[StaticMesh]→[Build]の項目の[Build Nanite]のチェックを入れておきます。DCCツールから膨大なポリゴン数のメッシュをインポートする場合に効果的です。

⬆ 図3-2-10　大規模なメッシュの場合はインポート時に設定

Section 3-2　NaniteによるLOD設定

StaticMeshエディタで設定

インポート済のメッシュは、StaticMeshエディタから設定できます。[Enable Nanite Support]のチェックをオンの後に[ApplyChanges]ボタンをクリックします。StaticMeshエディタからは次のような細かい設定ができます。

Position Precision	生成の精度
Minimum Residency	メモリの最小割り当て
Keep Triangle Percent	三角ポリゴン比率の何％維持するかの値。小さいほどポリゴン数は減る
Trim Relative Error	メッシュの大きさに応じて、どれくらいポリゴンを減らすかの設定。大きいほどポリゴン数は減る
Fallback Relative Error	Naniteが使えない場合（パストレース：6章で解説）に0にすると、LODを停止してオリジナルと同じ品質になる

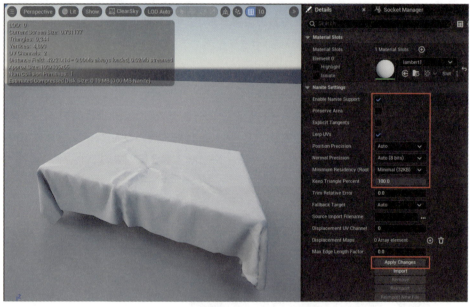

⬆ 図3-2-11　StaticMeshエディタで細かく設定する

Content Browserから右クリックで設定

最後の方法は、Content Browserから右クリックで設定することです。複数選択すればその全てを変換できます。

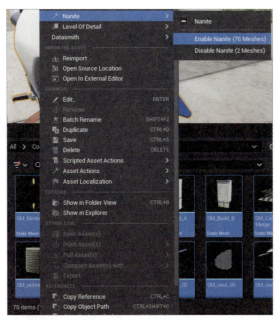

⬆ 図3-2-12　Content Browserから

Nanite反映後の動作確認

計算が終了すると、処理負荷が軽減されていることがわかります。

⬆ 図3-2-13　Naniteに変更する前と後のパフォーマンスの違い

Viewportの「Lit」からNanite Visualization→TriangleでLOD表示に切り替えます。

⬆ 図3-2-14　NaniteVisualization→Triangleを実行

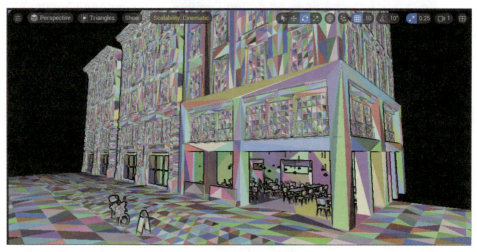

⬆ 図3-2-15　Naniteの設定の確認

　カメラを移動すると、LODが行われていることが確認できます。
　バイクのヘッドライトのパーツは透明なのでNaniteに対応していません。

⬆ 図3-2-16　カメラを移動してNaniteのLODの確認

Column　Naniteの注意点

　Naniteは直線的な建物などでは、高速にLODを行いますが、曲線を多く持つ工業製品CADの場合、ディティールが壊れることがあります。その場合StaticMeshエディタで設定を細かく調整するか、処理負荷に耐えるハイエンドGPUであればNaniteをオフにすることも検討します。

⬆ 図3-2-17　Nanite設定をする前とあとの比較

Section 3-3 LumenによるGIと反射

3-3-1 | Lumenによるライティング

Lumenの設定確認

　Lumenは高速にGlobal Illumination（間接光の計算）とReflection（鏡面の映り込み）を処理し、リアルタイムでライティングを変化させる機能です。

　これはUE5の標準機能で、プロジェクト作成時にデフォルトで設定されています。今まで解説していたUE5の画面はLumenによってレンダリングされていたのです。

　Lumenに関する設定はProject SettingsからRendering項目を開くと確認できます。

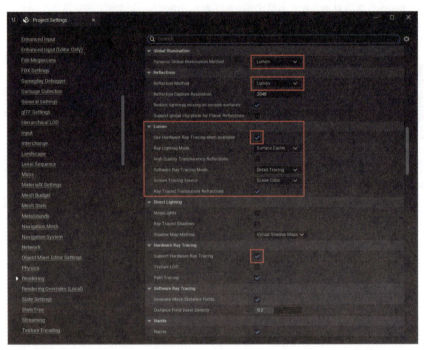

⬆ 図3-3-1　Lumenの設定はRendering

ダイアログの下の方にある「Generate Mesh Distance Fields」で設定する「Mesh Distance Field」とは、動的（ライトやアクタが動いたら変化）に影やAO（アンビエントオクルージョン）を計算する仕組みです。Lumenを使う場合は標準でオンにしておきます。

基本操作では特に意識することはありませんが、より美しい影やAOを表現した場合は調整が必要です。

Mesh Distance Fieldに関する公式ドキュメントは以下を参考にしてください。

→ https://dev.epicgames.com/documentation/ja-jp/unreal-engine/mesh-distance-fields-in-unreal-engine?application_version=5.5

Lumenの仕組みを説明するのはかなり難しいので、本書では割愛します。

詳しく知りたい方は、Epic Games Japanの公式スライド「Unreal Engine 5 Lumenの仕組みと肝心なところ」が仔細まで解説されている参考資料になっているのでお勧めです。

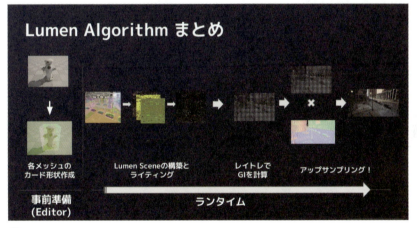

⬆ 図3-3-2　公式のLumenの仕組み解説

→ https://www.docswell.com/s/EpicGamesJapan/5EV87K-UE5_Lumen101

レイトレーシングによる反射の計算

Lumenではレイトレーシングを使うこともできます。

対応するスペックは、OSがWindows 10、GPUはNVIDIA GTX1070もしくはRTX2000以上、AMD RX6000以上です。

以下はSphereに鏡のマテリアルを付け、隣にカフェの看板を配置したサンプルレベルです。このように、レイトレーシングに対応しているとかなり綺麗に反射が表現されています。

⬆ 図3-3-3　レイトレーシングでのLumenの反射

次にハードウェアレイトレーシングに対応していない場合を見てみます。

ProjectSettingで[Support Hardware ray Tracing]、[Use Hardware Ray Tracing When available]のチェックを外して、UE5を再起動します。

⬆ 図3-3-4　ハードウェアレイトレーシングをオフにする

先ほどのレベルを再度開くと図のように若干精度が低い反射計算による描画になってしまいます。レイトレーシングに対応していないハードウエアの場合はこのような見た目になりますが、それ以外の動作には問題ありません。

⬆ **図3-3-5** ソフトウェアレイトレーシングの状態

> ### ☕Column リアルタイム・レイトレーシングの歴史
>
> 　レイトレーシング（Ray Tracing）という技術は1979年にT.whittedが発表しました。現実の世界では、光源から光子が放出され、物体に当たり反射して目に届くことで「見える」という現象が認知されます。すべての光子の衝突をシミュレーションするには膨大な計算が必要になるため、図のように逆に目から光子を出して、物体に当てて反射させ、光源にたどり着く仕組みをCGのレンダリング（画像生成）に使うものです。
>
> 　目（カメラ）からの光を追跡するので、透明な物体に当たれば光を曲げて屈折、物体に当たった後他の物体にも当たる場合には反射、反射した光が光源にたどり着かない場合は影であるとして計算できます。この仕組み上、物体とライトが多ければ、それだけ計算は膨大になります。また反射や屈折は現実の世界では無限に発生しますが、例えば合わせ鏡のようにその回数をある程度に限定しないと計算が終わらない問題が存在します。
>
> 　レイトレーシングによりフォトリアリスティックな表現が可能になり、CPUの計算速度の発展も後押しして、3DCGの進化に大きく貢献しました。しかし、画質や表現の先鋭化、画素数やCGクリップの尺数も増大することで、プリレンダリングの限界を感じる意見も出始めました。現在ではシーンの複雑さに拠り1フレームあたりのレンダリング時間は数分〜数時間かかることがほとんどです。

レイトレーシングの歴史に関する記事

→ https://blogs.nvidia.co.jp/2018/08/14/ray-tracing-global-illumination-turner-whitted/

　そのレイトレーシングをリアルタイムで行う技術は、2018年3月に開催されたゲーム開発者の国際的なカンファレンスであるGDC（Game Developers Conference）で発表されました。

リアルタイム・レイトレーシングのリリース記事

→ https://www.unrealengine.com/ja/tech-blog/technology-sneak-peek-real-time-ray-tracing-with-unreal-engine

　この技術はNVIDIA社が開発したRTXというGPUで動作することが前提です。さらにマイクロソフトがDXRというAPI（Windowsの中の仕組みの一部のこと）を開発して、Windows 10でリアルタイム・レイトレーシングが動作するようにしました。

　UE4での対応は、2019年末にバージョン4.24で安定版としてリリースされました。

> ☕ **Column　レイトレーシング以外の手法：ラスタライズ方式**
>
> 　リアルタイム・レイトレーシングに対応していないUE4.23以前では、反射や影を疑似的な表現を重ねてクオリティを出していました。これを「ラスタライズ方式」と呼びます。疑似的な表現のため次のような弱点がありました。
>
> - ◆ 反射をカメラで作ったテクスチャで表現しているので、カメラに映らないものは反射対象物になりません。またテクスチャなので、その解像度が低いと反射の表現が美しくなりません。
> - ◆ 大量の動的なライトを配置することができません。代替手法のライトマップは作成に手間がかかり、影や解像度の調整が難しいのです。
> - ◆ 半透明のオブジェクトは処理負荷が高く、大量に配置すると問題が生じます。
>
> 　これら理由でUE4の工業製品・建築・インテリアのビジュアライゼーションでの導入に難色を示す専門家もいました。

Lumenの Overview

　Lumenの設定を確認する方法を説明します。CineCameraに切り替えます。Lit→Lumen→Overviewを実行します。その下の各項目を選んでも構いません。

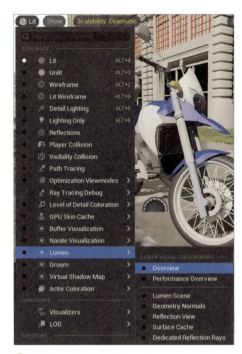

⬆ **図3-3-6　LumenのOverview**

　左上の画面はアクターの法線ベクトルの状況を表示します。中央はReflectionViewでレイトレーシングによる反射の状況です。右上はSurfaceCashです。GI計算を高速にするために各メッシュをCardという平面で覆って計算します。

　マゼンタで表示された部分はSurfaceCashで計算できない部分、黄色はSurfaceCashに入っていないという意味です。この状況でも大きな問題が出る訳でありません。Epic Games公式サンプルでもこういった不確実な状況に遭遇することがあるので、レンダリングされた画面で判断をします。回避方法としては、あまりオブジェクトをマージしすぎないことです。

🔼 図3-3-7　Lumenの確認

Lumenの設定

　Lumenの設定はカメラを選択して、Detailsから「Lumen」で検索します。以下を設定して調整します。

Lumen Scene Light Quality	ライティングの解像度品質
Lumen Scene Detail	Lumenで計算するメッシュの距離設定
Final Gather Quality	GIクオリティ
Lumen Scene View Distance	レイトレーシングする最大表示距離
High Quality Translucency Reflections	ガラスへの映り込みをONにします

🔼 **図3-3-8　カメラでのLumenの設定**

詳細は以下のドキュメントをご覧ください。

→ https://dev.epicgames.com/documentation/ja-jp/unreal-engine/lumen-global-illumination-and-reflections-in-unreal-engine?application_version=5.5

バーチャルシャドウマップ（VSM）

バーチャルシャドウマップとは仮想シャドウマップとも呼ばれ、NaniteとLumenの高速・高精度なGIに合わせて、シャドウマップ（影をテクスチャで表現する）を16k×16kの解像度で表現します。

Project SettingsからShadow Map Methodがデフォルトで Virtual Shadow Mapsになっていることを確認します。

下にある「Shadowmap」は従来の方法です。

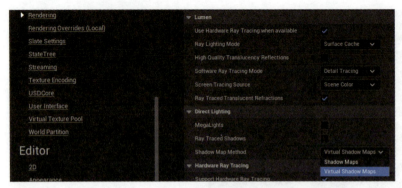

⬆ 図3-3-9　バーチャルシャドウマップの設定

細かい設定は、コンソールコマンドを使う必要があります。
バーチャルシャドウマップの詳細は以下のドキュメントをご覧ください。

→ https://dev.epicgames.com/documentation/ja-jp/unreal-engine/virtual-shadow-maps-in-unreal-engine?application_version=5.5

> **Column** コンソールコマンド（Console Command）とコンソール変数（Console Variables）
>
> 　Editorの画面の一番下にキーボードからコマンドを入力することで、UE5の機能を実行することができます。その中にはメニューにない隠れた機能を実行できるものもあります。
>
> 　コンソールコマンドは主にデバッグに役立つもので、コンソール変数はレンダリングなどの設定をする場合に使われます。
>
> 　Cmdの左にある「OutputLog」をクリックするとUE5の動作のコマンドの履歴を見ることが可能です。エラーなどの確認をする場合に便利です。
>
>
>
> ⬆ 図3-3-10　コマンドの入力フィールド

Section 3-4 ライトマップとLightmass

3-4-1 ライトマップとは

本節ではLumenを使わない従来型のLightmap（ライトマップ）の手法を学びます。旧式とはいえ、高いパフォーマンスが必要とされるVR/ARやバーチャルプロダクションなどの場合の必須テクニックなのでケースバイケースで使います。

ライトマップとは背景に動かないメッシュとライトの設定をして、陰影をすべてテクスチャとして貼っていくことを自動で行う方法です。UV展開が必要になるのは、そのテクスチャを貼るために必要不可欠な工程だからです。

ここまでの設定を保存する

まず、レベルを別名で保存しておきます。Project SettingsからExportでここまでの設定をファイルに保存します。

⬆ 図3-4-1　Project Settingsのエクスポート

ファイル形式を〜.iniで保存します。これを上記のImportボタンでインポートすれば設定を復元できます。チーム内で設定を共有するのも良いでしょう。

⬆ 図3-4-2　Projectの設定ファイル形式ini

Lumenの設定を解除する

Project Settingsから「Lumen」で検索して、Renderingの中の設定をNoneに切り替えます。[Use HardwareRay Tracing When available]もチェックをオフにします。

⬆ 図3-4-3　Lumen設定をNoneに切り替え

DirectionalLightとSkylightを選択すると「Mobility」（可動性）が「Movable（ムーバブル）」になっています。これを「Static（スタティック）」に変更します。

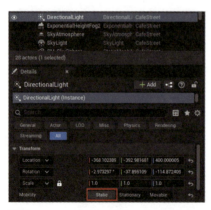

⬆ 図3-4-4　MobilityをStaticに変更

レベル上のStaticMeshを1つ選択し、Selectメニューから「Select All StaticMesh Actor(s)」を選びます。これは他の作業でも同種のアクタ複数を一度に選択する機能としても便利です。

🔼 **図3-4-5　StaticMeshアクタをすべて選択**

🔼 **図3-4-6　StaticMeshアクタのMobilityをStaticに変更**

オフロードバイクのBlueprintエディタを起動して左の[Component]を全て選択して、同様に[Static]に変更します。変更したら[Compile]をクリックします。

⬆ 図3-4-7　BlueprintエディタでもStatic

　Movableはオブジェクトを動的に照らす設定です。Lumenの場合にはこの設定にしておきます。

　この設定は、ライティングを動的に計算してしまうため、動かないライトに適用してしまうと、全体のパフォーマンスに意味のない負荷をかけてしまいます。

Mobilityの種類

　「Mobility」での設定についてそれぞれ解説します。

✥ Static

　後述のBuild Lightingで陰影（GI）をテクスチャとしてベイクします。ライトやメッシュの移動や回転を行うと再Buildが必要です。処理負荷は最も軽くなります。影は解像度とUVの調整が必要で質は比較的低いです。

✥ Stationary

　Staticと基本的に同じですがライトカラーと明るさは再Build不要です。5つ以上影響範囲を重ねられません。動くものには動的にライトを当てることができ、Movableより処理は軽くなります。

✥ Movable

Build不要でライトやメッシュの変更に即反応します。影は美しく表示されますが一番処理は重く、Staticの数十倍になる場合もあります。

⬆ 図3-4-8　Mobilityの設定

☕ Column　Stationary lightは4灯まで

ライトをレベルに配置していくと、次の図の様にライトの右下に赤い×アイコンが表示されます。これはMobilityがStationaryの場合その影響範囲（Attenuation Radius）が5つ以上交差するときに発生します。この状態ではライトマップではなく、動的にシャドウを計算するので処理負荷が増加します。

解決するにはStaticにしてライトビルドするか、Movableに変更します。もしくは、Attenuation Radius（光の当たる範囲）を小さくする、ライトを移動・回転して影響範囲が交差しないようにして回避します。

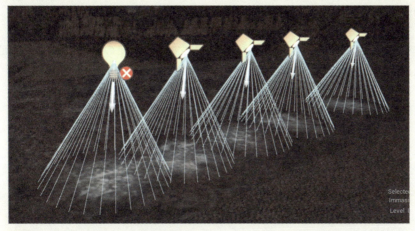

⬆ 図3-4-9　Stationary lightの×アイコン

> ライトのタイプと可動性の詳細は次のドキュメントをご覧ください。
>
> → https://dev.epicgames.com/documentation/ja-jp/unreal-engine/light-types-and-their-mobility-in-unreal-engine

Quickly Add to Project → Volumes から [Lightmass Importance Volume] を実行します。

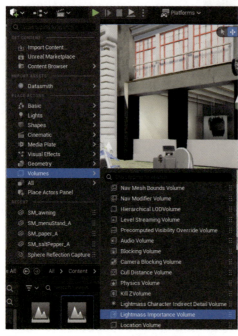

⬆ 図3-4-10　Lightmass Importance Volume を作成する

　オレンジ色の箱ができるので、これを移動とスケールでLightmapの計算をする領域を囲みます。これによりLightmapの範囲を限定することができるので、速く計算が終了します。

⬆ 図3-4-11　Lightmass Importance Volumeを計算する範囲に設置する

3-4-2 ｜ LightmapとUV展開

バイクと下の地面のメッシュを選択して、StaticMeshEditorを起動します。

⬆ 図3-4-12　地面のStaticMeshEditorを起動

　Detailsを下にスクロールすると、[General Setting]に[Light Map Resolution]の項目があります。数値が4なので、この値を256にします。これはLightmapのテクスチャの基本解像度をメッシュごとに設定するものです。変更後はこのエディタでSaveしておきます。

⬆ 図3-4-13 [Light Map Resolution]を大きくする

この操作をカフェ看板のメッシュでもおこないます。Lightmapの計算後の結果に問題ある場合、これが原因です。

[Build]→[Build Lighting Only]（ライティングのみビルド）を実行します。

[Build All Levels]はすべてビルドして再計算することですが、これをライトマップだけを対象に処理を行います。この計算のことを（Lightmass：ライトマス）といいます。

⬆ 図3-4-14 Build Lighting Only を実行する

CTRL + Shift + ;（Build Lighting Only を実行）

しばらく待つと、画面中央にStatusが表示され、100％になると、画面右下に以下のメッセージが表示され処理の進捗がわかります。大規模なレベルでは数時間かかる場合もあります。

両方とも「Stop Build」「Cancel」で処理のキャンセルが可能です。

⬆ 図3-4-15 ライトマップの進捗

終了するとダイアログに警告が大量に表示されます。そのほとんどは3DモデルのUVのオーバーラップに関する警告です。UVがオーバーラップしているとライトマップが正しく綺麗に表示されない場合があります。

　警告が10％以下なら大きな不具合を起こすことはありません。この場合無視して閉じてください。

⬆ 図3-4-16　UVがオーバーラップしている警告

　ライトマップの計算が完了しました。影ができていることがわかります。影がわかりやすいマテリアルに変更して確認すると良いでしょう。

⬆ 図3-4-17　ライトマップの計算の完了

　カフェの立て看板を移動しても影が地面に残ります。これがライトマップです。

⬆ 図3-4-18　アクタを移動しても影が残る

GPU Lightmass

　ここまで説明した方法ではライトマップの計算に時間がかかりました。デフォルトではCPUで計算しているためです。そこでGPUを計算に使うことで高速化が可能になります。

　まず、GPU Lightmassプラグインをオンにします。一旦UE5を再起動します。また、P282のレイトレーシング設定もオンにする必要があります。

⬆ 図3-4-19　プラグインをオンにする

　BuildメニューからGPU Lightmassを選びます。メニューにない場合、Lumenの設定でレイトレーシングの設定がオンになっていないので、確認してください。

⬆ 図3-4-20　GPU Lightmassの実行

　左上にある、Building Lightをクリックします。計算中はこのボタンが赤くなります。CPUよりかなり高速に処理が終わります。

⬆ 図3-4-21　GPU Lightmassの計算

　計算の仕組みが違うので、CPUと比べて陰影や質感などが変わってしまいます。そのためどちらで作業を進めるかを事前に決めておく必要があります。

ライトマップ解像度

　作成したライトマップは曇り空のように影がぼやけた状態になっています。その理由と対策を説明します。

　再度、街の地面のアクタをクリックして、DetailsからStaticMeshをダブルクリックします。

⬆ 図3-4-22　地面のStaticMeshをダブルクリック

StaticMeshエディタが開きます。DetailsからBuild Settingsを検索して探します。

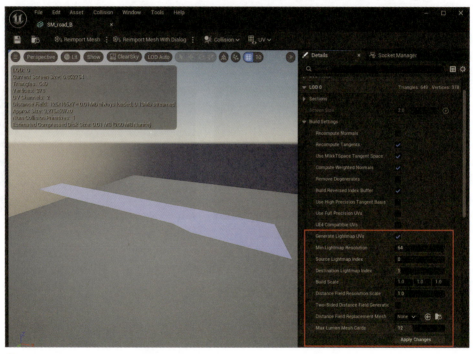

⬆ 図3-4-23　StaticMeshのBuild Settings

　StaticMeshエディタのツールバーから「UV」をクリックして、[UV Channel 0]、[UV Channel 1]を切り替えて表示します。

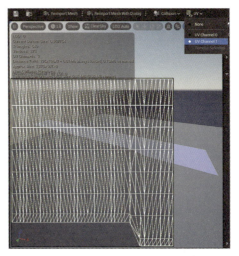

⬆ 図3-4-24　StaticMeshのUVチャンネル

　2つあるUVチャンネルの0の方がDCCツールで設定されたUVです。1の方はFBXインポート時にUE5が自動生成したライトマップ用のUVチャンネルです。インポート設定から、自動生成をOFFにすることも可能で、その場合はDCCツールで事前に1を作成しておきます。

⬆ 図3-4-25　FBXインポート時のLightmap用UVの生成

Section 3-4　ライトマップとLightmass　301

注意点として、0チャンネルのUVが最適に展開されていないと、1チャンネルのUVにも不具合が生じるという点です。0チャンネルのUVを、ピクセルの重複がない均等な大きさに自動で並べ直しているため、0チャンネルの不具合がそのまま1チャンネルに影響してしまいます。前章で「必ずUV展開しましょう」と記述した理由は、このためです。

UVシェルをUE5ではアイランドと呼びます。複数のアイランドがある場合、テクスチャに換算してアイランド間の間隔を4ピクセル以上離すことを推奨します。

ライティングの結果をテクスチャとして保持するため、ライトマップの解像度が小さすぎると影がぼやけてしまいます。

DetailsのBuild SettingsのMin Lightmap Resolutionを探します。「64」とあるのはライトマップが64x64ピクセルで作成しているという意味です。広い地面に、64×64ピクセルのライトマップで影を描いているため、見た目がボケた、というわけです。

⬆図3-4-26　ライトマップ解像度が64

この値をキーボードから[512]に変更します。これも2のべき乗で設定する必要があります。

⬆図3-4-27　ライトマップ解像度を変更

更に最初に設定した「GeneralSetting」の「LightmapResolution」の値も大きくします。

⬆ 図3-4-28　GeneralSettingの値を大きくする

[ApplyChanges]をクリックします。UV1のレイアウトが少し変化して、[ApplyChanges]がクリックできなくなれば完了です。

Buildすると影のクオリティが改善されました。

⬆ 図3-4-29　影のクオリティが改善される

複数のライトマップ解像度を変更

ライトマップ解像度の調整を全パーツ1つずつ設定していく作業は大変なので、これを一度に行う方法を紹介します。

Shift キーを押しながらアクタを複数クリックして選択します。Detailsで「Light」と検索すると、図のように「Override Light Map Res」という項目が出るので、解像度を入れます。試しに[128]にします。その後、Build Lighting Onlyを実行します。これで複数のライトマップの解像度を一度に変更できます。

注意点として、Staticの処理が軽いとはいっても、128x128ピクセルのテクスチャを、この街並みだと100枚以上貼ることになります。テクスチャの多さも処理の重さにつながるので、小さいものや見えにくいものに大きな解像度を設定するのは避けましょう。

⬆ 図3-4-30　Override Light Map Res を変更して Build

　パフォーマンスを確認すると、Lumen よりさらに処理負荷が下がり高速になっているのがわかります。

⬆ 図3-4-31　Lightmap のパフォーマンス確認

World Setting（ワールドセッティング）からライトマップの画質を向上

　画面右上にある Settings → World Settings を実行します。

⬆ 図3-4-32　World Setting

　以下の Lightmass 項目を変更するとさらにライトマップの画質を向上させることができます。

Static Light Level Scale	関接光の計算の精度です。小さいほど細かく計算して美しくなりますが、計算時間は長くなります。
Num Indirect Lighting Bounce	関接光の反射の回数です。これが多いと細かい部分にも光が当たります。
Indirect Lighting Quality	関接光の計算の質を決めます。大きいほど高品質になります。
Use Ambient Occlusion	複雑に反射した光のアンビエントオクルージョンを使うかどうかのチェックです。これはオンにします。
Compress LightMaps	ライトマップの容量を下げるため、画像圧縮が基本はオンになっています。これをオフにします。

↑ 図3-4-33　World Settingの設定でライトマップの画質向上

Lighting Qualityからライトマップの画質を向上

　Build→Lighting Qualityを変更します。通常は「Preview」ですが、これを「High」などに変えてBuildを実行すればライトマップが高画質になります。これは場合によっては大変時間がかかる場合があります。

⬆ 図3-4-34　Lighting Qualityの設定

　Lightmassはビルドに時間がかかり、影のクオリティの調整には手間がかかります。しかし、Lumenに対応しないハードウェアの場合や、さらに処理負荷を下げたいときには有効な手段の1つです。

　Lightmassの詳細は次のマニュアルをご覧ください。

➡ https://dev.epicgames.com/documentation/ja-jp/unreal-engine/cpu-lightmass-global-illumination-in-unreal-engine?application_version=5.5

> **Column　フォルダの作成**
>
> 　OutlinerとLevelには以下の図の新規フォルダの作成アイコンがあります。
> 　レベルに配置したものを区分するのに便利です。ライト、空・フォグ、建物、小道具など分けておきましょう。フォルダ単位で表示/非表示が可能になり便利です。
>
>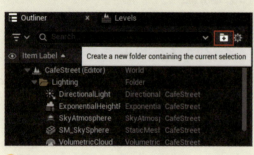
>
> ⬆ 図3-4-35　Outlinerでフォルダを作成

Section 3-5 夜のシーンでライトの応用

Point/Spot/Rect ライトの設定

ここからはLumenに設定を戻して夜のレベルを作成します。P289のProject Settings でエクスポートしたiniファイルをインポートし、Lumenに戻します。レベルは別名で保存しておきます。

- DirectionalLightを上に向け、Skylightと共に「Intensity」で明るさを下げ、暗くします。
- カメラからExposureを固定して、露出を調整します。
- HDRIBackdropを夜のフリー素材をダウンロードしたパノラマ写真に差し替えます。これもIntensityを小さくします。
- 空や雲、フォグはHDRIBackdropでは見えないので削除しても構いません。
- カメラを切り替え、それを選択してDetailsからExposureを調整して全体的に暗くします。

⬆ 図3-5-1　夜のパノラマ写真をHDRIBackdrop

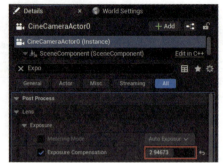

⬆ 図3-5-2　カメラ切り替えと露出変更

Point Light（ポイントライト）

　Quickly Add to projectから「Light」の項目にライトの種類が表示されます。最初にPoint Light（ポイントライト）をレベルに配置します。この後に出てくるライトもここから作成します。

⬆ 図3-5-3　ポイントライトを作成

　ライトをバイクの上空のZ=300あたりに移動します。Detailsから図の様に「Intensity」を20にして明るさを変え、「Attenuation Radius」で光の到達範囲、「Source Radius」で光源の大きさを決めます。

⬆ 図3-5-4　Point Lightの配置

　ライトなどアクタは ALT キーを押しながらTウィジェットをドラッグすれば、複製できます。
　このライトはバイクの背後だけを照らすので、「Intensity」を1、「Attenuation Radius」は200程度です。

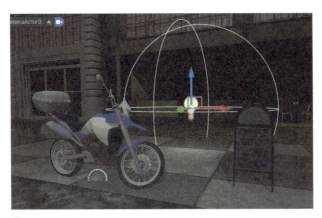

⬆ 図3-5-5　Point Lightの配置2

> **Column** ライトの単位の変更
>
> ライトは [Intensity unit] でルーメン、カンデラ、EVなど単位を変更することができます。Unitless は古いUE4の独自単位です。
>
>
>
> ⬆ 図3-5-6　ライトの単位の変更
>
> 詳細はドキュメントをご覧ください。
>
> → https://dev.epicgames.com/documentation/ja-jp/unreal-engine/using-physical-lighting-units-in-unreal-engine?application_version=5.5

Rect Light（レクトライト）

これは撮影スタジオで使う矩形ライトのようにバンドア（4枚の板）を使って光の広がりを制御できます。注意点は、ローカルX方向が光を照らす正面になることです。大きさを変えるのにスケールを使わず、Detailsから行います。

🔼 図3-5-7　Rectライトの配置

図の様に「SourceWidth」、「Source Height」を変更し、バイクより大きな矩形を設定して、通り全体を照らします。「バンドア」の調整は「Burn Door Angle」が板の角度、「Burn Door Length」が板の長さになります。

🔼 図3-5-8　Rectライトのバンドア

Spot Light(スポットライト)

円錐形の指向性を持ったライトです。

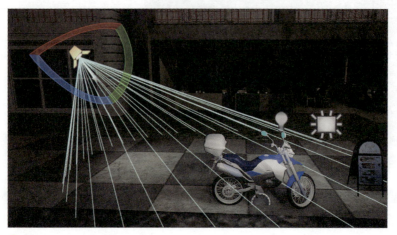

⬆ 図3-5-9　Spot Lightの作成

　Outer Cone Angleで光の円錐の角度を決め、Inner Cone Angleで内側の明るい領域を決めます。追加説明として、色温度の「Temperature」があります。この数値を変化させて白熱灯や蛍光灯など様々な光源を作ることができます。赤い×アイコンが出た場合、MobilityをStationaryからMovableなど他の設定に変更するか、ライトの影響範囲が重ならないように調整します。

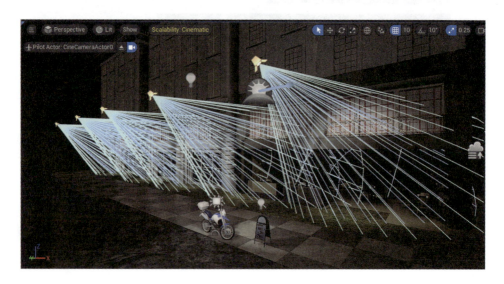

⬆ 図3-5-10　Spot Lightの設定

Light Channel（ライトチャンネル）

　バイクの後ろに置いたライトが地面を照らしてしまいました。特定のオブジェクトに光を当てる制限をする場合、「Light Channel」という機能を使います。この機能はNaniteを設定していないMeshのみ利用可能です。

　バイクのBlueprintを開きます。左のComponents（コンポーネント）からメッシュをすべて選択します。

　右のDetailsから「Cha」で検索します。「Channel0」のチェックをオフ、「Channel1」をオンにしてCompileします。

⬆ 図3-5-11　メッシュのライトチャンネルの変更

　図の様にバイクは暗くなり、ライトが消えてしまったように見えます。しかし地面には当たっているのでライトは存在します。

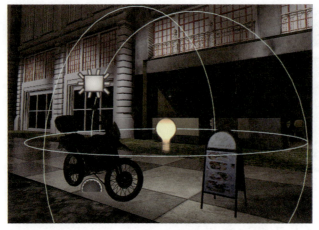

⬆ 図3-5-12　Light Channelでバイクに光が当たっていない

　PointとRectライトを選択して、同じLight Channel項目があるので、ここの「Channel1」をオンにします。この機能はMobilityがStaticでは設定できないので、Movableに変更してください。

　図の様に地面は明るくならず、バイクだけライトが当たりました。これはメッシュとライトのチャンネルが一致した場合のみライティングされる仕組みです。残念ながらチャンネルは3つしかありませんので、設定の自由度は高くありません。

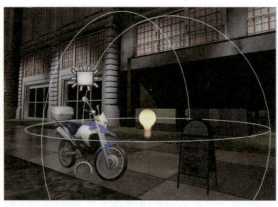 

⬆ 図3-5-13　ライトのチャンネルを変更

314　Chapter 3　ライティングとNanite & Lumen

> **Column** バイク用Blueprintを複製
>
> 　この後の作業で、バイクのBlueprintを使ってヘッドライトを点灯しますが、そのままでは昼間用として使うことができません。CTRL＋Dであらかじめブループリントを複製して昼用と夜用を用意します。
>
> 　しかし、このままでは2つのファイルが存在するため、色を変えるなど設定の変更を考えると2度手間になるかもしれません。この問題は9章のBlueprintを使って解決します。
>
>
>
> ⬆ 図3-5-14　ブループリントの複製

オフロードバイクBlueprintアクタのライト

　ヘッドライトを作成します。まず、Outlinerからバイクをダブルクリックして Blueprint Editorを開き、「Viewport」タブをクリックします。ライトを配置する為に一旦車体とハンドルの傾きを元に戻します。

⬆ 図3-5-15　車体の傾きとハンドルの傾きを元に戻す

　左のComponentsでBlueprint内のアセットの階層を管理します。

　緑の[Add＋]をクリックし、リストからPoint Lightを選びます。作成したライトをヘッドランプの位置へ移動します。また、階層をFront_Shaftの下にドラッグ＆ドロップで移動します。

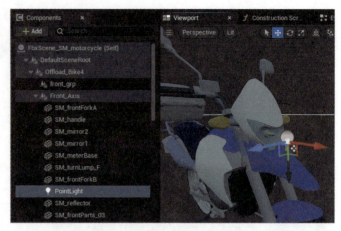

⬆ 図3-5-16　ライトのComponentを追加して移動

DetailsからIntensityで明るさを、AtteubationRadiusで影響範囲を調整します。

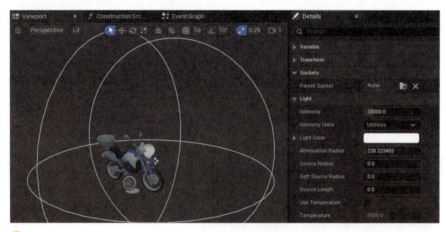

⬆ 図3-5-17　ライトの明るさを調整する

IESライト

　　IES（Illuminating Engineering Society）は照明機器の配光特性を3Dで保存したデータです。多くのメーカーがデータを公開しており、その照明機器データ通りのライティングが可能です。

　　次の図はIESviewerというフリーウェアでダウンロードしたIESデータをチェックしたところです。

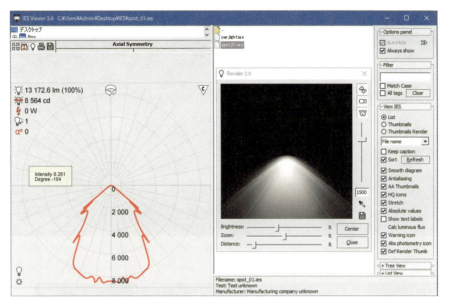

⬆ 図3-5-18　IESviewer

→http://photometricviewer.com/

このファイルをContent Browserへドラッグ&ドロップすることで、UE5へのインポートが可能です。

⬆ 図3-5-19　IESをContent Browserへドラッグ&ドロップ

Content BrowserからBlueprintエディタのライトの「IES texture」へ、IESのアセットをドラッグ&ドロップして設定します。Pointライトですが、IESにすると指向性が出ますので、角度や明るさを調整します。

⬆ 図3-5-20　IESviewer

⬆ 図3-5-21　IESライトをセットしたバイク

UE5のIESライトプロファイルについてのドキュメントは次のURLを参照してください。

→ https://dev.epicgames.com/documentation/ja-jp/unreal-engine/using-ies-light-profiles-in-unreal-engine?application_version=5.5

最後にCompileして完了です。メニューから[File]→[Save Current As（名前を付けて現行を保存）]します。これで昼と夜の異なるレベルができました。

⬆ 図3-5-22　夜のレベルの完成

☕Column　Light Mixer と Env. Light Mixer

ライトを多く配置すると、それぞれの設定を管理するのが大変です。そこでLight Mixerという機能を使うと便利です。

まずWindowメニューからLight Mixerを選択します。

⬆ 図3-5-23　Light Mixerを表示する

図のようにLight Mixerは使っている全てのライトの設定を一括で行うことができます。

⬆ 図3-5-24　Light Mixer

Env. Light Mixer は DirectionalLight や背景、空、雲、フォグなど環境に関する設定を一括管理できます。

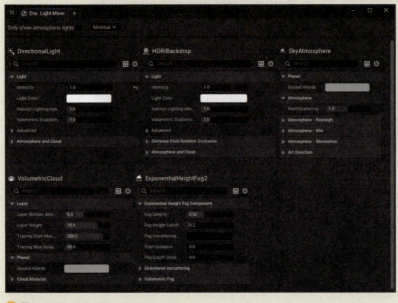

⬆ 図 3-5-25　Env. Light Mixer

☕Column　MegaLights（メガ・ライツ）

　UE5.5は大量のMovableライトを配置しても高速に計算してくれる新機能があります。これはProjectSettingでMegaLightsのチェックをオンにするだけで使うことができます。

⬆ 図 3-5-26　MegaLights の設定

　詳細は以下のチュートリアル動画をごらんください。

➡ https://dev.epicgames.com/community/learning/tutorials/V2kD/unreal-engine-megalights-in-ue-5-5

マテリアル設定

本章ではマテリアルエディタによる様々な質感設定を解説します。Adobe Substance、Megascansのマテリアル・アセットの活用方法も学びます。

Section 4-1 マテリアルエディタの基本操作

4-1-1 | マテリアルを作成

　本書の基本的なワークフローではDCCツールまたはCADから3Dアセットデータを変換します。多くの場合インポート時にマテリアルは自動で作成されます。しかしそれだけでは細かい質感設定ができないので、ここではゼロからマテリアルを作成していきます。

⬆ 図4-1-1　カフェの看板を使ってマテリアルを設定

　最初にマテリアルの新規作成をします。Content Browserを右クリックして、Materialを選択します。命名規則に従い"M_"を付けてStatic Meshと同じ名前にします。

⬆ 図4-1-2　マテリアルの新規作成

　レベルにあるカフェの看板を削除し、StaticMeshをドラッグ＆ドロップした後、新規マテリアルをその上にドラッグ＆ドロップします。何も設定していないので、黒い状態です。

⬆ 図4-1-3　マテリアルをレベルに配置

　マテリアルをContent Browserからダブルクリックして MaterialEditor（マテリアルエディタ）を起動します。画面操作は右ボタンドラッグで視点移動、中ボタンホイールでズームします。

Section 4-1　マテリアルエディタの基本操作　323

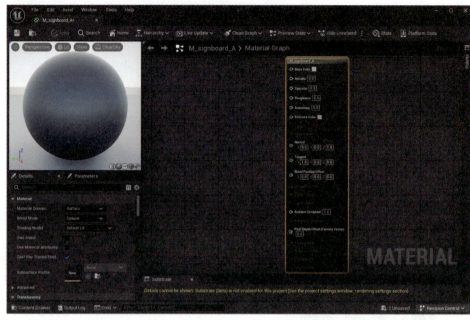

図 4-1-4　Material エディタの起動

> 【マウス・右ボタンドラッグ】（画面の移動）
> 【マウス・中ボタンホイール】（ズーム）

　左上の球体はこのマテリアルのプレビューです。下にあるアイコンでキューブや円柱などに変えられます。またキーボード L を押しながらマウスをドラッグするとライトの方向を変えられます。更に画面右上から背景を変更することも可能です。

図 4-1-5　マテリアルのプレビュー変更

Content Browserから立て看板を選んでプレビュー画面右下のブロックのアイコンをクリックすると、看板を表示することができます。

⬆ **図4-1-6** 指定したアセットをMaterialエディタに表示

テクスチャの配置

　Materialエディタを操作しつつ、Content Drawerを開き、Content Browserからテクスチャのアセットをドラッグ&ドロップします。一時的にContentBrowserを使いたい場合は、Content Drawerが便利です。これを「TextureSample」Nodeといいます。クリックして、ドラッグすれば、移動ができます。

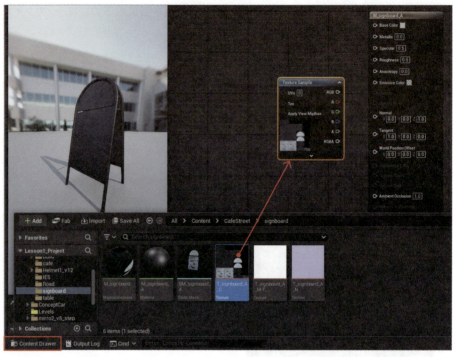

⬆ 図4-1-7　Content Drawerからテクスチャをドラッグ＆ドロップ

> [CTRL] + [Space]（Content Drawerの表示/非表示）
> 【マウス・左ボタンドラッグ】（Nodeの移動）

Nodeの接続＆切断とApply

　右側にあるエディタの使い方です。アイコンのことを「Node（ノード）」、Node同士をつないでいるのは「Link（リンク）」と呼びます。Linkの先の丸は「Pin（ピン）」と呼びます。

　右にある一番大きなNodeを「Main Material Node」といいます。Nodeを左ボタンクリックするとオレンジ色の縁が出ます。これで選択された状態です。その状態で左下の「Details」にそのNodeの情報が表示され、設定を変更します。

　特に「Blend Mode」は透明な質感を付ける設定で変更する重要な要素です。また、「Two Side」のチェックをオンにすることで両面をレンダリングすることが可能です。計算時間が倍になるのでご注意ください。

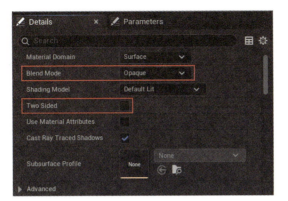

⬆ 図4-1-8　NodeのDetails

「Base Color」にTexture NodeのPinからをMain Material NodeのBase ColorのPinへドラッグ＆ドロップで接続します。ドロップする場合、緑の「✓」が出れば接続可能です。

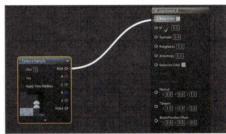

⬆ 図4-1-9　NodeのPin同士をドラッグ＆ドロップで接続

ワイヤーをつなぐことで、メッシュへのテクスチャ設定を確認できます。

Pinを右クリックしてから「Break Link」を選ぶとLinkは切断されます。ALTキーを押しながらLinkをクリックすることでも切断できます。ここまでの操作は9章のBlueprintも同じです。

このようにNodeを左から右につなげて情報を伝達していくことで質感を設定します。

⬆ 図 4-1-10　テクスチャを設定

> ALT キー＋マウスクリック（Link 切断）

しかし、レベルにはテクスチャが設定されません。Material Editor は操作をしたら、必ずApply（アプライ：適用）をクリックします。Save をクリックした場合、Apply も含まれます。

この操作で、マテリアルの編集結果を確定します。Blueprint の Compile と同じです。

⬆ 図 4-1-11　Apply をしないとレベルに反映されない

図のように Apply がグレーでクリックできない状態であれば、編集結果が確定していると確認できます。

🔼 図4-1-12 Materialの確定

4-1-2 物理ベースレンダリングのパラメータ

「Main Material Node」中の主なピンの説明です。それぞれに先ほどのようにテクスチャなどの情報を持ったNodeを接続することで、マテリアルを構築していきます。各ピンに数値入力することで簡単に設定も可能ですが、複雑な表現ができないので注意が必要です。

❖ Base Color（ベースカラー）

光が当たって表面から反射する物体の色の値です。RGB（赤緑青）で表されますが、それぞれ0〜255を0〜1の値として設定します。「Albedo（アルベド）」と呼ぶ場合もあります。

❖ Metallic（メタリック）

表面を金属にする値です。0で金属感なし、1で金属になります。

❖ Specular（スペキュラ）

光沢（ハイライト）の強さを設定します。DCCツールでよく使う機能ですが、UE5ではあまり使いません。

🔼 図4-1-13 各Pinの意味

Section 4-1 マテリアルエディタの基本操作 329

❖ Roughness（ラフネス）

表面の粗さです。0でツルツル、1でザラザラです。Metallicとセットで使い、金属やプラスチックのような質感を調整します。

❖ Emissive color（エミッシブカラー）

自分から光るライトの色を決めます。これは1以上の値を入れると強く光ります。この設定をしたメッシュはLumenではライトの代用にもなります。

❖ Normal（ノーマル）

法線ベクトルという明るさを決める値をテクスチャの色で変化させ、疑似的な凹凸を作り出します。DCCツールで使うバンプマップは使いません。

❖ Ambient Occlusion（アンビエントオクルージョン）

略してAOという場合があります。白黒のテクスチャで、Meshの境界に柔らかな陰影を表現します。

これらを設定して質感を作り出す手法を「物理ベースレンダリング（PBR：Physical Based Rendering）」と呼びます。UE5だけでなく多くのゲームエンジン、リアルタイムレンダリングなどで使われています。伝統的な3DCGで使われている質感とはだいぶ仕組みが異なります。

☕ Column Adobeの物理ベースレンダリング解説書

Adobe SubstanceのWebサイトにPBRの詳しい解説があります（英語）。PDFをダウンロードも可能です。

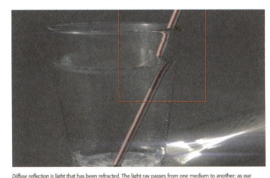

⬆ 図4-1-14　Adobeの物理ベースレンダリング解説書

→ https://www.adobe.com/learn/substance-3d-designer/web/the-pbr-guide-part-1
　 https://www.adobe.com/learn/substance-3d-designer/web/the-pbr-guide-part-2

Nodeの作成

エディタの何もないところでマウスを右クリックします。ここから新しいNodeを作成できます。膨大なNodeがあるので、キーワード検索で探すのが一般的です。長い名称が多いのですが、最初の3～5文字くらいキーボードからタイプすると候補がでるので、その中から探します。

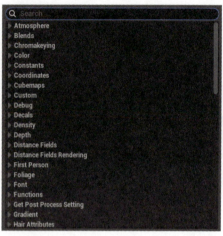 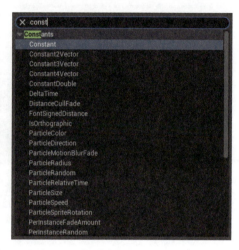

⬆ 図4-1-15　右クリックからNodeを検索して作成

上の図では、「const」とキーワードを入力して探しています。候補から「Constant」を選んでください。同じ操作で「ConstantVector3」も出します。この2つはよく使うので、キーボードで①キーを押したまま左ボタンクリックで「Constant」、③キーを押したまま左ボタンクリックで「ConstantVector3」ができるショートカットがあるので覚えておきましょう。

⬆ 図4-1-16　Constantを配置

> ①キーを押しながら左ボタンクリック（Constant）
> ③キーを押しながら左ボタンクリック（ConstantVector3）

図のように「Constant」を「Roughness」、「ConstantVector3」をBase Colorにつなぎます。

Base Colorにつながっていたワイヤーは強制的に切断されます。1つのPinには入力は1つしかできないことがわかります。

ConstantのDetailでValueが0になっているので、表面が滑らかになって周りが映り込むようになりました。「ConstantVector3」が0,0,0なので、黒になります。

🔼 図4-1-17　Roughnessの設定

「ConstantVector3」の数値の下の黒い個所をダブルクリックすると、カラーピッカーが開き、色を決めることができます。RGBの値が最大1であることに注意してください。

「ConstantVector3」は3つの情報をもつNodeで、それをRGBに設定して色を決めます。単に色がグレーであれば、「Constant」を「Base Color」に接続して使うこともできます。

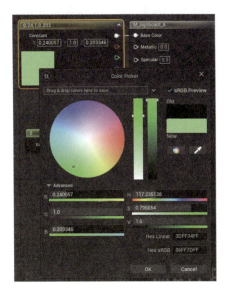

🔼 図4-1-18　Base Colorの設定

ConstantのDetailsでValueを1に変え、Enterキーを押します。Nodeのアイコンの値が変わり、質感が即時に反映されます。表面が粗くなり、反射がなくなりました。このように質感を変化することができます。ちなみに何もつながない場合は0.5になります。「Constant」は、このように1つの値を持った情報です。

⬆ 図4-1-19　Roughnessを1

「Constant」を「Metallic」に接続してみます。すると、図のように2か所につながります。このようにNodeの左からの出力は複数のNodeへ接続することができます。Metallicを1にして金属らしさを最大にしましたが、Roughnessが1なので表面を粗く仕上げた金属のようになります。

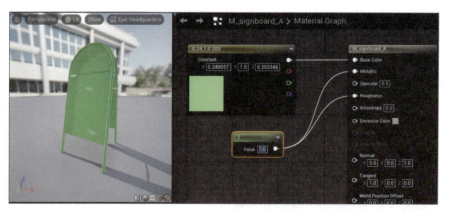

⬆ 図4-1-20　Metallicに接続

「Constant」をCTRL＋Dで複製して、「Roughness」につなげて0にします。表面が滑らかになり風景が反射します。

⬆ 図4-1-21　Nodeを複製

|CTRL| ＋ |D|（Nodeの複製）

　基本はこの3つのNodeを使って質感を作ります。詳しい説明については以下の公式マニュアルも参考にしてみると良いでしょう。各材質のどれくらいの値を入れるべきか数値で説明しています。

→ https://dev.epicgames.com/documentation/ja-jp/unreal-engine/physically-based-materials-in-unreal-engine?application_version=5.5

　[Apply]をクリックしてViewportで確認すると、図の様にバイクは映り込みますが、他は黒くなり背景がありません。

⬆ 図4-1-22　背景が映り込まない

Section 4-1　マテリアルエディタの基本操作　335

Viewportの左上からPerspectiveをカメラに切り替えます。Outlinerからカメラを選択して、Detailsから[Lumen]で検索します。そこで[Ray Lighting Mode]をプルダウンから[Hit Lighting for Reflection]に切り替えます。

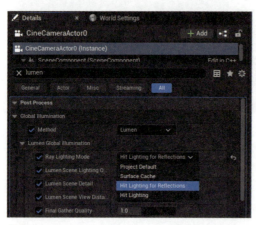

⬆ 図4-1-23　DetailsからHit Lighting for Reflectionに変更する

すると図の様に背景まで映り込むことが確認できます。

⬆ 図4-1-24　背景が正しく映りこむ

☕ Column　Reflection Capture

金属の映り込みはMetallicとRoughnessの設定だけで可能です。またLumenがリアルタイムレイトレーシングで反射を計算してくれます。

Lumenを使わない場合にはSphere Reflection Captureを反射させたいアクタの傍に配置し、

Buildメニューから[Build Reflecton Captures]を実行します。背景をパノラマカメラで撮影して、風景をテクスチャとしてリアルタイムに貼っています。欠点はテクスチャなので解像度が低いと映り込みの画質が悪く、画面の外にあるものは反射しません。反射の精度を上げるために、カメラとして映り込むアクタの傍に置きます。

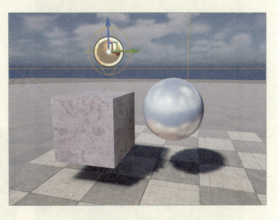

⬆ 図4-1-25　Reflection Capture

　さらにSpecularを加えて立て看板の光沢の大きさを変化させます。図の様に3つのパラメータを調整して質感を整えていきます。

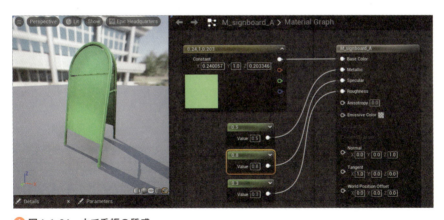

⬆ 図4-1-26　立て看板の質感

　Nodeをマウスドラッグで囲むか Shift キーを押しながらクリックで複数選択し、C キーを押します。図のようにコメントを入れることができます。ここは日本語でも構いませんし、Detailsから色を付けることができます。また、Show Bubble When Zoomedのチェッ

Section 4-1　マテリアルエディタの基本操作　337

クをいれるとズームアウトした場合、上にバブル表示ができます。

コメントを使うと複数のNodeをまとめて移動できます。チームでの制作ではできるだけコメントを設定すべきです。他の作業者がプロジェクトを見てどのような編集を行っているか一目瞭然です。

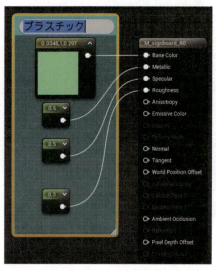

↑ 図4-1-27　色のついたコメントの設定

ここで設定した質感を別のアセットでも使いたい場合はドラッグでNodeを囲み選択、[CTRL]＋[C]コピーしたあと、別に開いたMaterialエディタへ切り替え、[CTRL]＋[V]でペーストすれば複製が可能です。

マテリアルはテキストデータとしてコピー＆ペーストや保存ができます。保存したテキストファイルを共同作業相手へ送り、相手側でそのテキストをマテリアルエディタにペーストすれば、同じマテリアルを共有できます。

↑ 図4-1-28　マテリアルはテキストデータ形式でやりとりできる

Base Colorをテクスチャにしたときのことを考えてみましょう。もしもテクスチャの色味を変えたいという注文があった場合、通常は元素材を別ツールで修正して再インポートすることを検討すると思います。UE5ではそれをNodeを組み合わせて対応します。右クリックから「mu」で検索して、Multiplyを出します。

↑ 図4-1-29　Multiply

> Ⓜ キーを押しながらビューをクリック（Multiplyを作成）

　以下の図のように接続します。「Multiply」は「乗算」という意味で、画像のピクセルの値を掛け算します。結果、全体的に緑がかった質感にできます。Photoshopのレイヤーを乗算する処理と同じです。Material EditorはPhotoshopのマスク、レイヤー効果、フィルタなどの操作を行っているとイメージすると理解が深まります。

　各Nodeは右上に「v」のアイコンがあり、ここをクリックすると、経過がアイコンで表示されます。変化がない場合は一度クリックし閉じて、再度実行します。

↑ 図4-1-30　立て看板の色を変更

　「ConstantVector3」をGを1.5にしました。RGBでは1が最大ではなく、1.5倍するという意味で明るさが強くなりました。Vector3は色でなく「3つの値」という意味で、RGBやXYZを扱うときにに使います。UV座標はVector2、RGBAは4つの変数のVector4を使います。

　この緑で明るいままだと看板としては使えないので、薄いブルーに変換しておきます。

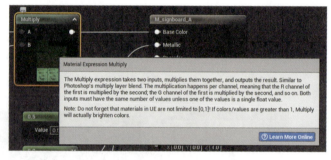

↑ 図4-1-31　RGBのGを1以上

　各Nodeの上にマウスを移動し、CTRL + ALT でヘルプが表示されます。日本語メニューであっても、このHELPは翻訳されていない項目も多く、英語で表示されます。「Learn More Online」をクリックします。

↑ 図4-1-32　HELPの表示

　マニュアルのWebページが自動で開きます。英語表記ですが、URLの「en-US」を「ja」に変更すれば日本語サイトへジャンプします。画面右上から言語を選択することもできます。

↑ 図4-1-33　マニュアルのWebページへリンク

340　Chapter 4　マテリアル設定

> **☕ Column** 画像を変化させるノード
>
> 他にも Photoshop のようなコントラスト、トーンカーブ、加算、色相彩度明度などを変化させるノードがあります。以下のマニュアルをご覧ください。
>
> → https://dev.epicgames.com/documentation/ja-jp/unreal-engine/unreal-engine-material-functions-reference?application_version=5.5

4-1-3 | Material Instance

カフェのテーブル上のアセット（TableSet）をインポートすると、3つのアセットに3つのマテリアルがあります。

このアセットに貼るテクスチャを1枚にまとめてあります。これを「アトラス化」といい、テクスチャ枚数が減るので処理負荷を下げます。

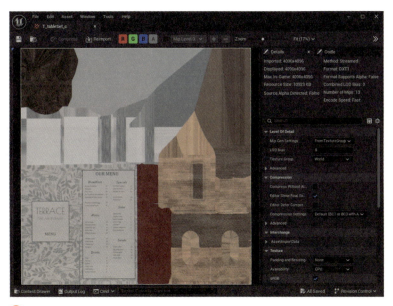

⬆ 図4-1-34　3つのアセットを1枚にまとめたアトラステクスチャ

先ほどの立て看板の作業をあと3回繰り返して作成しても良いのですが、作業の無駄が発生します。また、マテリアル数が多いとドローコールが増えるので、処理負荷が大きくなります。同様に車や家の壁紙など、質感は同じで色が何種類もあった場合もマテリアルを複製すると、1つ1つ修正する必要があり面倒です。

そこで Material Instance（マテリアルインスタンス）を使います。

⬆ 図4-1-35　カフェのテーブル上のアセット

　まず、立て看板のMaterialEditorを開きます。そこで各ノードをパラメータ化します。Vector3とTextureSample、ConstantなどのNodeをそれぞれ右クリックして、「Convert to Parameter」を選びます。その場でキーボードからわかりやすいように任意で名前を入力します。これをパラメータ名といいます。ここでポイントですが、Specularノードではこの作業をしないでください。

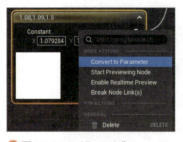  

⬆ 図4-1-36　パラメータ化

　それぞれDetailsからパラメータ名を任意に変更します。図のようになったら「Apply」します。この操作でこの看板のマテリアルには何も変化はありません。

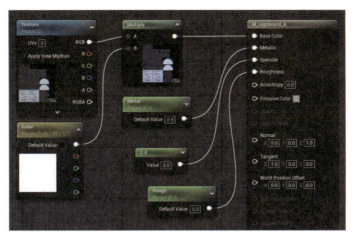

⬆図4-1-37　パラメータ名を変更

ContentBrowserの立て看板のマテリアルで右クリックから「Create Material Instance」を選びます。

⬆図4-1-38　Create Material Instance

Section 4-1　マテリアルエディタの基本操作　343

このようにInstanceが作成できます。アイコンのアンダーラインが濃い緑になります。また名称に「_Inst」が付きます。頭に「MI_」と付ける方が命名規則に準ずるので変更します。これをTableSetのフォルダへCopyします。

 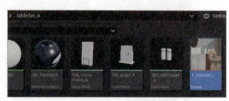

⬆ 図4-1-39　Instanceが作成される

Material Instanceをダブルクリックして開きます。これもMaterialEditorですが、Nodeが表示されません。Detailsに「Parent」のマテリアルがあります。これが先ほどの立て看板のマテリアルで、「マスターマテリアル」といいます。

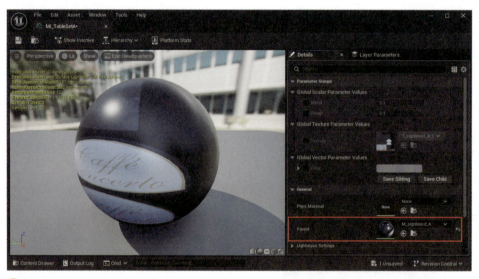

⬆ 図4-1-40　Material Instanceの設定

DetailsのParameter Groupの▶をクリックして表示された各項目のチェックをONにします。マスターマテリアルで設定したパラメータが、ここで表示されますが、パラメータ化しなかったSpecularがありません。親のマテリアルで変更したくない場合にこの方法をおこないます。

⬆ 図4-1-41　Instanceのパラメータのチェックを入れる

　Content Drawerから図のようにテクスチャ画像はテーブルセットの差し替え、Roughness、Metallicの値を変更します。Material Instanceの特徴として、Applyする必要がなく、即レベルに反映されます。

　これで立て看板の設定を引き継いだ形でテーブルセットを子マテリアルとして作成できました。

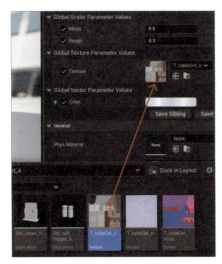

⬆ 図4-1-42　Material Instanceのテクスチャの差し替えとパラメータ変更

　テーブルセット1つのStatic Mesh Editorを開き、テーブルセットのマテリアルをInstanceに切り替えます。

　これでマスターマテリアルの立て看板の設定を変えれば、このテーブルセットは自動で変更され、Instanceの方では独自にテクスチャやRoughnessを調整できるという仕組みになりました。

⬆ 図4-1-43　Material Instanceにテクスチャを再設定しパラメータ変更

　同様にペーパーナプキンスタンド立てにも[MI_TableSetA]をこのマテリアルインスタンスを設定します。

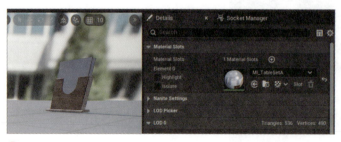

⬆ 図4-1-44　他の2つもインスタンスを設定する

　塩と胡椒ボトルも同様に[MI_TableSetA]を設定し、他の2つはStarterContent→Materialからガラスとメタルクロームの金属を設定します。

⬆ 図4-1-45 塩・胡椒ボトルの設定

CTRL + D でInstanceを複製し、3つのアセットに同様に設定します。それぞれのColorのパラメータを変えれば、多様なマテリアルを生成できます。これにより製品のカラーバリエーションを容易に作成できることが判ります。

⬆ 図4-1-46 Material Instanceを複製

この制作方式がUE5では基本です。最初に標準的な材質のマスターマテリアルを作成します。そこからInstanceを作成して、調整したものを各アセットに設定していくワークフローになります。

このフローにより処理速度と作業効率は向上するので、コンテンツの初期段階で前もって計画しておくと良いでしょう。

☕Column Auto Saveの設定

UE5を長い時間使っていると画面右下に以下の画像が表示されます。これはAuto save機能といって自動的にSaveをしてくれる機能です。

⬆ 図4-1-47 Auto saveのダイアログ

わずらわしいと感じるだけでなく、これが原因でレベルの保存のトラブルになることもあります。これをオフにするには、Windows→Editor Preferencesから「auto save」と検索して[Enable auto save]のチェックをオフにしてください。

⬆ 図4-1-48 Auto saveをオフにする

各パラメータにテクスチャを貼る

このカフェの看板は、Substance3D PainterでBaseColor・Metallic・Roughness・Normal・Ambient Occlusionの5枚のテクスチャを作成してあります。これをインポートします。

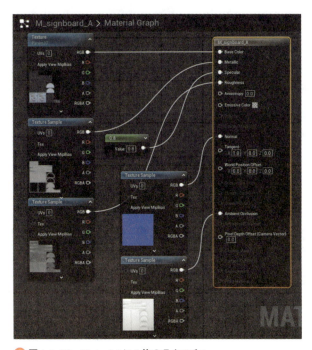

⬆ 図4-1-49　PBRの5枚のテクスチャ

Materialエディタにドラッグ＆ドロップして、以下のようにワイヤーを接続しています。Metallic・Roughnessは今までConstantだったので金属感や滑らかさが一様でした。グレースケールのテクスチャにすることで、一部分だけ質感を変化することができます。

⬆ 図4-1-50　Materialに5枚のテクスチャ

しかし、この作業には欠点があります。テクスチャ枚数が増えると、ドローコールが増えてしまい、処理負荷が多くなります。そこで、Metallic・Roughness・Ambient Occlusionの3枚についてはPhotoshop上でR・G・Bチャンネルにそれぞれ設定します。この作業をテクスチャのパッキングと呼びます。

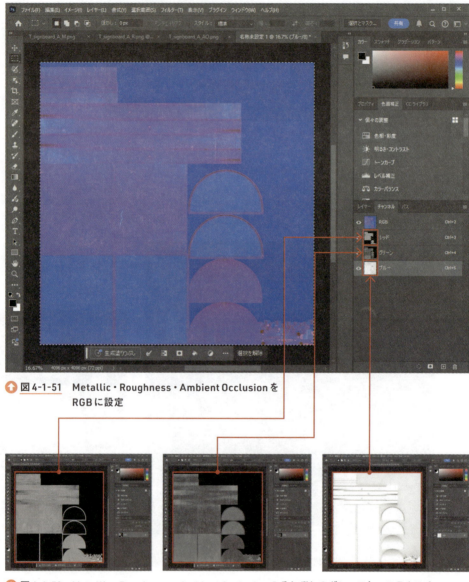

⬆ 図4-1-51　Metallic・Roughness・Ambient Occlusionを
　　　　　　 RGBに設定

⬆ 図4-1-52　Metallic・Roughness・Ambient Occlusionのそれぞれのグレースケールテクスチャ

　このファイルをUE5へインポートし、以下のようにワイヤー接続します。この作業を行うことで5枚のテクスチャを3枚に減らすことができました。

↑ 図4-1-53　3枚のテクスチャを1枚にして軽量化

カフェのテント

　本書の作例、カフェの街並では、ほとんどのアセットでこの方法によりマスターマテリアルを作成し、さらにテクスチャを設定しています。

↑ 図4-1-54　カフェテントのアセット

　カフェ入り口上のテントは以下のInstanceを確認してください。

Section 4-1　マテリアルエディタの基本操作　351

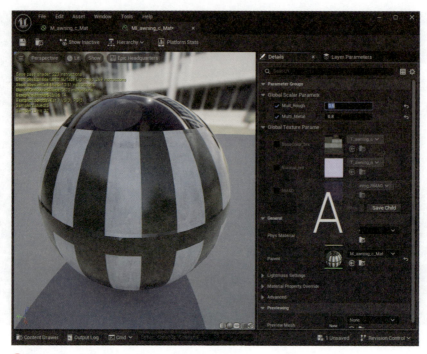

🔼 図4-1-55　カフェテントのMaterial Instance

　カフェテントのマスターマテリアルです。multiplyを入れて、Metallic・Roughnessの強さをインスタンスのパラメータで調整可能です。

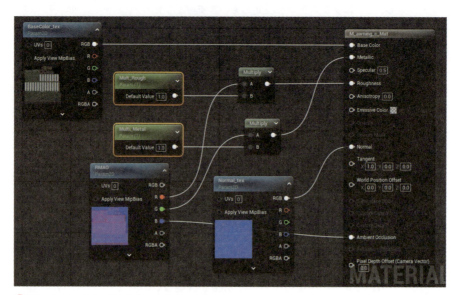

🔼 図4-1-56　カフェテントのマスターマテリアル

ビルやカフェ上のピラーや扉なども同じマスターマテリアルからInstanceして作成します。同じ操作なので割愛します。

⬆ 図4-1-57　Material Instanceを複製してビルやピラーなどに設定する

カフェ全体

　カフェ内部には少し違ったテクニックを使っています。

⬆ 図4-1-58　カフェの特殊なマテリアル

　以下2枚のテクスチャを貼っています。DCCツール（Blender）で設定したライトをBase Colorテクスチャへベイク（焼き付け）処理しています。これによりライトがなくても照明が当たっているようなテクスチャとAO（アンビエントオクルージョン）テクスチャを生成する

ことができます。ライトのベイク方法については各DCCツールのマニュアルを参考にして下さい。

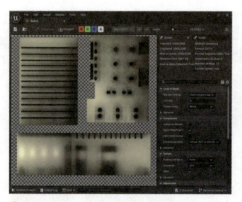

↑ 図4-1-59 ライトをベイクしたテクスチャ

マテリアルは非常にシンプルです。ここでは、Emissive Colorにテクスチャを貼ることで、光っているように見せます。またAO（Ambient Occlusion）テクスチャのNodeも接続します。

明るさと色の調整はMultiplyにあるVector3のパラメータで調整可能です。

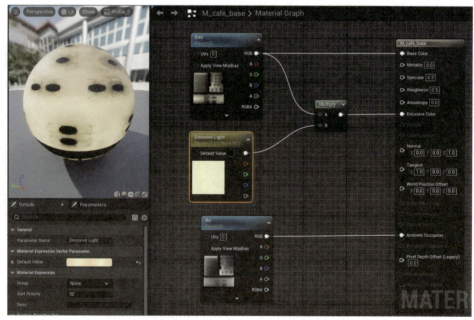

↑ 図4-1-60 Emissiveをつかって照明が当たっているような質感を作り出す

以上でこのレベルの背景のテクスチャとマテリアルの基本設定は完成しました。オフロードバイクなどは後ほどで説明します。

↑図4-1-61　一通りのテクスチャとマテリアルの設定の完了

4-1-4 | Texture Editor

MaterialEditorで「TextureSample」を選択しDetailsで確認すると、どのテクスチャが使われているかを確認できます。ここからテクスチャ画像の入れ替えもできます。カフェの看板のテクスチャをダブルクリックしてみましょう。

↑図4-1-62　Textureアセットの確認

これがTextureEditor（テクスチャエディタ）です。Detailsの上部で解像度やファイルサイズが確認できます。テクスチャが大きいほど処理負荷が大きくなるのは、リアルタイムレンダリングでも同様です。また「sRGB」のカラースペースであるチェックがオンになってお

Section 4-1　マテリアルエディタの基本操作　355

り、正確にテクスチャの色を設定しています。

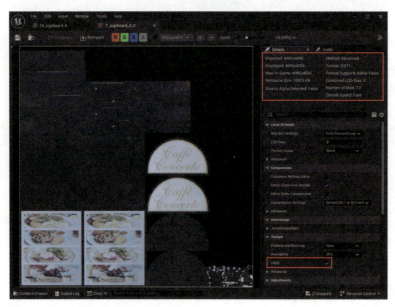

⬆ 図4-1-63　Textureエディタ

　図はCompress Settingのプルダウンです。UE5ではTGA,PNGなどのテクスチャ画像をインポートできますが、その後UE5内でゲーム用（DirectX）のDXT1などの最適なフォーマットを自動に選んで圧縮されます。よってインポート前に画像は圧縮しないことが推奨です。

⬆ 図4-1-64　テクスチャの圧縮形式

先ほどはMaterial Editorで色を変化させましたが、Adjustmentの項目で、Brightness（明るさ）、Situation（彩度）、Hue（色相）など変化をつけることもできます。この範囲であれば画像処理ツールで修正する必要はありません。

⬆ 図4-1-65　Adjustmentでテクスチャの色変更

大きなテクスチャをインポートして処理が重くなる場合、LOD Biasの数値を大きくすると表示する解像度を小さくすることができます。LOD（Level of Detail」）はカメラの距離などに合わせてテクスチャ解像度を増減させる仕組みも含まれます。その上のMip Gen SettingsのShapenの数値をLOD Biasと合わせておきましょう。

⬆ 図4-1-66　LOD BiasとMip Gen Settings

テクスチャの設定をSaveすると、立て看板のテクスチャの色が変化し、解像度が低くなっていることがわかります。遠くのアクタには低解像度を設定することで処理を軽減できます。

ここまでの操作では、画像ファイル自体を書き換えていないので設定を戻すことができます。

↑ 図4-1-67　テクスチャ低解像度を下げた状態

テクスチャサイズなど一斉に変更する

フィルタでTextureだけを表示して、CTRL＋Aで全て選択します。
Asset Action → Edit Selection in Property Matrixを実行します。

↑ 図4-1-68　テクスチャを選択してEdit Selection in Property Matrixを実行

> CTRL＋A（アセットの表示されているものを全て選択）

選んだアセットの設定をエクセルのような表で管理できます。Nameの列を Shift キーを押しながら全て選択します。

LOD Biasに値を0から1にして全テクスチャの解像度を一括で下げることができます。

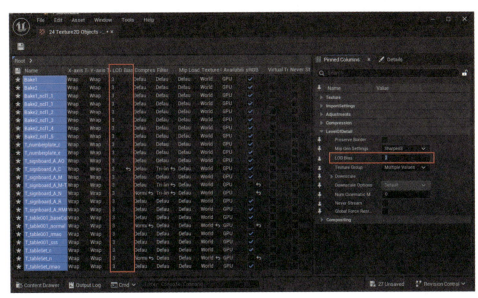

↑ 図4-1-69　テクスチャの解像度を一括で設定できる

Virtual Texture（バーチャル テクスチャ）

　　UE5で使えるテクスチャサイズは最大8Kまでです。背景など広い面積やUDIMを使う場合、それでは解像度が足りない場合があります。Virtual Textureはテクスチャの全体ではなく、必要な部分のみをストリーミングして表示する仕組みです。テクスチャが大きいサイズでもメモリ使用量を少なくすることができる技術です。

　　設定はProject　Settingで「Virtual Texture」で検索して、図のチェックだけをオンにします。

　　インポートされたテクスチャは自動でVirtual Textureになります。Lumenの影もこの機能を使ったライトマップで表示しています。

⬆ 図4-1-70　Virtual Textureの設定

　設定が済むと、アイコンの右下にVTが付きます。解除する場合は、右クリックから「Convert to Regular Texture」を実行します。

⬆ 図4-1-71　Virtual Textureアイコン

→https://dev.epicgames.com/documentation/ja-jp/unreal-engine/virtual-texturing-settings-and-properties-in-unreal-engine?application_version=5.5

☕ Column　HLSL

　Materialエディタで操作している実態はHLSL（High Level Shading Language）というプログラミングです。この言語を理解するためにはエンジニアとしての高度なスキルが必要とされます。
　デザイナーにはハードルが高く、美しい質感を表現できるようになるには非常に時間がかかります。Materialエディタは、デザイナーでも簡単に利用出来る仕組みになっています。参考までに、以下はマイクロソフトのHLSLの英語ドキュメントです。非常に難解です。

→https://docs.microsoft.com/en-us/windows/win32/direct3dhlsl/dx-graphics-hlsl-pguide

　Custom Nodeを使うと、HLSLコードを直接書いて処理することができます。

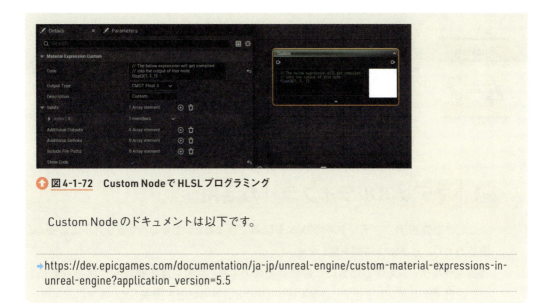

⬆ 図4-1-72　Custom NodeでHLSLプログラミング

Custom Nodeのドキュメントは以下です。

→https://dev.epicgames.com/documentation/ja-jp/unreal-engine/custom-material-expressions-in-unreal-engine?application_version=5.5

Section 4-2 マテリアルのテクニック

4-2-1 マテリアルライブラリの活用

ここまでの説明でマテリアルの基本を理解できました。しかし、マテリアルには多くの機能があり、習得には時間を要します。

高品質なゲームを作る場合には習得が必要ですが、本書では工業製品や建築分野において設計やデザインをできるだけ早くビジュアライズすることを優先しています。

必要なデータはUE5のテンプレートやサンプルファイル、マーケットプレイスを利用することで迅速にプロジェクトを構築していきます。

「Photo Studio」テンプレートのマテリアル

まず、オフロードバイクの質感設定をします。CarPaint（カーペイント）、Glass（ガラス）、Metal（金属）、TireRubber（タイヤのゴム）がすでに設定されています。もし設定されていない場合はLesson1プロジェクトからMigrateしてください。

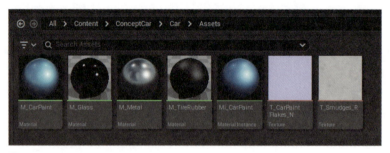

⬆ 図4-2-1　Photo Studioのマテリアル

M_TireRubberとM_MetalをMaterial Editorで起動してみます。図のようにとてもシンプルです。

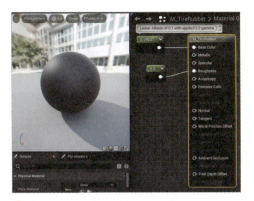

○ 図4-2-2　M_TireRubberとM_Metal

　このまま使用しても構いませんが、パラメータを書き換えてしまうと共同作業の際、他でこのマテリアルをレベルで使っている場合問題になります。それを回避するためMaterial Instanceを作成します。まず各Nodeをパラメータ化します。

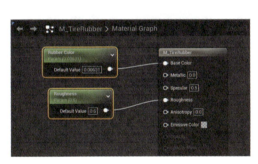
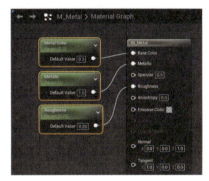

○ 図4-2-3　パラメータ化

　それぞれMaterial Instanceを作成します。「M_CarPaint」はすでにInstanceがあるので CTRL + D で複製します。「MI_CarPaint_OffRoad_Bike」と名前を変更します。
　今回は初心者向けにM_Metalは1つしかInstanceしていません。バイクの各パーツの金属質感でも値を変えて様々な金属表現をしたい場合は、Instanceを増やして作成すると良いでしょう。

○ 図4-2-4　インスタンス化したマテリアル

オフロードバイクのBlueprintを開き、Content DrawerからMaterial Instanceをボディ、ホイール、タイヤ、エンジン、ミラーなどに設定します。「Components」でアセットを選択し、DetailsのMaterialSlotにドラッグ＆ドロップします。

⬆ 図4-2-5　スロットにマテリアルをドラッグ

カーペイント、ゴム、金属のマテリアルを一通り設定しました。Instance色やパラメータをオリジナルから変更します。InstanceはApplyすることなく変更をViewportで確認できます。現在のライティングの状態を見ながら質感の変更ができるのもリアルタイムレンダリングのメリットです。

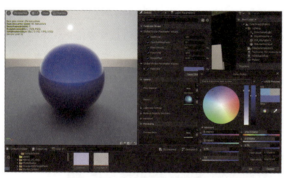

⬆ 図4-2-6　Instanceしたマテリアルの色など変更

CarPaint の Clear Coat

CarPaint を Material Editor で開くと、以下のような Node になっています。さほど難易度は高くありませんが、この仕組み全てを理解する時間に重点を置くよりも、Instance Material だけ使って迅速にビジュアライズを完成させ、業務上のメリットを出すことをお勧めします。Instance Material の良さは高度なマテリアルの設定全て理解することなく、パラメータ変更だけで素早く活用できることにあります。

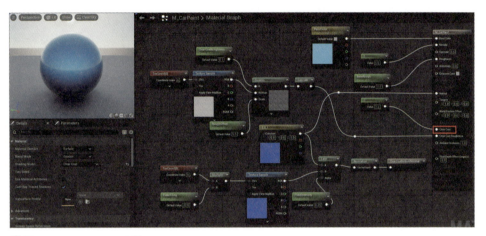

↑ 図 4-2-7　CarPaint マテリアル

ここで一点だけ注意する点があります。Clear Coat という Pin の項目があります。ツールバーの [Setting] → [Project Setting] から「Clear」で検索して、Clear Coat の設定をオンにします。設定変更後、UE5 の再起動が必要です（かなり時間がかかるので注意）。

このマテリアルを「移行」して使う場合、移行先のプロジェクトでもこの設定がオフの場合、正しくマテリアルが表現されません。改めてオンに設定する必要があります。

↑ 図 4-2-8　Clear Coat の設定

拡大してよく見るとフレークと呼ばれるキラキラした細かい点があります。これが「Clear Coat(クリアコート)」という質感です。

⬆ 図4-2-9　Clear Coat のフレーク

光るナンバープレート

Emissive color の Pin に Constant 値1以上入れると、そのマテリアルは発光して Lumen でライトの代わりになります。そこにテクスチャを貼ってナンバーが光る仕組みを作ります。(黒いナンバーは追加でインポートしてください)

⬆ 図4-2-10　ナンバープレートのテクスチャ

Multiply を追加し、Constant の値を3に設定し、以下の様に接続すると、文字部分だけ3倍の明るさになります。

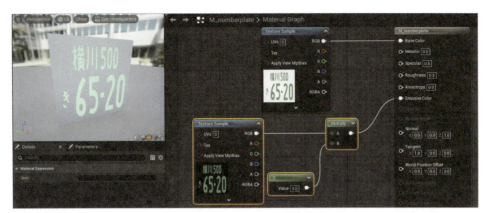

🔼 図 4-2-11　Emissive Colorに接続

　明るさを強くしていくと、白くなっていきます。これは物理的に明るいものは白くなる、という仕様のためです。これを改善するには、カメラを選択し、「Misc」で検索して出てきた「Tone Curve Amount」の値を小さくします。

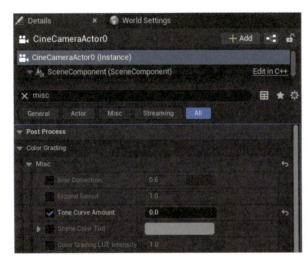

🔼 図 4-2-12　Tone Curve Amountを小さくする

⬆ 図4-2-13　テールランプ、ウインカーも同様にEmissive colorを設定する

ガラスの屈折

　ヘッドライトなど透明なガラスのマテリアル設定です。Starter Contentに「M_Glass」がありますので、これを使用します。

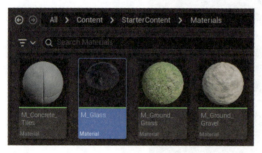

⬆ 図4-2-14　ガラスのマテリアル

　Starter Contentの多くはInstance Materialを作る前提で設定されていて、パラメータ化は不要です。Instance Materialを作成します。

⬆ 図4-2-15　バイクの風防の透明マテリアル

　Instance Materialを作成し、ヘッドライトに設定します。ヘッドライトの内側のマテリアルにEmissive Colorを追加します。

⬆ 図4-2-16　ヘッドライトとその内側のマテリアルの設定

　MainMaterialのDetailsを見ると「BlendMode」が通常の「Opaque」から「Translucent」になっています。これは半透明と屈折の設定が可能なマテリアルです。半透明の設定OpacityにPINはオフになっています。透明マテリアルのレンダリング処理が重くなるので基本オフになっています。

　下の「Translucency」の設定で「LightMode」を「Surface TranslucencyVolume」にします。これでMetallic、Roughnessの設定が可能になります。

　また、屈折率を設定する「Refraction」も設定を変更してあります。

Section 4-2　マテリアルのテクニック　369

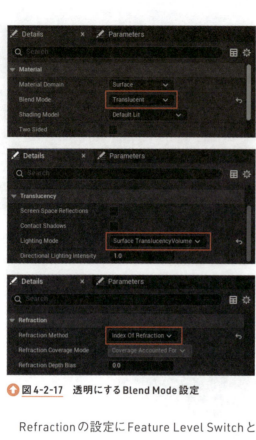

⬆ 図4-2-17　透明にするBlend Mode設定

　Refractionの設定にFeature Level Switchというノードがありますが、本書では削除して構いません。これは、スマートフォンとPCの環境が変わった場合、自動で質感が設定変更される仕組みです。
　このように公式サンプルなどの設定を変更した場合、どうマテリアルが変化するのか研究すると良いでしょう。

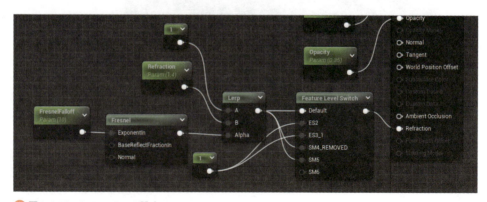

⬆ 図4-2-18　Refractionの設定

RefractionはConstant＝1.4で屈折率を設定しており、FresnelとLerpを使ってカメラから見た面の向き（法線ベクトル）でレンズの歪みを作っています。

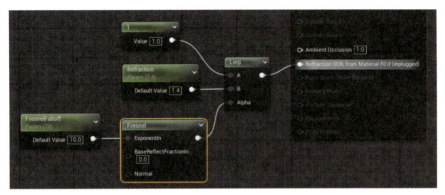

図4-2-19　Refractionの設定を修正

Lerp（ラープ）とFresnel（フレネル）

　図はガラスの質感をシンプルにした実験例です。LerpはA：赤とB：緑のVector3の色を「Alpha」の白黒画像の濃淡でマスクします。

　Fresnelは光の反射屈折の「フレネルの式」の意味で、ポリゴンの面がカメラに向いていれば白、カメラとの角度が大きくなると黒くなります。この組み合わせで実験のような効果を得ます。Fresnelを「Refraction」へつなぐことで、カメラとの角度によって画像を歪め、擬似的な屈折を表現します。

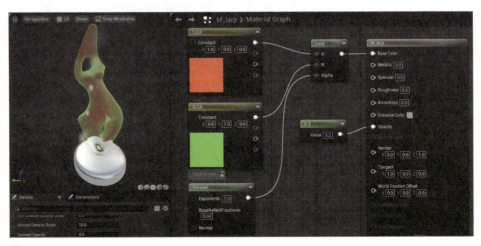

図4-2-20　LerpとFresnelの実験

Parallax（Bump Offset）で地面を作る

以下の Starter Content テクスチャを使って道路を作成してみます

⬆ 図4-2-21　Starter Content のテクスチャを道路に活用

　図のように Node を作成します。「TexCoord」はテクスチャの UV をリピートする Node です。2つのテクスチャの「UVs」に接続すると、リピートだけでなくオフセットをすることが可能です。
　しかしノーマルマップだけでは凹凸感が乏しいと感じます。

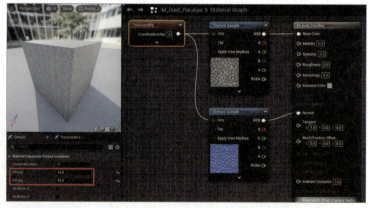

⬆ 図4-2-22　TexCoord でテクスチャのリピート

　Parallax の実験で以下のようなマテリアルを新規作成します。
　Bump Offset は視差マップと呼ばれます。上のテクスチャは任意のもので結構です。リピートは2回に設定しています。

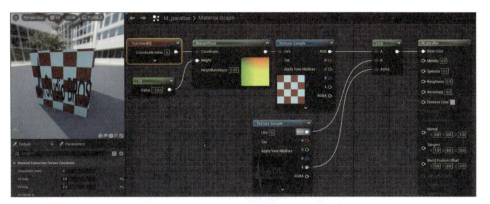

⬆ 図 4-2-23　Bump Offset の実験

　Lerp Bに接続している画像はStudio Brosのロゴでアルファチャンネル付きのものです。LerpのAlphaにAを接続して、ロゴをマスクして重ねています。

⬆ 図 4-2-24　アルファチャンネル付き画像

　視点を変更すると、背景とロゴがずれていくのがわかります。これが視差マップです。

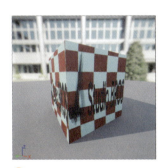
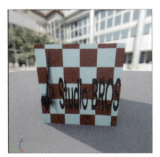
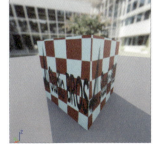

⬆ 図 4-2-25　アルファチャンネル付き画像

Section 4-2　マテリアルのテクニック　373

Bump Offsetを使ったHeightMap

先ほどの道路を以下の様に接続します。石畳の高さを表す白黒画像をLerpに入れて視線が変化すると、視差で敷石に高さがあるように見えるという仕組みです。

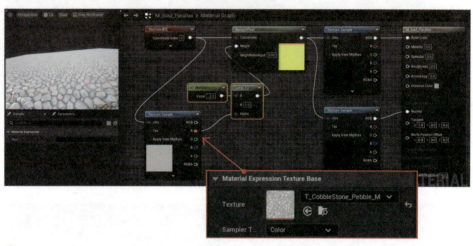

⬆ 図4-2-26 Bump Offsetを使ったHeightMap

立体感のある敷石のマテリアルを作成することができます。しかしカメラが近づきすぎるとフェイクであることがわかります。

⬆ 図4-2-27 Bump Offsetを使った石畳のマテリアル

☕Column Displacement Map（ディスプレイスメント・マップ）

Normal MapとBump Offsetを使って疑似的な凹凸感を出すのは限界があります。そこでテクスチャだけで本当に凹凸を付ける機能のDisplacement Mapを使います。ここで説明する方法はUE5.5の場合です。UE5.4以前の場合は設定が異なりますので注意してください。

テクスチャの素材として以下のHeight Mapを用意します。

⬆図4-2-28　Height Mapを用意

→ https://freepbr.com/product/brick-wall/

まず、Displacement Mapをかけるメッシュに Naniteの設定をします。

⬆図4-2-29　Naniteの設定

Material Editorを起動して、MainのNaniteの項目を探し[Enable Tessellation]のチェックをONにします。すると、DisplacementのPinが表示されるので、図の様にHeight Mapをノードに接続します。[Magnitude]の数値が凹凸の強さになります。

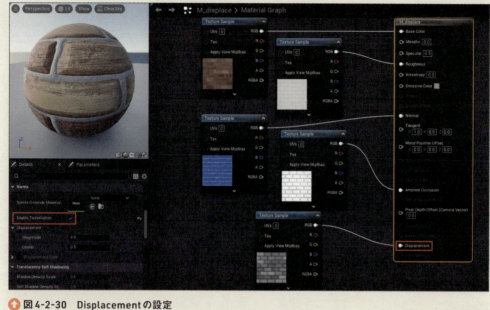

🔼 図4-2-30　Displacementの設定

マテリアルをメッシュに設定すると図のようにメッシュに凹凸が表示されます。

🔼 図4-2-31　Displacementの完成

4-2-2 | Substance3Dのマテリアル

　今回のカフェストリートの制作では、マテリアルとテクスチャはほとんどSubstance 3D Painterを活用しています。PBRの各パラメータのテクスチャ複数枚を同時に作成できるので、かなり作業効率が向上します。本書ではSubstance 3D Painterの使い方は割愛して、UE5との連携を解説します。

→https://www.adobe.com/jp/products/substance3d.html

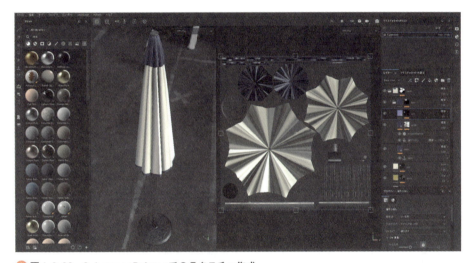

⬆ 図4-2-32　SubstancePainterでのテクスチャ作成

　Substance 3D Painterではマテリアルをペイントすると、PBR各パラメータの画像を生成します。明度やコントラストなどの調整も可能です。

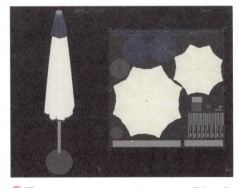 

⬆ 図4-2-33　BaseColor、Roughnessテクスチャ

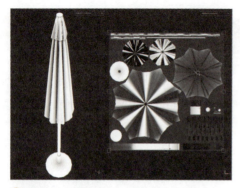

⬆ 図4-2-34　Metallic、Normalテクスチャ

テクスチャを書き出します。

⬆ 図4-2-35　テクスチャを書き出し

出力先の指定とファイル形式、解像度を設定します。UE5側でLODを調整できるので、大きな解像度を指定します。

⬆ 図4-2-36　出力先の指定とファイル形式、解像度の設定

出力テンプレートでUE4のプリセットを使います。P348で説明した、AO・Roughness・MetallicをRGBに入れて1枚の画像にする処理（パッキング）はここで設定できます。右のウィンドウから他の要素の追加も可能です。先に決めたアセットの命名規則もここで設定することができます。

🔼 図4-2-37　出力テンプレートでプリセット選択

「書き出しリスト」タブから「書き出し」をクリックすると、開始します。

🔼 図4-2-38　書き出しを実行

テクスチャをUE5にインポートした状態です。マテリアルはカフェのテントで使ったマテリアルマスターです。これをInstanceします。

⬆ 図4-2-39　Substance 3D Painterのアセットのインポート

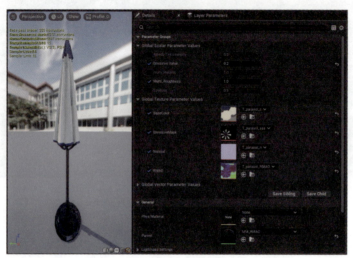

⬆ 図4-2-40　カフェのテントのInstanceに設定

レベルにパラソルを配置すれば完成です。

⬆ 図4-2-41　パラソルのアセットの完成

Substance 3D Designer のマテリアル

次は Substance 3D Designer のマテリアルを使います。CAD から変換したヘルメットをレベルに配置し、マテリアルを設定していきます。

⬆ **図 4-2-42** CAD から変換したヘルメット

まず、Adobe Substance 3D Assets（Substance Source）にアクセスします。Substance 3D の利用が可能であれば、豊富なマテリアルライブラリを活用できます。

→ https://substance3d.adobe.com/assets/allassets?assetType=substanceMaterial

⬆ **図 4-2-43** Adobe Substance 3D Assets

ダウンロードできるファイルはSubstance 3D Designerで開く〜.sbsと、そこからエクスポートした〜.sbsarがあります。

⬆ 図4-2-44　2つのSubstance 3D Designerファイル

Substance 3D Designerで〜.sbsファイルを開きます。操作は割愛しますが、UE5のMaterialエディタと同じくNodeをワイヤーで接続してマテリアルを作成します。特徴としては、ビットマップではなく、数式とプロシージャルで作成するので、非常に軽量で解像度に依存しません。また、UE5だけでなく、UnityやBlender、MayaなどDCCツールやVREDやDELTAGENなどCADデータのビジュアライゼーションツールでもインポートできます。

多様なプラットフォーム間のマテリアルのハブとして活用することで、効率良いワークフローになると考えます。

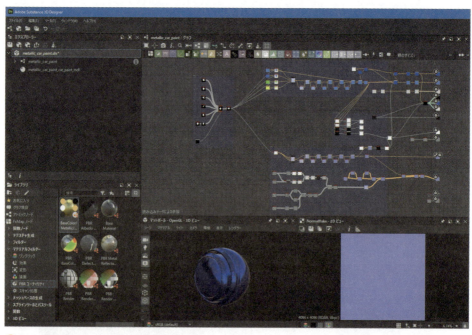

⬆ 図4-2-45　Substance 3D Designer画面

UE5と連携するには、FabからSubstance 3D Designerプラグインをインストールします。以下のサイトから「ライブラリに追加」をクリックします。

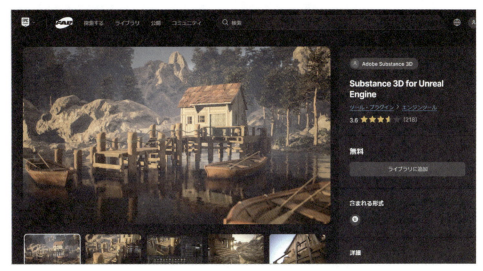

図4-2-46　Substance 3D Designer プラグイン

→ https://www.fab.com/ja/listings/292bb370-f146-4d1e-89c2-afbdb26cea6b

Epic Games Launcherを起動します。「ライブラリ」の「Fab Library」で[Substance]で検索して「エンジンにインストール」をクリックします。

図4-2-47　プラグインのインストール

Setting→Pluginでプラグインの設定を確認します。チェックをオンにして、UE5を再起動します。

⬆ 図4-2-48　プラグインの設定を確認

　Substance 3D Designerからエクスポートした〜.sbsarファイルをContent Browserへドラッグ＆ドロップしてインポートします。

⬆ 図4-2-49　〜.sbsarファイルをインポート

　SbsarファイルはSubstance 3D Designerのノードのパラメータを維持しており、ツールに戻ることなくUE5側で自由に設定を変更することが可能です。

⬆ 図4-2-50　Geometry Scriptプラグイン

> **Column** Automotive Materials
>
> スーパーカーメーカーのマクラーレン社向けに開発された最高品質の自動車用マテリアルです。Epic Gamesが無料で公開しており、Nanite対応、パストレーサー、レイトレーシングへの最適化が施されています。
>
>
>
> 🔼 図 4-2-51　Fab の Automotive Materials
>
> → https://www.fab.com/ja/listings/5dd132fe-ee32-4e8c-9cd3-7496547dfb29

4-2-3 マテリアルの応用

Decal（デカール）

ヘルメットに Studio Bros ロゴを貼ります。Quickly Add to project から All Classes → Decal を選びます。レベルに大きな Cube のワイヤーフレームが作成されます。

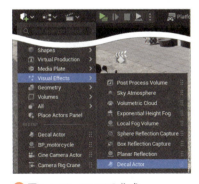 

🔼 図 4-2-52　Decal の作成

新規マテリアルを作成、Studio BrosロゴのテクスチャをBase Colorに設定します。ここでMain MaterialのMaterial Domainを「Deferred Decal」に変更します。

⬆ 図4-2-53　ロゴのテクスチャをBase Colorに設定

Blend Modeを「Translucent」へ変更して透明テクスチャにし、アルファチャンネルをOpacityへ接続します。

⬆ 図4-2-54　アルファチャンネルをOpacityへ接続

Decalを回転して、青い矢印方向へテクスチャが表示されます。このCubeがテクスチャを投影しています。Decalには違う質感を設定できます。質感を変えて道路上のペイントや傷、汚れ、ポスターなど様々な用途に利用します。

⬆図4-2-55　DecalはCubeによって投影される

　サイズを縮小、移動・回転してヘルメットにDecalを設定します。Outlinerでヘルメットの階層下にDecalを移動すれば、一緒に移動できます。

⬆図4-2-56　ヘルメットにDecalを設定

Column　Decalを無効にする

　Decalはそのボックスが交差する全てに表示されます。例えば道路にDecalを貼ると道路の上の車までDecalが表示されます。その場合、アクタを選んでReceives Decalをオフに設定するとDecal表示が消えます。

⬆図4-2-57　Receives Decalをオフで無効

マテリアルアニメーション　点滅するバイクのウインカー

　Emissive colorへSinを接続し、光らせたい色とMultiplyします。Timeは秒の値です。SinはSin関数を意味し、入力されたTime値で、-1〜1の間で周期的に移動します。また、TimeにMultiplyをいれることで、点滅の速さ（Sinの周期）を調整します。

　Emissive colorは0〜1の値なので、Sinの値から変換します。-1〜1に1をAdd（加算）することにより変域を0〜2に変換、さらに2でDivide（除算）することで、変域を0〜1にします。

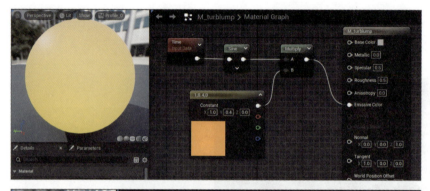
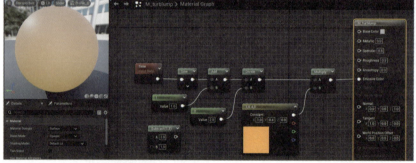

⬆ 図4-2-58　Sin関数と四則演算で点滅アニメーション

> **Column** 色を変えるアニメ
>
> 　マテリアルパラメータコレクション（MPC）という機能でパラメータをBlueprintで変化させる方法と、マテリアルそのものを入れ替える方法があります。詳しくは8章で解説します。
>
> ⇒ https://dev.epicgames.com/documentation/ja-jp/unreal-engine/using-material-parameter-collections-in-unreal-engine?application_version=5.5

ノーマルマップのスクロールにより水を表現

図のように金魚鉢の水面が波打つアニメーションを作成します。

🔼 図4-2-59　水のアニメーションマテリアルの例

水面の凹凸を表現するNormalマップをPannerというUVスクロールするNodeに接続します。PannerのSpeedにAppendをつなぐと、2つの入力はUV方向の速度になります。

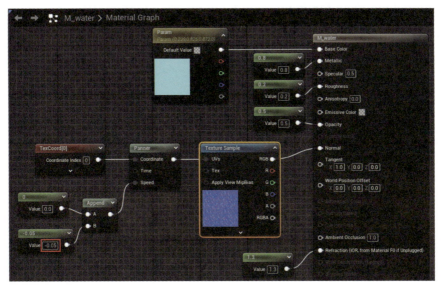

🔼 図4-2-60　PannerによるUVスクロール

このままでは単調な波になるので、Nodeをドラッグして囲み、CTRL + D で複製し、Addで加算します。複製した方の一方の波の速度と方向を変えます。これで2つの波が合成されます。

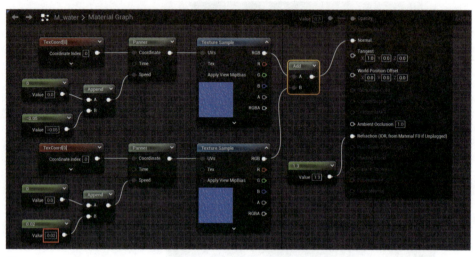

↑ 図4-2-61　2つのNormalマップの合成

Material Function（マテリアルファンクション）

上のノードには同じ部分が多数存在して、一目で無駄を感じます。同じ処理を行う場合Material Functionを用います。

Content Browserで右クリックからMaterial Functionを作成します。

↑ 図4-2-62　Material Functionの作成

先ほどの水のアニメのMaterialEditorからNodeをコピーし、MaterialFunction側にペーストして図のようにつなぎます。一番右のNodeは[Input]ノードでFunctionの外からパラメータを持ち込みます。パラメータの形式と名前を決めておきます。

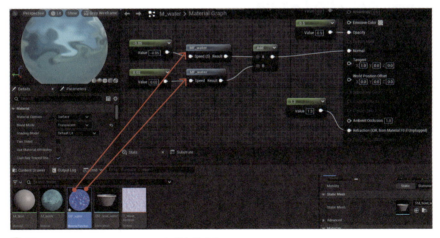

🔼 図4-2-63　Material FunctionとInputの設定

　Material Functionをドラッグ＆ドロップして元のNodeに差し替えます。サンプルなどで、この濃いブルーのNodeがあった場合はMaterial Functionです。ダブルクリックでMaterial Functionのエディタに移ります。

🔼 図4-2-64　Material Functionに差し替える

ノーマルマップの強弱

　波の高さを変更したいので、Material Functionを図のようなNodeに接続し直します。「Mask」はComponent MaskでRGBAの4チャンネルから必要なものだけを抜き出します。NormalマップはRG成分で凹凸を表現しているので、RG成分にMultiply=0.5を設定して値を下げて、Appendで青チャンネルと再度合成しています。

⬆図4-2-65　ノーマルマップの強弱

Component Maskの設定は以下です。必要なチャンネルだけオンにします。

⬆図4-2-66　Component Mask

☕Column　Substrate(サブストレート)マテリアル

　UE5.1で追加された新しいマテリアルの機能です。以前はStrata（ストラタ）と呼ばれていました。この機能はBeta版なので今後変更になる可能性があるので注意が必要です。

　Substrateを使うことで先述のクリアコートや布、SSS（サブサーフェススキャタリング）などの多彩な質感表現が可能になります。

　使うにはまずProject Settingsから「Substrate」で検索してチェックをONにし、UE5を再起動します。ここで注意しなくてはならないのは、プロジェクトの全てのマテリアルがSubstrateの設定に変更されてしまうことです。なのでバックアップしてから実行しましょう。再起動にはかなり時間がかかります。

⬆図4-2-67　SubstrateのチェックをONにしてUE5を再起動

新規でマテリアルを作成してMaterial Editorを起動すると図のようになります。

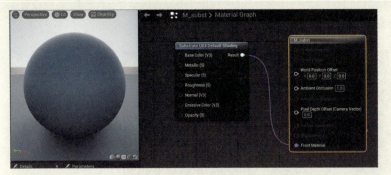

🔼 図4-2-68　SubstrateのMaterial Editor

今まで通りにノードをつないで質感設定できます。

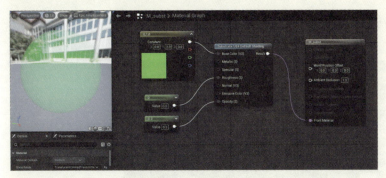

🔼 図4-2-69　Substrateの設定の基本

中央の「Substrate UE4 Default Shading」をダブルクリックしてください。実はこれはMaterial Functionで今までの設定がしやすいようにしてあります。

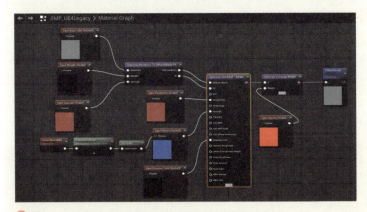

🔼 図4-2-70　Substrate UE4 Default ShadingのFunction

これを削除してゼロから作る例としては、図の様に「Substrate Slab BSDF」と「Substrate Metalness-To-DiffuseAlbedo-F0」ノードを作成して接続する方法が挙げられます。この場合はF90ピンにつないだ色が縁取られたマテリアルを作成できます。

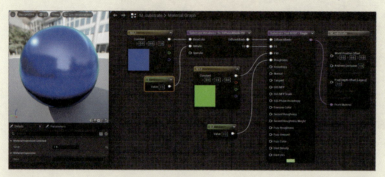

🔼 図4-2-71　Substrateマテリアルの作例

従来のマテリアルはSubstrateが設定されると同時に自動で変換されます。図はカフェ看板のマテリアルです。

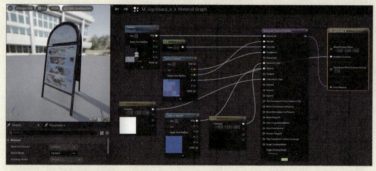

🔼 図4-2-72　Substrateに変換されたカフェ看板

詳しくは以下のドキュメントをご覧ください。

→ https://dev.epicgames.com/documentation/ja-jp/unreal-engine/substrate-materials-in-unreal-engine?application_version=5.5

点滅するマテリアルアニメーションの別の方法

前回はゆっくり明暗が変化するものでしたが、チカチカと点滅させたい場合、Pannerを使います。

以下の図のように白黒が半分のテクスチャをペイントツール等で作成します。

↑ 図4-2-73　白黒が半分のテクスチャ

PannerでUVを移動しますが、Timeの秒数を「Round」で四捨五入し、また「Floor」で整数化します。これによって、0→1→2→3…という変化になります。SpeedをMultiply0.5にすることで、テクスチャは0.5ずつ移動します。これでテクスチャの明暗で点滅表現ができます。Texcoordの値はU＝0.5、V＝1です。

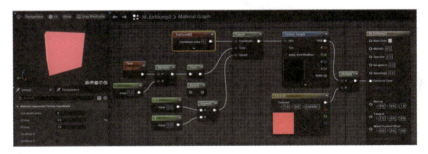

↑ 図4-2-74　Pannerで点滅

バイクのデジタルメータの文字が動く

以下のようなテクスチャを用意します。デジタル時計やデジタルメータの表示を作成します。

↑ 図4-2-75　デジタルメータのテクスチャ

10文字なので、U座標を0.1ずつ移動させる仕組みを作ります。ひとつ前の点滅するマテリアルアニメーションと同じで、UVの移動の量が小さいだけです。

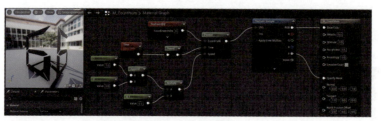

⬆ 図4-2-76　デジタルメータのアニメーション

⬆ 図4-2-77　バイクのデジタルメータ

> ☕ **Column** 水の表現とLandscape
>
> 　水の表現を極めたい場合、UE5には水の表現をする「Waterシステム」が存在します。詳細は割愛します。以下のドキュメントご覧ください。
>
> → https://dev.epicgames.com/documentation/ja-jp/unreal-engine/water-system-in-unreal-engine?application_version=5.5
>
> 　Waterシステムで作成した水は、地形作成システム「Landscape（ランドスケープ）」で作成した地形に接触すると、水面と地形の境界に起きるエフェクトを自動生成します。以下のドキュメントをご覧ください。
>
> → https://dev.epicgames.com/documentation/ja-jp/unreal-engine/creating-landscapes-in-unreal-engine?application_version=5.5

Section 4-3 Quixel Megascans の マテリアルを使う

4-3-1 | Fab の起動

ContentBrowserにある[Fab]ボタンをクリックするとFabが起動します。上にある検索フィードに「Quixel」と入力して、Enterします。

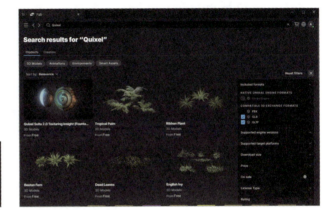

⬆ 図4-3-1　Fabの起動

[Creators]タブに切り替えて「Quixel」をクリックします。

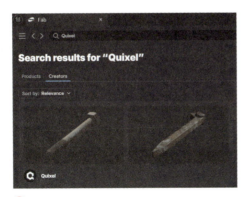

⬆ 図4-3-2　CreatorsからQuixelをクリック

すると図の様にQuixelのアセットの一覧が表示されます。QuixelMegaScansとはフォトグラメトリを使った高品質のアセット集で、これを使うことでUE5のコンテンツの質を向上することができます。

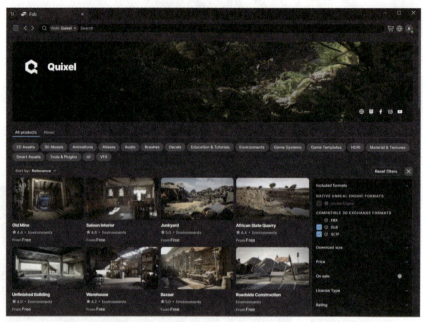

⬆ 図4-3-3　Quixelのリスト

Quixel Megascansのホームページは以下です。

→ https://quixel.com/megascans/home

注意　この本の執筆時には無料で入手できましたが、2024年末でそのサービスは終了し、有料コンテンツになります（一部無料のもの残っています）。

地面のマテリアル

「Material & Texture」ボタンをクリックすると、マテリアル一覧に切り替わります。更に上の検索項目に「Asphalt」や「Concreat」を入れると地面のマテリアルに絞り込まれます。

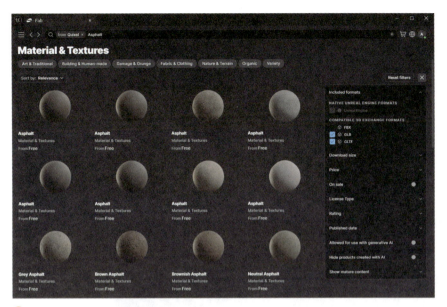

⬆ 図4-3-4 道路の素材の検索

欲しい質感を選んで、「Add to Project」をクリックするとダウンロードが開始します。

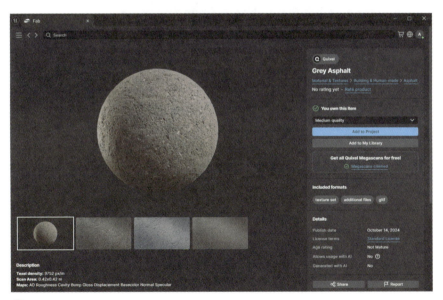

⬆ 図4-3-5 Add to Projectをクリック

図のようにマテリアル、テクスチャがインポートされます。

Section 4-3 　Quixel Megascansのマテリアルを使う　399

⬆ 図4-3-6　道路のテクスチャのインポート

以下は道路にMegascansマテリアルをアサインした状態です。

⬆ 図4-3-7　Megascansの道路のマテリアル

Decal

「Decal」ボタンをクリックすると、道路上の標識やセンターライン、傷、補修後、グラフィティなど様々なDecalが表示されます。

⬆ 図4-3-8　様々なDecal

STOPの道路ペイントとセンターラインを設定しました。

⬆ 図4-3-9　道路のDecalの設定

4-3-2 │ MegascansのStatic Mesh

MegascansにはStatic Meshのアセットも豊富です。「3D Model」ボタンをクリックします。ディティールの追加やプロップを増やすことでクオリティをアップできます。

ビルの壁面

ビル壁面にディティールを加えます。窓などもあるので、キットバッシングしても良いでしょう。

⬆ 図4-3-10　ビルの壁面

道路の縁石

オレンジ色の道路コーンや黄色い縁石もMegascansのアセットです。

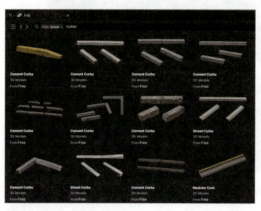

⬆ 図4-3-11　道路の縁石

植木

カフェのプランターなどに使える様々な種類があります。

⬆ 図4-3-12　プランターの植物

Megascansのアセットを配置して完成しました。

⬆ **図4-3-13**　カフェストリートの完成

　夜はプロップに合わせてライティングを再構築します。カフェのネオンサインをEmissiveで光らせます。

⬆ **図4-3-14**　カフェの街の夜の完成

Column　UE4のプロジェクトをUE5で活用する

　Fabには以下のようにUEのバージョンが4.24など古いものが販売されています。旧バージョンのプロジェクトにも良い参考例が多く、積極的に活用すべきです。

⬆ 図4-3-15　バージョンUE4.24のサンプルをUE5で使いたい

UE4のコンテンツ「Virtual Studio」

➡ https://www.fab.com/ja/listings/8b535ff2-39a5-4add-9c57-bf296c20a74e

　Fabを下にスクロールすると「サポートされているエンジンのバージョン」の記載があります。更に「詳細を表示＞」をクリックし、「互換性」タブを見て確認します。

⬆ 図4-3-16　バージョンの互換性の確認

　Fabから登録するとEpic Games Launcherからプロジェクトをダウンロードできます。その際にバージョンを選択することができます。
　「プロジェクトに追加する」場合もバージョンを変更することができます。

⬆ **図 4-3-17**　古いバージョン UE4 を UE5 で開く場合の警告

　もしも対応バージョンがない場合はプロジェクトのフォルダにある「〜.uproject」を右クリックして、「Switch Unreal Engine version...」を実行します。出てきたダイアログで、変更したいバージョンに切り替えた後、〜.uproject をダブルクリックして起動します。
　注意点として、バージョンを変えて起動すると元に戻せないことが多いので、プロジェクトをバックアップしてから行うことを推奨します。

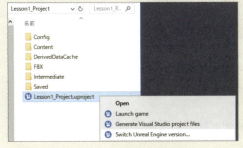

⬆ **図 4-3-18**　起動するバージョンの変更

　UE4 と UE5 では Lightmap と Lumen のレンダリングの違いがあります。ここでは Fab にある「リアルなレンダリング」を UE5 で開きました。Static なライトと Mesh で Lightmap を使っていて、UE4 に近い画質になっています。

⬆ 図4-3-19　UE4のプロジェクトをUE5で開くことができる

　Lumenをオンにすると、真っ暗になってしまいますがライトを全てMovableに変更することで以下のようになります。全く違うルックになってしまい、このまま使用するためには、調整が必要です。

⬆ 図4-3-20　Lumenをオンにすると画質が変わってしまう

「リアルなレンダリング」のダウンロード先は次のURLを参照してください。

→ https://www.fab.com/ja/listings/f10202b5-4039-49ef-bd66-71d7193aa73e

Chapter
5

ポストプロセスを使った
エフェクト

前章までの解説で、ライトとマテリアルの設定ができました。本章では画質をさらに向上させる機能の「Post Process（ポストプロセス）」を学んでいきます。静止画であればPhotoshopのような画像加工ツール、動画であればAfter Effectsのようなエフェクトツールが UE5ではリアルタイムで使用できると考えてください。

Section 5-1 Post Processの基本設定

5-1-1 カメラによる Post Process

前章までで完成した夜のレベルを開きます。ここに Post Process を設定して画質を調整していきます。

Outlinerからカメラを選択して「Details」を確認します。「Film Back」では「Canon」など実際のカメラ設定項目があり、「Sensor Width」と「Sensor Height」の設定でアスペクト比を決めます。他に「Focal Length（焦点距離）」、「Aperture（絞り）」などがあります。一眼レフカメラの操作経験があれば理解は容易でしょう。

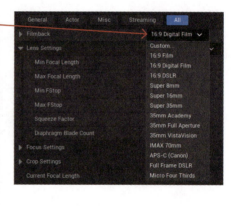

⬆ 図5-1-1　CameraのDetails

図は焦点距離を35mm、絞りを2.8にした状態です。表示は G キーを押した Game View の状態です。

🔺 図 5-1-2　Camera のレンズの調整

カメラの Details を下にスクロールすると「Post Process」の項目があります。これは 3 章で既に説明した、Exposure（露出）などカメラのエフェクトを設定する機能です。

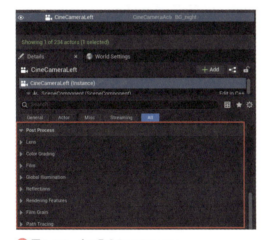

🔺 図 5-1-3　カメラの Post Process

Post Process から「Temperature」を探します。これはカメラの設定の色温度（ホワイトバランス）に当たります。デフォルトで無効になっているので、チェックを入れて有効にします。

⬆ 図 5-1-4　Post Process の Temperature

チェックを有効にして数値を変えると、図の様に色を変化させることができます。

⬆ 図 5-1-5　色温度の変更結果

☕Column　複数の Viewport

メニューから [Window] → [Viewports] → [Viewport2] を選びます。Viewportを4つまで作成可能です。

⬆ 図 5-1-6　Viewport を追加

このように複数のビューポートで個々のカメラの Post Process を確認できます。PC モニターを複数使用しているようでしたら、ビューポートを別モニターに移動すると便利です。

⬆ 図5-1-7　Viewport2を表示

5-1-2　Post Process Volume（ポストプロセスボリューム）の配置

カメラが複数ある場合、それぞれにPost Processを設定するのは大変です。そこでPost Process Volumeを使います。

Quickly Add to projectから「Visual Effects」の「Post Process Volume」を実行します。Game Viewのままだと表示されないので注意してください。

⬆ 図5-1-8　Quickly Add to projectからPost Process Volumeを選択

図のようにワイヤーフレームのボックスが表示されます。

⬆ 図5-1-9　Post Process Volume を配置

　ストリート全体を覆うようにスケールします。この空間（ボリューム）に入ったカメラはすべて同じPost Processのエフェクトが設定されます。今回は一つのボリュームですがインテリアデザインなどで使う場合には、部屋ごとに Post Process Volume を置いて設定を変えておくと、カメラがそこに移動した瞬間ポストエフェクトが自動で切り替わります。

　Post Process Volume の Details にカメラと同じ項目があります。先ほどの Temperature の数値を変更して、エフェクトの効果を確認してください。

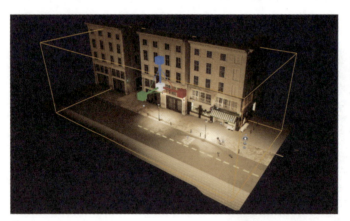

⬆ 図5-1-10　Post Process Volume でレベル全体を囲む

　Detailsの下にある、「Post Process Volume Setting」を下にスクロールして探します。その左の▼をクリックします。これはカメラには無い項目です。

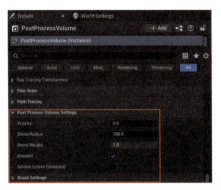

⬆ 図5-1-11　Post Process Volume Setting 設定

　これはPost Process Volumeの全体の設定をする項目です。図の「Enable」のチェックをオフにするとエフェクト全体の効果が無くなります。その上の「Blend Weight」は1が標準で、0に近づくと効果が薄れます。エフェクトが効いてるかどうか確認するときに使います。一番下の「Infinite Extent」はPost Process Volumeの大きさに関係なくレベル全体にエフェクトをかけます。「Build Radius」はエフェクトの効果が減していく距離です。

☕ Column　カメラに設定した Post Process が優先

　Post Process Volumeに入ったカメラはすべてに同じ設定になります。特定のカメラだけ別のエフェクトをかけたい場合はカメラのPost Processの設定をすれば、そちらを優先します。

Section 5-2 Post Processのエフェクト

5-2-1 レンズ系エフェクト Lens

レンズ・エフェクトの項目です。露出や眩しさ、フォーカス等の設定を行います。

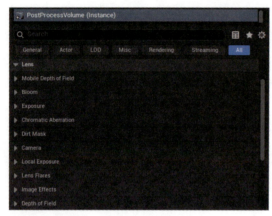

↑ 図5-2-1　レンズ・エフェクトの項目

Exposure（エクスポージャ）

　画像の露出を操作して明るさを決めます。UE5はデフォルト設定だと、ライトの明るさを変更しても自動で露出を調整してしまいます。「Min Brightness」と「Max Brightness」が露出の値の最大と最小を決めています。ここに同じ値を入れることで露出を固定できます。さらに「Exposure Compensation」で固定した後の補正が可能です。なお、Lit→［Game Settings］がオフだと効果がありませんので、必ず確認してください。

⬆ 図5-2-2　露出を固定

Local Exposure（ローカルエクスポージャ）

暗い個所だけを露出を補正します。引き締まった感じになります。

⬆ 図5-2-3　暗い個所を強調

Bloom（ブルーム）

ライトの眩しさを表現します。「Method」をオンにして、「Intensity」で明るさを決めます。

⬆ 図5-2-4　Bloomの眩しい光

Convolutionに変更すると、星形に光ります。形状はテクスチャで形状を変更可能です。

⬆ 図 5-2-5　Convolutionの光

Lens Flares（レンズフレア）

カメラレンズの特性で光が散乱するエフェクトを作ります。
「Intensity」で明るさ、「Boke Size」で散乱する大きさを決めます。

⬆ 図 5-2-6　光の散乱

カメラを移動するとエフェクトが変化し、効果がわかります。

⬆ 図 5-2-7　カメラ移動でフレアを確認

> ☕ **Column** Post Processの効果を一時的にオフにする
>
> Showメニューから特定のエフェクトをオン／オフできます。
>
>
>
> ⬆ 図5-2-8　Post Processの効果を一時的にオフ

5-2-2 ｜ カラー系エフェクト Color Grading

色を補正するエフェクトがColor Gradingです。

⬆ 図5-2-9　Color Grading

Temperature（テンパラチャー）

色温度のことでホワイトバランスを指すこともあります。白熱光・蛍光灯・天気などの光源による色の変化を決めます。「Tint」ではシアンとマゼンタの範囲を追加調整します。

⬆ 図5-2-10　TemperatureにTintを追加

Global（グローバル）

「Saturation（色相）」、「Contrast（コントラスト）」などを調整できます。RGBとHSVの切り替えが可能です。Global以外にも下にはShadow(影)の色相・コントラストなど様々な項目で色を調整できます。

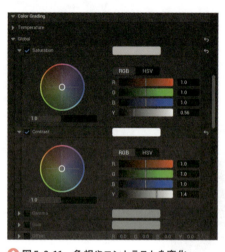

⬆ 図5-2-11　色相やコントラストを変化

Misc - Tone Curve Amount

Tone Mapping（トーン マッピング）による色の補正です。値を小さくするとEmissiveが白くなるのを調整できます。

⬆ 図5-2-12　トーン マッピングによる色の補正

Misc - Color Grading LUT

Look Up Table（色対応表）といわれる色の補正手段で、Photoshopと連携します。

⬆ 図5-2-13　LUTの設定

まず、「LUT Texture Example（LUTテクスチャの例）」Zipファイルを以下からダウンロードします。

⬆ 図5-2-14　LUTテクスチャのダウンロード

→ https://dev.epicgames.com/documentation/ja-jp/unreal-engine/using-look-up-tables-for-color-grading-in-unreal-engine?application_version=5.5

他のPost Processの色補正をすべてオフにします。Viewportを画面キャプチャし、Photoshopで開きます。さらにそこへLUTテクスチャをドラッグ＆ドロップしてレイヤーとして配置します。

⬆ 図5-2-15　Viewportを画面キャプチャして、Photoshopで開き、LUTを配置

調整レイヤーをいくつか設定して補正します。

⬆ 図5-2-16　調整レイヤーで色を補正

　LUTのレイヤーで「選択範囲を読み込む」を実行してからレイヤーを統合し、LUT部分だけをクリップボードにコピーします。新規作成し、クリップボードからペーストして加工したLUTをPNG形式で保存します。

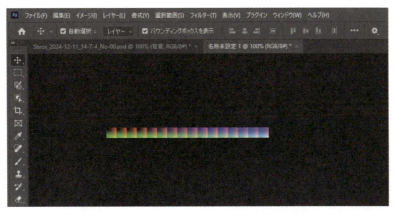

⬆ **図 5-2-17** 補正したLUTテクスチャを保存

UE5へインポートして、TextureエディタでLOD Groupを「ColorLookupTable」にして、sRGBのチェックをオフにします

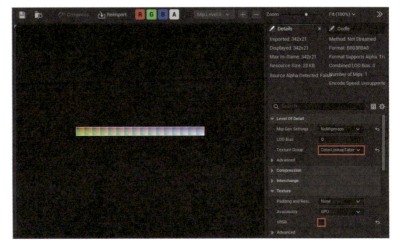

⬆ **図 5-2-18** Textureエディタで設定

Post ProcessのLUTにテクスチャを設定します。これでPhotoshopの操作で補正した通りにUE5側で色調が変更されます。

⬆ 図5-2-19　Post ProcessのLUTで色を補正

> ### ☕ Column　Color Grading
>
> メニューのWindow →［Color Grading］を実行すると、図のようにPostProcessVolumeやカメラの色の調整を一括で行うウインドウが表示され、とても便利です。
>
>
>
> ⬆ 図5-2-20　Color Gradingウインドウ

5-2-3 | その他エフェクト

Motion Blur（モーションブラー）

　モーションブラーとは物体やカメラが動くときに残像を出すエフェクトです。UE5のカメラにはデフォルトでモーションブラーの設定が有効になっています。ビジュアライゼーションで不要な場合は値をすべて0にすればオフになります。

⬆ 図5-2-21　Motion Blur

Lumen

LumenのGIの質などを変更します。

⬆ 図5-2-22　Lumenの設定

Lumen Scene Lighting Quality	数値を上げると高い精度で計算されます
Lumen Scene Detail	数値を上げると小さいメッシュの表示制度を上げます
Lumen Scene View Distance	レイトレーシングの計算距離を決めます。
Final Gather Quality	GIのノイズを軽減します。
Lumen Scene Lighting Update Speed	動的に変化するライトに追従する速度を向上させます。
Lumen Reflection - Quality	反射の品質を向上させます。
High Quality Translucency Reflections	ガラスなど半透明なものへ高品質な映り込みを計算します。
Skylight Leaking	完全に密閉された屋内空間などにもSkyLightの明るさを反映させることができます。

☕ Column その他の Post Process

ポストエフェクトは膨大なエフェクトが用意されています。しかしゲーム用のエフェクトも多く、本書では最低限の説明に留めています。さらに詳しく知りたい場合は公式マニュアルをご覧ください。

例えば、「Post Process Material（ポストプロセスマテリアル）を使うとセルシェーダー（アニメ調）の表現など可能です。また、8章のMovie Render Queueで要素別レンダリングする場合に活用することができます。

⬆ 図 5-2-23　Post Process のマニュアル

➡ https://dev.epicgames.com/documentation/ja-jp/unreal-engine/post-process-effects-in-unreal-engine?application_version=5.5

5-2-4 │ Cine CameraによるDOF

DOF（Depth of Field）とは被写界深度のことでカメラのピントが合う範囲のことです。この範囲の外になるといわゆる「ピンぼけ」になります。この効果もUE5のPost ProcessのLensの項目で設定可能です。この効果の設定は、少し難易度が高く、一般的には調整に時間がかかります。PostProcessのDOFについては以下のドキュメントをご覧ください。

→ https://dev.epicgames.com/documentation/ja-jp/unreal-engine/cinematic-depth-of-field-in-unreal-engine?application_version=5.5

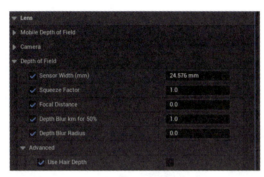

⬆ 図5-2-24　Post ProcessのDOF

迅速にビジュアライゼーションする場合Cine CameraのDOFを使うことをお勧めします。まず、Cine CameraのDetailsの「Focus Setting」を開きます。

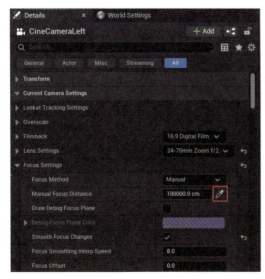

⬆ 図5-2-25　Focus Setting

「Manual Focus Distance」のスポイトをクリックし、Viewportのオフロードバイクをクリックして、カメラからの距離を計測します。

⬆ 図5-2-26　カメラからの距離を計測

「Manual Focus Distance」に数値が自動で記入されます。この値はカメラからクリックした位置までの距離になります。この数値の上でマウスを動かすとフォーカスが変化します。「Draw Debug Focus Plane」のチェックを入れると、その下の設定したカラーの板が表示され、現在のピントが合っている位置が判ります。

⬆ 図5-2-27　DOFの効果がかかる範囲を確認

DOFの効果がわかりにくい場合は、その下にある「Current Aperture」の絞り値を大きくしてみてください。Current Focal Lengthが小さいと広角レンズになるので、遠くまでピントがあってしまいます。50mm以上で試してみましょう。

⬆ 図5-2-28　ピンボケの設定

ピンぼけをしたくない場合はFocus Methodを「Disable」に設定すれば可能です。

Chapter 6

Path Tracerと
レンダリングの基礎

Lumenは主にリアルタイムコンテンツ全般（ゲーム、シミュレーション、コンフィギュレータ、XR）に利用します。Lumenでの映像制作も可能ですが、より高画質を求める場合にはPath Tracerを使うというのが基本的な制作手法です。計算時間は増えますがプリレンダリングに近い、より高品質なレンダリングが可能です。

Section 6-1 Path Tracerの設定

6-1-1 | Unreal Engine 4のプロジェクトを活用する

本章では以下のFabにある、Lightmapで作成された「Realtime Archviz AssetPack - Bistro Restaurant Scene」コンテンツを作成します。ダウンロードして、プロジェクトを開いてください。

⬆ 図6-1-1 　Realtime Archviz AssetPack - Bistro Restaurant Scene

→ https://www.fab.com/ja/listings/e9295245-0d2c-4532-b13f-83c8fc80e4b1

⬆ 図6-1-2　Epic Games Launcher の Fab ライブラリからプロジェクトを作成する

> ☕**Column** プラグインが無い場合のエラー
>
> 　このプロジェクトを開こうとすると以下の図のようなエラーが表示されることがあります。これは古いプロジェクトで使われていたプラグインが現在は無い場合に表示されます。基本的に無視して良いことが多いので「Yes」をクリックしてください。
>
>
>
> ⬆ 図6-1-3　プラグインが無い場合のエラー
>
> 　また、図のような警告も出ることがあります。Fabに登録されているプロジェクト名が20文字を超えている場合です。P41の方法でプロジェクトを複製して名前を短く変更すると良いでしょう。
>
>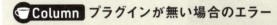
>
> ⬆ 図6-1-4　プロジェクト名が長すぎる警告

Lightmassレンダリングの変更

Lightmassで間接光を屋内に取り組む「LightmassProbe」と、ラスタライズの反射を設定する「ReflectionCapture」は削除します。

🔼 図6-1-5　Lightmassのためのアクタを削除

Lightの設定をMovableに変更します。[Window]→[LightMixer]を起動します。表の項目の箇所を右クリックして、「Mobility」のチェックを入れます。

すると表にMobilityが追加されるので、Shiftキーで全部の行を選択して、[Static]を[Mobility]に変更します。

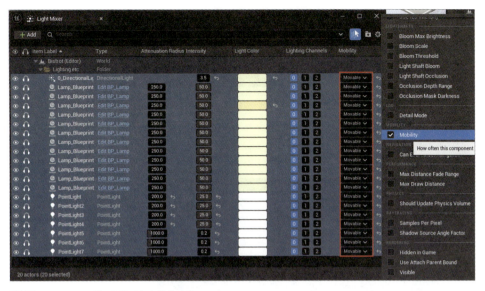

⬆ 図6-1-6 ペンダントライトを光らせる

[Setting]→[World Settings]からForce No Precomputed Lightingを一度オンにします。表示されるダイアログの「OK」をクリックすることでライトマップは削除されます。

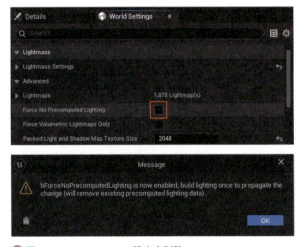

⬆ 図6-1-7 Lightmassの設定を削除

Project SettingsからLumenの設定に切り替えます。また、「Support Hardware Ray Tracing」のチェックをオンにします。するとその下の「Path Tracing」のチェックも自動で入ることを確認します。

ここでUE5を一旦再起動します。

⬆ 図6-1-8　各種Lumenの設定

更に、Post Process Volumeの設定もLumenの設定になっているのを確認します。

また、UE4のプロジェクトなので明るさが違うので、Exposureなどを調整しておきます。

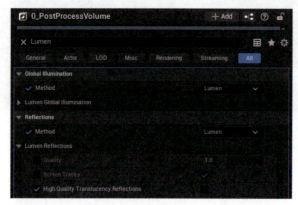

⬆ 図6-1-9　Post Processを変更する

6-1-2 | スクリーンショットの撮影

リアルタイムレンダリングの静止画撮影はスクリーンショットから行います。Viewport OptionからImmersive Modeでフル画面とGame View表示にします。再度Viewport Optionから「High Resolution Screenshot」を実行します。

⬆ 図6-1-10　スクリーンショットする画面

> F11 キー（フル画面）
>
> G キー（Game View 表示）

⬆ 図6-1-11　High Resolution Screenshot

　「Capture」を実行すると、画面右下に完了のダイアログが表示され、リンクをクリックすると、プロジェクトフォルダの Saved¥Screenshots¥WindowsEditor に PNG 画像が生成されています。

⬆ 図6-1-12　High Resolution Screenshot の結果

⬆ 図6-1-13　ScreenshotしたLumenのレンダリング

以下のチェックを入れて再度「Capture」を実行します。

Screenshot size Multiplier	キャプチャ画像サイズを数倍にします。
Include Buffer Visualization Targets	G-Buffer内のパスをエクスポートします。
Write HDR Visualization Targets	16ビット カラー深度(HDR)のEXR形式でエクスポートします。
Force 128-bit buffers for rendering pipeline	128bppレンダリングをします。

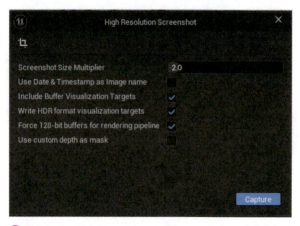

⬆ 図6-1-14　High Resolution Screenshotのチェックを入れる

以下の様に大量の画像が生成されます。図はBaseColor.exrとSceneDepth.exrを開いた状態です。

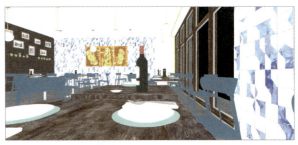

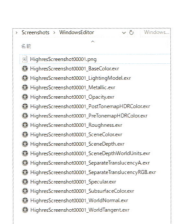

⬆ **図6-1-15　GBuffer内のパスのエクスポート**

　ViewportのLitからBuffer Visualization Overviewを実行します。その下の要素を選んでも構いません。次の図のように表示されます。

⬆ **図6-1-16　Buffer Visualization Overview**

Section 6-1　Path Tracerの設定　**435**

これをG-Buffer（Gバッファ）と呼びます。UE5は各レイヤーを1枚ずつGPUで生成し、その後に合成してリアルタイムでViewport表示しています。前章のPostProcessはこのバッファそれぞれにエフェクトをかけています。これをDeferred Rendering（ディファードレンダリング）と呼びます。先ほどの多くのファイルはこれらを書き出したものです。

「〜BaseColor.exr」はMaterialエディタで設定したBaseColorだけの画像です。Roughness、Metallic、Emissiveなどもあります。SceneDepthはデプス情報をグレースケールで表示しています。AfterEffectsやNukeなどのコンポジットツールで活用すれば様々な映像デザインに生かすことができます。

> **Column　EXR画像の確認**
>
> EXR形式の画像を確認するには、「DJV」というフリーソフトをお勧めします。レイヤーの確認や連番ファイルを動画再生も可能です。
>
> → https://darbyjohnston.github.io/DJV/

画面より大きな画像をスクリーンショットしたい場合は、画面下の「Cmd」に以下のコマンドをキーボードから入力します。

```
HighResShot 3840x2160
```

⬆ 図6-1-17　Cmdにコマンドを入力

指定した解像度でスクリーンショットの収録ができます。

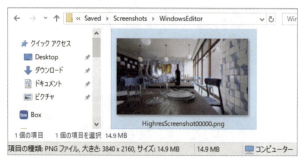

⬆ 図6-1-18　4K解像度のスクリーンショット

6-1-3 | Path Tracerの設定

Path Tracerレンダリングの対応スペック

Windows10アップデート1809以降でNVIDIA RTXのDXR ドライバに対応するGPUカードが必要です。

Project Settings

Project Settingsを下にスクロールして、「Platforms」の「Windows」項目から、「D3D12 Target Shader Formats」の「SM6」のチェックを入れます。
また、「Targeted RHIs」の設定を「DirectX 12」に変更します。
ここで、UE5を再起動します。

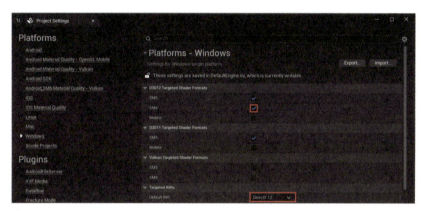

↑ 図6-1-19　PlatformsでDirectX 12の設定をする

Denoiser（デノイザー）プラグインがオンであることを確認します。これはパストレーシングのレンダリングの最後にAIを使ったノイズ除去を行うものです。これを切り替えると画質や計算時間の短縮などの変化が出ます。状況に合わせて切り替えます。

↑ 図6-1-20　Denoiserプラグイン

Column UE5のバージョンアップとドライバ

以下のように、Epic Game Launcherの起動アイコンに（i）の表示が出る場合があります（ライブラリの右側に丸アイコンも出ます）。これは新バージョンがリリースされた際に表示されます。これをクリックするとアップデートできます。5.5.2など最後の「.2」数値の違いがあっても基本的に互換性は保たれる場合が多いです。

⬆ 図6-1-21　アップデートの表示

下にある「インストール済プラグイン」をクリックすると、プラグインのアップデートや削除の操作が可能です。

⬆ 図6-1-22　プラグインのアップデート

UE5を起動すると、以下のように警告が出る場合があります。これはグラフィックスボードのドライバをアップデートすることを要求しています。UE5はドライバが古いと、動作に不具合を起こす場合があります。UE5と並行してアップデートをお勧めします。

⬆ 図6-1-23　ドライバをアップデート

Post Process Volume の設定

以下の Path Tracer の各項目を設定します。

Max. Bounces	ライトのバウンス回数を設定します。
Samples Per Pixel	サンプリング数を設定してノイズを減らします。大きいほど高画質になります。
Max path Intensity	光のパスの強度で、大きくすると明るくなります。
Reference Depth of Field	被写界深度 (DOF) をオンにします。
Denoiser	プラグインにより、ノイズを軽減します。
Lighting Components	特定のライトパスを無効にして画質に変化を出すことができます。

⬆ 図6-1-24　Path Tracer の設定

Exposure 調整

Lumen と Path Tracer で露出が変わるので PostProcess で調整が必要です。

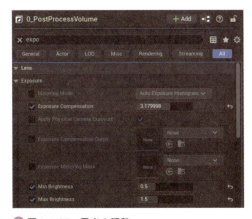

⬆ 図6-1-25　露出の調整

Section 6-1　Path Tracer の設定　439

パストレーサーについて各種設定の詳細は以下のドキュメントも参考にしてください。パストレーサーが何に対応しているか、などの情報も記載されています。

→https://dev.epicgames.com/documentation/ja-jp/unreal-engine/path-tracer-in-unreal-engine?application_version=5.5

Path Tracerのレンダリング開始

ViewportのLitから「Path Tracing」に表示を切り替えます。

⬆図6-1-26　Path Tracerのレンダリング開始

　画面が徐々にノイズが軽減されていきます。変化がない場合、Viewport OptionのRealtime設定を確認します。この計算中にPost Processのパラメータを変更すれば、即反映されます。画面の中央下にレンダリングの経過が見えるプログレスバーが表示され、右まで伸びればレンダリング終了になります。

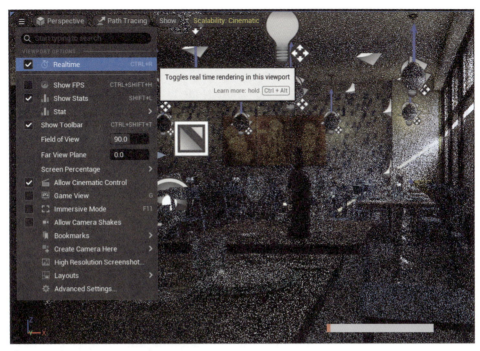

↑ 図6-1-27　Realtime設定を確認

　しばらく待つとノイズがなくなり、レンダリングが完了します。この状態でViewport OptionからHigh Resolution ScreenShotで画像を保存できます。

↑ 図6-1-28　レンダリングが完了

6-1-4 応用

NaniteをPath Tracerに対応させる

コンソール変数で「r.RayTracing.Nanite.Mode 1」を入力することで対応できるようになります。

↑ 図6-1-29　コンソール変数の入力

↑ 図6-1-30　Naniteでパストレーサー（半透明のものはNanite非対応）

Column Console variable editor

パストレーサーのドキュメントを見ると、コンソール変数によってのみ設定されるものがあります。

例えば、「r.PathTracing.ApproximateCaustics 1」を入力すると、コースティクスのノイズを低減できます。

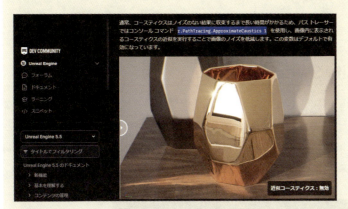

▲ 図6-1-31　コンソール変数についてのドキュメント

Cmdの欄へ毎回コマンドを毎回入れるのは効率が良くありません。そこでConsole variable editorで実行するコマンドを登録することが可能です。まず、プラグインをオンにします。Windowメニューから「Console variable」を起動します。

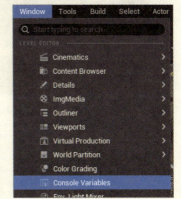

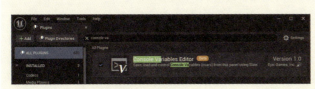

▲ 図6-1-32　Console variableのプラグイン

「＋Console variable」をクリックして、コンソール変数を入力すると、GUI上でリアルタイムに設定を変更できます。Naniteのメッシュをパストレーサーでレンダリングするコマンドもここに登録しておきます。この設定は「Presets」をクリックで保存して共有可能です。

↑ 図6-1-33　Console variableのプラグイン

Path Tracing Quality Switch Replace

　LumenとPath Tracingでは、レンダリングの仕組みが違うのでMaterialも同じ表現にならない場合があります。その場合、Path Tracing Quality Switch Replaceで切り替えることが可能です。Path Tracing Ray Type Switchはシャドウ、間接スペキュラ、ボリューム、間接ディフューズなどをパストレーサーでのレンダリングの際に置き換えることができます。

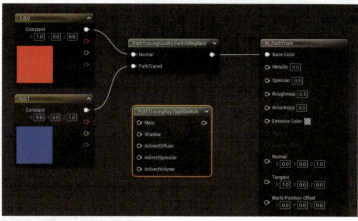

↑ 図6-1-34　Path Tracing Quality Switch Replace

色吸収ガラス

　メインのノードでガラスの設定をおこない、別の「Absorption Medium」というノードを作成して図のように接続すると濃い色の付いたガラスのようにレンダリングできます。

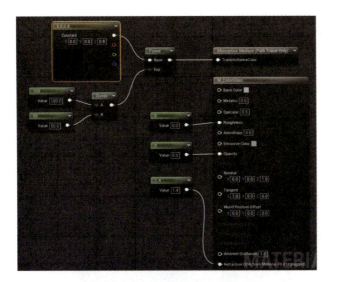

⬆ 図6-1-35　色吸収ガラスのパストレーサー

☕ Column

　Fabの「教育・チュートリアル」のサンプルプロジェクトである自動車コンフィグレータがPath Tracerに対応しています。またPost Process設定の確認には良い教材です。車を差し替えれば別の製品のビジュアライズに活用できます。

🔼 図6-1-36　Fabの自動車コンフィグレータ

➡ https://www.fab.com/ja/listings/211f69e6-e091-42cd-90ba-8f3b9ffa72a1

Chapter
7

ライティングのテクニックや
レベル設定

前章までの操作でビジュアライゼーションに必要なUE5のおおよその機能を理解できたと思います。さらにしっかりとしたクオリティを出すためのライティングやカメラアングルなどの手法を学びます。

Section 7-1 車の見せ方

7-1-1 車モデルと視野角

前章まではオフロードバイクの作例でしたが、付録のスポーツカーをカフェストリートに配置して実習していきます。

↑図7-1-1　スポーツカーを街に配置

　　Viewport Optionsの「Field of view（視野角）」を46くらいに設定します。標準レンズに近いパースになります。Screen Percentageを200にすることで、UE内部で縦横2倍にレンダリングして、それをViewport上で1/2にします。描画負荷は増えますがアンチエイリアスの質を上げることが可能です。

⬆ **図7-1-2** FOVの調整とScreen Percentageを200に設定

7-1-2 どのような世界観を構築するか

車に関わる映像制作コンテンツとして実際の市販車プロモーションやマーケティングとゲームやムービーなどのエンターテイメントの二分野に大きく分けることができます。それぞれユーザーやクライアントが異なるため、被写体（車）に求められる要素も大きく異なります。

❖ **市販車のプロモーション**
  ◆ 消費者に対して商品がどれだけ魅力かアピールすることが重要
  ◆ 例：高級感、完成度、操作性、機能など

❖ **エンターテイメント分野**
  ◆ 車を取り巻く世界観やコンテンツの表現が要求される
  ◆ 例：迫力、娯楽感など

本書の作品コンセプトは、夜の街に佇むスポーツカーなので、アグレッシブでスリリングなイメージを強調するソリッドな世界観の構築を目指します。

7-1-3 モデルを配置する

タイヤの向き

車のBlueprintエディタを開き、タイヤの向きを左20度回転します。車のデザインでボディと共に強調したいポイントがホイールです。ホイールをアピールするために回転して調整します。また斜めにすることで停止していながらでも動きを表現することができます。注意点は実際の車ではできない調整を加えると、プロダクト表現として誤ってしまいます。

⬆ 図7-1-3　タイヤの角度を変更

　ほとんどの車の場合、挙動を表現できる唯一のパーツがタイヤホイールを動かすステアリングです。オートバイのように、車体を傾ける人間の動きやハンドル操作をダイレクトに表現できるわけではありません。特にアグレッシブさや、レーシーさを表現する場合タイヤホイール角度の変更はとても有効です。

車体の角度

同じく、Blueprintエディタで全体をZ=20度回転して、道路に沿っていない角度にします。

⬆ 図7-1-4　車体の角度を変更

車高の設定

　車高の設定も重要です。乗車人数が多い場合やレース用サスペンションの設定を想定した場合など、タイヤに対してボディが下がります。

　またレースカーなどは空力を追求する関係でほとんどの場合タイヤとボディのスペースが極めてタイトになっています。市販車の場合でもレーシーなイメージを優先する場合や、カスタム・カーや走行性能をアップさせる市場などでは車高を下げることはポピュラーです。

　3DCGでもそうした実際の車で行われている事例を反映することで、より深いデザイン観を追求することができます。

　図のように、カメラから見える前輪・後輪は僅かに上（Z方向）に移動します。

⬆ 図7-1-5　タイヤを移動し、車高を変更する

　この状態だとタイヤが地面から浮いてしまうので、車体全体を少し移動や回転をさせて、地面に接地するように調整します。

⬆ 図7-1-6　車体を傾け地面に接地させる

Section 7-2 ライティング

7-2-1 車のライティング

ライティングの考え方

　車のライティングの基本的な考え方として一番重要なのは、当然ですが、車のデザインを魅力的に見せることです。

　車は非常に多くのパーツとマテリアルで構成された複雑で高額なプロダクトです。パーツ一つ一つに確固とした機能とデザインを与えられ、それらが組み合うことで1台の車が成り立っています。

　そのような複雑なプロダクトである車をライティングする場合には、まず全体のデザインが美しく正確に見えることが基本です。その上で各パーツの素材感やデザインとして重要なポイントを強調することが求められます。

　それを踏まえた上で、シーンに合わせ背景に馴染ませていきます。ただ今回のようにイメージ優先であれば、多少車のデザインを抑えて、環境をアップさせるライティングに設定することも可能です。

　制作するビジュアルが車だけなのか、または車を取り巻くシーンを含めたイメージなのかでライティングも大きく変わってきます。

夜のライティング

　夜の場合のライティングは基本的には暗闇に車が溶け込まないように、シルエットがはっきり見えるように設定します。

　まず、以下の図は何もライトがない状態です。街灯をレイヤーでオフにし、HDRI Backdropを暗くします。また、Exposureを調整しています。

　光が当たっているように見えるのは、周りの風景の反射です。

⬆ 図7-2-1　ライト無しの状態

　そこで次の図のようにライトを配置します。まず車の上の赤い矩形は大きなRect Lightで、車全体を照らします。右の2つの赤い丸はPoint lightでボンネットのシルエットとサイドミラーにアクセントをつけています。左側の赤い丸は前後の車輪の間にあるプレスのエッジ面を照らしてデザインを強調しています。

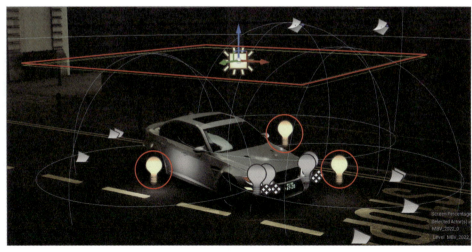

⬆ 図7-2-2　シルエットとボディエッジを強調するライト

⬆ 図7-2-3　ここまでのライティングの結果1

　次の図は赤いラインの矩形部分に、細長いRect lightを置いています。フロントガラスに直線光のハイライトを入れ、表情にアクセントをつけました。
　実際の撮影では「キノフロ」と呼ばれる長い蛍光灯を置きますが、現実では設置が難しい場所にライティングをすることがCGの大きなメリットです。

⬆ 図7-2-4　キノフロでボディライン強調

454　Chapter 7　ライティングのテクニックやレベル設定

⬆ 図7-2-5　ここまでのライティングの結果2

　最後に赤い矩形で示した、前後のタイヤの位置にRect lightを配置してホイールを強調します。Rect lightは四角い映り込みが出るのを避ける場合、Point Lightでも構いません。
　また、車のライトの下に2つのPoint Lightを置いてバンパーを強調します。さらにエンブレムにも1つ置き、アクセントをつけています。加えて車の後方に1つ置き、テール部分の輪郭を強調しています。

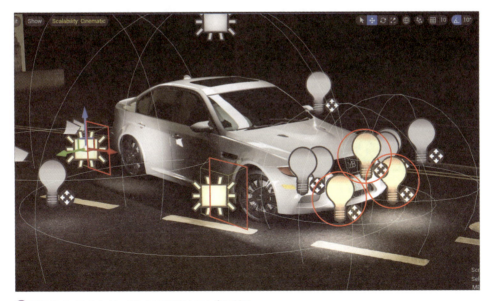

⬆ 図7-2-6　Point・Rect lightでアクセントをつける

Section 7-2　ライティング

⬆ 図7-2-7　ここまでのライティングの結果3

　全てのライトをつけ、微調整した状態は次の図のようになります。ホイールのライトが地面に当たっているのが気になる場合、Light Channel（第3章P313を参照）を使うことで外すことができます。

⬆ 図7-2-8　夜のライティングの最終的な仕上がり

7-2-2 | 太陽光の特性や注意点

昼間のライティング

　昼間のライティングは太陽光1つです。注意点は図のように夏の正午あたりのような真上方向からの太陽は避けるべきということです。できれば冬の早朝のような斜めのライトを推奨します。

また、車のシルエットを壊してしまうので、建物などの大きな影が車の上にかかるような時間と場所には注意が必要です。

⬆ 図7-2-9　昼間のライティング

　次の図は夕方の斜めからのライティングです。太陽の角度が下がってくると光に強い色が付いてくるので、ボディカラーとの兼ね合いは注意が必要です。正しいボディカラーで表示されない場合、消費者の誤解を生んでしまう可能性があります。

　また、影の黒とタイヤの黒が同じ濃さではないので、路面との接地感をしっかり表現する必要があります。

⬆ 図7-2-10　夕方のライティング

太陽光の注意点

　　夜のライティングやスタジオライティングは、光源がいくつもある複雑なバランスの上に成り立っていますが、昼間の屋外シーンは基本的には太陽光の強力な1点の光源となります。

　　太陽の光はスタジオライトに比べて猛烈に強いので、3DCG上でアウトドアのイメージを演出するなどの場合は、そのあたりを考慮してライティングを設定するといいでしょう。
　　影も雲によってディフューズ(拡散)されていない、輪郭がはっきりした硬い影になります。
　　ただし実際のロケ現場でも、南中高度が高い夏の太陽位置は基本的に避けます。スタジオのライティングでも光源が真上にある場合、車が立体的に見えなくなります。特別にその効果を狙うとき以外は基本的には冬の太陽を想定して斜め上あたりからの設定の方が形状をはっきり出すことができます。
　　太陽に対して順光なのか逆光なのかも重要です。前述のとおり太陽光は大変強力なので、順光にセットすると車が平板に見えてしまいます。逆光は車の重要な部分が暗くなってしまうので、実際に撮影する場合は半逆光や反順光など車に対して斜めの光を設定する場合が比較的多いのです。また、影になっている面を起こすためにレフ板や白板を使う場合や、補助のライトを設置することもあります。

色温度

　　外光はスタジオと違い、時間により色温度が常に変化します。車のボディカラーはメーカーにとって非常に重要な要素であるため、映像などでは忠実に再現することを要求されます。外のシーンは色温度が大きく変化するため、この点に注意が必要です。
　　(色温度の調整はPost ProcessのTemperature)
　　実際の撮影でも爽やかな昼光を表現するために黄や青を強調したり、夕景のエモーショナルなシーンを演出させるためにオレンジを強調することもあります。
　　UE5はリアルタイムで光源と被写体の関係が確認できるので、色々な場面を想定して実際にライトを動かしてみることできるのが大きな強みです。
　　人工的なスタジオライティング設定でも太陽光のロケ現場設定でも、その特性を活かしてボーダーレスに、直感的にライティングを行える強力なツールです。

Section 7-3 撮影の構図

7-3-1 構図を考えるための基礎知識

カメラの高さ

　ライティング同様カメラアングルもその車の個性や用途に合わせて設定することになります。

　車の撮影アングルはサイドが7、フロントが3の比率になる「シチサン」が基準になります。

⬆ 図7-3-1 「シチサン」のカメラアングル

　ここをスタートに車の特性や個性に合わせて最適なアングルを探ります。

⬆ 図7-3-2 「8：2～9：1」のカメラアングルに調整

　カメラの高さについてはアイレベル（高さ1.5m前後）が制作側とユーザー側の客観的な基準点になります。また一般的にカメラを低く構え、アングルをあおるとスポーティーでアグレッシブなイメージになります。

⬆ 図7-3-3 俯瞰で撮影

　俯瞰（上から撮る）は現実の撮影ではコストと危険性が高いので敬遠されがちです。
　ただし突き詰められた空力性能や妥協のないデザインのスポーツカーではポピュラーな表現の1つです。3DCGは現実のコストやリスクに縛られた撮影から映像表現を解放するツールなので、そのメリットを発揮するために様々なアングルを積極的に提案することも可能です。

焦点距離

　カメラの焦点距離は広角だと車がゆがむので、カーデザイナーは難色を示す場合があります。広角レンズで大胆な表現にすることもありますが稀です。
　基本は形状が崩れない程度にパース感が出る35〜50mm程度(35mmフィルムカメラ換算)のレンズ設定を使います。

⬆ 図7-3-4　50mmでの撮影

⬆ 図7-3-5　35mmでの撮影

　300mmなどの望遠レンズを使うのはクラシックなスポーツカー撮影の手法です。パースがほとんど認知できないイメージを撮影します。

⬆ 図7-3-6　300mmでの撮影

焦点距離の選び方

　　レンズ（焦点距離）の選択の基準は、街中やショールームなどで車を見るのと同じく2〜3m程度離れた距離が基本です。カメラのレンズは人間の目と違いレンズ特性が出るので、そのゆがみにより車体がデフォルメされないことも重要です。焦点距離を短くすると迫力は出ますが車の両端が小さくなってしまい、ずんぐりしたように見えてしまいます。

　　ただし、それを逆手に取りレンズ効果を極端に用いて新鮮でアグレッシブなビジュアルを演出することもテクニックの1つです。特にエンターテインメント性が高いビジュアルを狙う場合はオーソドックスなカメラ設定より極端で印象が残ることを重要視します。

フレーミング

　　カメラのフレーミングはスチール（静止画）用途とムービー（動画）用途で大きく変わります。

　　一般的にムービーの場合は現在16:9で使用される場合がほとんどですが、スチールの場合は媒体が多様なのである程度トリミングの余地（余白）を残すことが重要です。

　　基本的な用途はA4カタログやそれに準じた雑誌媒体やポスターになるので、カメラのファインダーに近い3:2でフレーミングすることになります。ただし使用用途がカタログなど冊子ものを基本とする場合、車の重要な部分がページの境界（見開きページの中央など）にかからないように注意します。

　　以下はあまり良くない例です。エンブレムがセンター中央にかかっている。また余白を切り詰めすぎてトリミングができない状態になっています。

⬆ 図7-3-7　フレーミングの良くない例

　以下は比較すると良い例です。余白を十分に取り、エンブレムやライトなど重要なパーツを中央にかからない様に配置します。

⬆ 図7-3-8　フレーミングの良い例

7-3-2 | 構図の考え方

コンセプトを外さない

　全てのビジュアルに共通することですが、情報の受け手に対して最大限アピールする（刺さる）ことが重要になります。

　個性的な車をエンターテインメント色の強いコンテンツで見せるためにビジュアル制作するとき、ノーマルな設定にして凡庸に見せては受け手に響きません。逆もまた然りです。

　もちろん発注側の意図を無視したり誤解することは論外です。

基本はアナログ撮影

　UE5は自由度が非常に高く、多様な条件を瞬時に提案できる非常に強力なツールです。

　ただし、ある程度基準になるプリセットが用意されていないと、ジャッジする側もあまりに表現が自由すぎると判断できなくなる恐れがありますので、作り手側も車としての基本要素と基準を深く学習する必要があります。

　車は1箇所に留まるプロダクトではないので、多くのシーンを事前に想定する必要があり、またカメラワークも多彩です。作り手側はその多くの条件を想定するイメージに合わせて適切に選択する必要があります。

　3DCG、特にUE5はアナログ撮影の足かせになってきたネガティブ条件をほとんどクリアしてしまうツールですが、基本はアナログ撮影で作ってきたシーンを3DCG上で再構築することから始まります。

参考資料を集める

　現在はインターネット上にこれまで作られた多様なビジュアルを見つけることができます。Webサイトでは「Response」などが良いでしょう。多くの車種ごとに魅力的な写真があります。

→https://response.jp/category/car/

　プロモーションであればメーカーサイトや情報サイト、エンターテイメントであれば映画やゲームなどを参考にします。スチールは特に一枚のビジュアルに全ての答えが出ているので、まず目標になるビジュアルに近いイメージをネットから探してみましょう。

　そしてそのビジュアルがどのようなアングルなのか、カメラ設定なのか、光源なのか、さらに何がカッコイイのかなど、設定や感覚的なイメージを読み取り、分析することが一番の近道になるでしょう。

　基本に忠実であり、ビジュアル分析を怠らず、アナログの縛りを超えたCGならではの自由なイメージをUE5で構築することが、次世代のビジュアライゼーションの基礎になるでしょう。

Chapter
8

動画作成とエフェクト

本章ではSequencer Editor（シーケンサー）を使ってアニメーションを編集し、リアルタイムに動画作成をすることを学びます。カメラやメッシュの移動、回転だけでなく、ライトやマテリアル、ポストプロセスをアニメーションすることも可能です。通常のビデオ編集と異なり、動画を編集するのではなく、タイムライン上でカメラやオブジェクトの移動を編集（設定）、その情報に基づいてUE5がリアルタイムに映像を生成します。この映像をキャプチャして動画を制作する流れを学びます。

Section 8-1 シーケンサーの使い方の基礎

8-1-1 | Sequencer Editor の起動

5章で完成したレベルからアニメーションを設定していきます。カメラアニメーションをつけていくので、カメラから見切れないようにストリートの反対側にも建物を配置します。

⬆ 図8-1-1　5章のレベルから開始。反対側にもビルを配置

ツールバーから [Add Level Sequence] を選択します。

⬆ 図8-1-2　Add Level Sequence

Sequencer（シーケンサー）のアセットの保存名を決めて [Save] します。

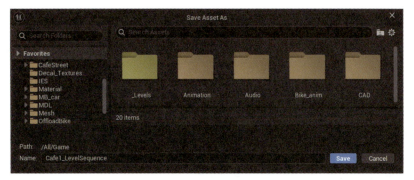

🔼 図8-1-3　Sequencerのアセットの保存

新しいウィンドウが起動します。これがSequencer Editorです。

このウィンドウでアニメーションを編集し、動画を作成します。ウィンドウのタブをドラッグ＆ドロップして、ContentBrowserの横に並べて配置するのが一般的です。

🔼 図8-1-4　Sequencer起動

☕Column Add Level Sequence with Shot

　Sequencerを起動するメニューの2行目にあるコマンドです。これを実行すると以下の画面が出てきます。

⬆ 図8-1-5　Add Level Sequence with Shot の起動

　これは事前に映像の長さの秒数（Default Duration）とカット数（Number of Shots）が決まっている場合には、こちらを使う方が便利です。

　CineCameraをOutlinerで選択して、「＋Track」をクリック→［Actor To Sequencer］でAdd 'CineCameraActor' を選びます。

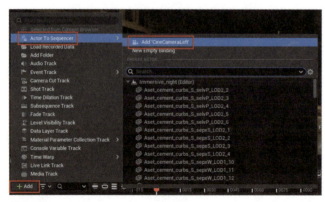

⬆ 図8-1-6　Sequencerにカメラを追加

Sequencer Editor のユーザーインターフェイス

以下のような UI 構成になっています。

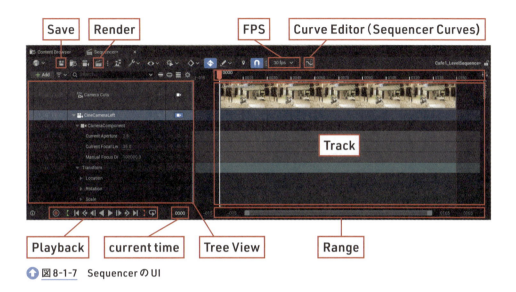

⬆ 図 8-1-7　Sequencer の UI

❖Save

Sequencer の設定を保存します。レベルやアセットの保存はしないので注意が必要です。

❖Tree View

アニメーションのアクタと要素を階層構造で表示します。アニメーション設定も行います。

❖Current time

現在の時間を表示します。数字をクリックするとキー入力で指定のフレームに移動できます。

❖Play Back

アニメーションの再生、逆再生などコントロールします。

❖FPS

動画のフレームレートです。UE5のデフォルト値は30fpsです。あとから変更可能です。

❖Range

左右の数字が表示フレームの開始と終了です。右の数字でアニメーションの長さを決めます。

Track

アニメーションのキーフレームなどの情報を表示します。一番上は動画のサムネイルが表示されます。左にある緑のラインが開始フレーム、右の赤いラインが終了フレームになります。

Timeline

フレーム数を表示します。ここの赤いホームベースのようなアイコン（タイムスライダ）をドラッグすれば時間を移動できます。

Curve Editor (Sequencer Curves)

アニメーションのカーブを編集する際に別のエディタを起動します。

Render

ビデオファイルや連番ファイルでレンダリングします。

Isolate Selected Track/Hide Selected Track

ツールバーの下にTrackの表示/非表示を制御するボタンがあります。左から「Isolate...」は選択したものだけ表示し、「Hide...」は選択した以外を表示します。3番目のボタンは全表示に戻します。

⬆ 図8-1-8　トラックの表示/非表示ボタン

作業していくと、だんだんTrackが増えてきて画面を占拠してしまいます。複数のモニターを並べた作業環境をお持ちの方は、Sequencerウィンドウをセカンドモニターなどに移動して作業すると、効率が良いかもしれません。

Sequencerのカメラ制御

Sequencerの操作で難しいのがカメラの状態です。まず、Tree Viewでは現在CineCameraActorのカメラアイコンが青くなっています。そうでない場合はマウスでクリックします。

CineCameraActorの文字の部分が青くハイライトしています。これはOutlinerのようにアクタの選択も兼ねています。この状態で、マウス操作により視点変更＝CineCameraActorの移動や回転など制御が可能です。アニメーションをつける場合、この状態にします。

⬆ **図 8-1-9　CineCameraActor 切り替え**

　今度は図のように Camera Cuts のカメラアイコンをクリックして青くします。この状態だと Viewport でカメラが動かせないので視点変更ができません。理由は後述します。

⬆ **図 8-1-10　Camera Cuts へ切り替え**

　最後にもう一度マウスクリックして、2つともグレーにします。この状態では Sequencer はカメラの制御を一切行っていません。Cinematic Viewport の表示では画角などが正しく表示されていません。レベルのアクタの操作などは、この状態で行います。

⬆ **図 8-1-11　両方とも選択していない状態**

Section 8-1　シーケンサーの使い方の基礎　471

Cinematic Viewportの起動

Sequencerを使う際の専用Viewportです。Sequencerからカメラに切り替え、ViewportのPerspectiveから[Cinematic Viewport]を選択します。通常の表示は[Default Viewport]です。

⬆図8-1-12　Cinematic Viewportに切り替え

図のような表示になります。自動でGame Viewになり、ライトやカメラなどが見えなくなります。

右上のアイコンをクリックすると、セーフエリアやグリッドを表示できます。ウィンドウサイズを変えても、アスペクト比は変わりません。画面下にはPlayBackのUIが表示されます。

⬆図8-1-13　Cinematic Viewportの設定

アスペクト比はCine CameraにあるDetailsのSensorのWidthとHeightにより決まります。現実のカメラのセンサーサイズがわかれば、その数値を入力すると良いでしょう。

⬆ 図8-1-14　アスペクト比設定

Sequencer Editorはレベルを切り替えると表示が消えてしまいます。ContentBrowserにSequencer Editorアセットがあるので、これをダブルクリックで再起動します。

この仕組みは例えば車のビジュアライゼーションをする場合、昼間と夜のシーンや車種を変えても、同じアニメーションの演出をSequencer上で共有可能です。Sequencerはアセットなので[Migrate(移行)]をすれば、別プロジェクトへアニメーションを移動できます。

⬆ 図8-1-15　Sequencerのアセット

Default Viewportで確認すると、SequencerはActorとしてレベルに存在します。

このアクタの場所は特に意味はありません。OutlinerでSequenceの項目が追加されていることが表示されます。

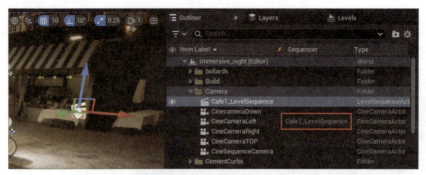

⬆ 図8-1-16　レベルのSequencerとOutliner

　Detailsでは「Open LevelSequence」でSequencerを起動できます。また、「AutoPlay」のチェックをオンにすると、Play時にSequencerが自動再生されます。「Play Rate」で速度変化も可能です。

⬆ 図8-1-17　SequencerのDetails

　TrackとRangeの設定です30fpsなので150フレーム＝5秒のアニメーションを作成します。Trackの左にある緑のラインは再生の最初のフレーム、右にある赤のラインは終了フレームを意味します。右上の文字は編集しているSequencer名です。
　Rangeが-15〜165と編集領域より多くなっていますが、編集操作をしやすいように、前後に余白を取っています。

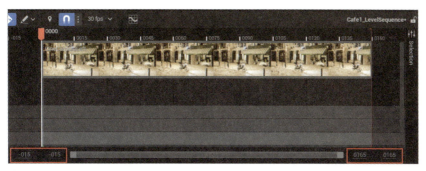

⬆ 図8-1-18　FPSと開始・終了フレーム

　SequencerのツールバーからSaveします。これはContent Browserの「Save All」と異なり、Sequencerの保存だけおこなうので注意してください。

⬆ 図8-1-19　Sequencerの保存の注意

8-1-2 ┃ カメラのアニメーション

カメラアニメーション

　カメラアニメーションをつけていきます。Tree ViewにあるCineCameraActorのTransformの▶をクリックすると、下に3つの階層があります。
　それぞれ移動・回転・スケールです。右側にアイコンが並んでいます。これがキーフレームを設定する（キーを打つ、ともいいます）ボタンです。図に示された（＋）をクリックします。図のようにピンクの点がTrackにつきました。

⬆ 図8-1-20　キーフレーム設定

Section 8-1　シーケンサーの使い方の基礎　475

タイムラインで赤いタイムスライダをドラッグし30フレーム＝1秒まで移動します。その後Viewportでマウスを操作して視点を変更します。

再度、TreeViewから先ほどのTransformの(+)をクリックするとピンクの点がつきます。これで0フレームと30フレーム間にカメラ移動があったことをSequencerが記録しました。この点をキーフレームといいます。タイムスライダを動かすとアニメーションが設定されているのがわかります。この操作を繰り返すことでキーを増やし、長いアニメーションを作ることができます。また、キーをクリックして Del キーで削除も可能です。

⬆図8-1-21　キーフレームの設定

Auto-Key（オートキー）

もう1つのアニメーションの付け方です。ツールバーからこのアイコンをクリックしオンにします。再度クリックでオフにできます。

⬆図8-1-22　Auto-Keyをオン

タイムスライダで時間を変え、視点を移動します。すると既にピンクの点がついています。これは何か変化をつけた場合、自動でキーを設定するUE5の機能です。キーフレームはマウスでドラッグすると移動できます（注：最初のキーだけは手動で付ける必要があります）。

カメラを動かすと画像が乱れるのを避けたい場合、Post Processのモーションブラーをオフにしてください。

⬆ 図8-1-23　自動でアニメーション設定

　キーを右クリックして表示されるメニューから、キーフレーム間のInterpolation（補完）設定と、[Properties]からキーを数値で修正することができます。

　ここまでの手順はカメラで行いましたが、2章で作成したドアが開くモーションなど同じ操作でアクタのアニメーションを付けることができます。

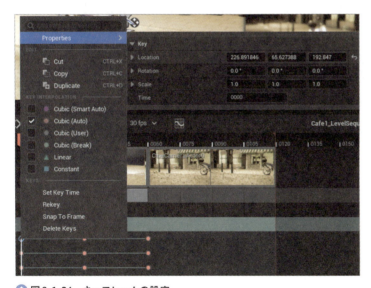

⬆ 図8-1-24　キーフレームの設定

DOFアニメーション

　SequencerではDOFのアニメーションも可能です。タイムスライダで時間を決め、図のTree Viewの数字の上でマウスをドラッグします。ピントを調整したら、（＋）をクリックします。同じ手順でその上のあるFocal LengthやApertureもアニメーションができます。

⬆ 図8-1-25　DOFにキーフレームを設定

⬆ 図8-1-26　DOFをアニメーション

　Sequencerでカメラ操作を選択しているのでDetailsもカメラになります。図のようにManual Focus Distance値の右にひし形のアイコンがついています。これをクリックしてもキーフレームが設定できます。

⬆ 図8-1-27　Detailsからキーフレーム設定

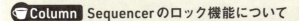 Column　Sequencerのロック機能について

Sequencerのウインドウの右上に鍵のアイコンがあります。それをクリックすると編集ができなくなります。共同作業などで変更して欲しくない場合に使えます。

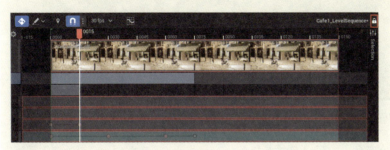

⬆ 図8-1-28　ロックして操作できなくする

また、Sequencerのツールバーの磁石の左にあるアイコンをクリックするとViewportをクリックして、別のものを選択することができなくなります。これもヒューマンエラーの防止に役立ちます。

⬆ 図8-1-29　Viewportのロック

Curve Editor（カーブエディタ）

さらに細かくアニメーションの操作をする場合にはCurve Editorを使います。

以下のアイコンをクリックすると起動するので、タブをドラッグして、Sequencerの横に配置します。

⬆ 図8-1-30　Curve Editor起動

図のように左側がTree Viewになっていて、移動・回転・DOFなどの項目を選択し、変化をグラフで操作することができます。キーフレームはクリック＆ドラッグで移動でき、ベジェハンドルで曲率を変えられます。図の赤い枠でフレーム数とパラメータを数値入力が可能です。

🔼 **図8-1-31　Curve Editorのグラフの編集**

キーフレームを右クリックして表示されるメニューから、アニメーションカーブの補完方法を選択できます。またキーフレームのコピー/ペーストなどの操作も可能です。

🔼 **図8-1-32　アニメーションカーブの補完**

アニメーション・パスの修正

カメラをPrespectiveに戻すと、図の様にSequencerでアニメを付けたカメラにパス（カメラの移動の軌跡）ができています。カメラを選択して移動をすると、パスを修正することができます。

↑ 図8-1-33　カメラの軌跡を修正する

☕Column　Sequencerでカメラを作る

　ツールバーからカメラのアイコンをクリックします。これは現在の視点で新規のカメラを作り、同時にSequencerに登録する機能です。Tree ViewにCine Camera Actorができました。名前を F2 キーで変更します。このカメラは、シーケンサーを閉じると消えてしまいますが、シーケンサーと一緒にMigrateできるので便利な面もあります。

↑ 図8-1-34　Sequencerに付随するカメラの新規作成

カメラリグのクレーンとレール

　Camera Rig Crane（カメラ・リグ・クレーン）とCamera Rig Rail（カメラ・リグ・レール）を使うことによって滑らかなカメラのアニメーションを作成することができます。本書では組み合わせて使いますが、それぞれ単体で使うこともできます。

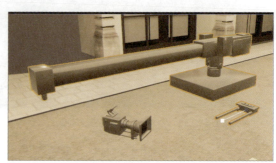

⬆ 図8-1-35　Camera RigとRailの作成

　OutlinerでCrane→Rail→カメラと階層化して、レベルでそれぞれを図のように移動します。

⬆ 図8-1-36　Camera Rigを階層化

　Camera Railの先の点をクリックして、ALTキーを押しながらドラッグするとスプライン曲線を伸ばすことができます。点は移動・回転や削除が可能で、ベジェハンドルで曲率を変更します。この上をカメラがパスアニメーションで移動します。

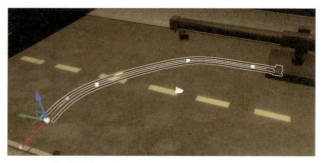

⬆ 図8-1-37　AltキードラッグでCamera Railを延長する

　OutlinerからSequencerへドラッグ&ドロップします。

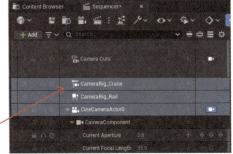

⬆ 図8-1-38　OutlinerからSequencerへドラッグ

　CameraRig_Craneの右側にある「＋」をクリックして、「Camera Arm Length（アームの長さ）」「Camera Pitch（縦のアーム会移転）」「Camera Yaw（横のアーム回転）」を追加します。Detailにも同じ項目があり、キーフレームの設定が可能です。

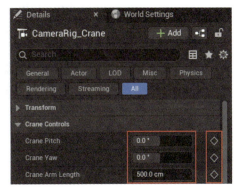

⬆ 図8-1-39　CameraRig_CraneをSequencer設定

　CameraRig_Railの右にある「＋」をクリックして、「Current Position on Rail（スプライン曲線上の最初の位置＝0、最後の位置＝1）」を追加します。Detailにも同じ項目があり、キーフレームの設定が可能です。「Lock Orientation to Rail」のチェックでパスの移動方向にカメラ（この場合はCrane）が回転します。

⬆ 図8-1-40　CameraRig_Rail を Sequencer 設定

　Crane の先のカメラを選択します。Details の「Enable Look at Tracking」をオンにして、「Actor to Track」にバイクを設定します。Relative Offset の値を入れることで視点を移動することができます。ここでは Z=60 で視点を少し上に上げておきます。

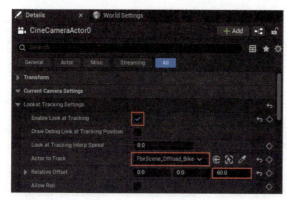

⬆ 図8-1-41　Camera に Enable Look at Tracking を設定

　カメラの視点が必ずオフロードバイクに向きます。

⬆ 図8-1-42　Crane と Rail が動いてもカメラはバイクを必ず追いかける

484　Chapter 8　動画作成とエフェクト

Rangeを60～150にして、編集領域を変更します。

↑図8-1-43　Rangeを変更

CraneとRailのそれぞれにキーフレームを設定することで、クレーンとレールを使ったアニメーションを作成します。アニメーションは60フレームから設定してください。

↑図8-1-44　CraneとRailにキーフレームを設定1

↑図8-1-45　CraneとRailにキーフレームを設定2

カメラカット

Rangeを元に戻して、先ほどのCraneとRailに付けたカメラがCamera Cutをオンにしても表示されません。サムネイルも同じ画像が出ています。

⬆ 図8-1-46　新しいカメラが反映されていない

Timelineを60フレームにして、Camera Cutsの「カメラアイコン」をクリックして、Cine Camera Actor Rigを選びます。

⬆ 図8-1-47　＋Cameraをクリック

Camera Cutsがタイムスライダの位置から新しいカメラに切り替わりました。カットの境界をドラッグすれば、タイミングを変更できます。Camera Cutsは複数のカメラを切り替える役割をしているので、トラックのカメラアイコンがオンの状態では視点は移動できません。

Camera CutsトラックでDelキーを押すと、そのカメラの切り替えを削除できます。さらにカメラはいくつでも追加していくことが可能です。

⬆ 図8-1-48　Camera Cutsでカット編集

Fade（フェードトラック）

カットが切り替わるときに暗転させることができます。「+Add」からFade Trackを選びます。トラックにパラメータが1つあり、通常0です。1にすると完全に真っ暗になります。

⬆ 図8-1-49　Fade Trackを作成

これをCamera Cutsが切り替わる前に0でキーを作成、切り替わる瞬間に1、そのあとまた0に戻すようにアニメーションすれば、暗転させることが可能です。

⬆ 図8-1-50　Fadeをアニメーション

Shot（ショット）トラック

CameraCutはカットの長さを変更することは可能ですが、その順番を変更することができません。その場合Shotトラックを使います。新規でSequencerを2つ追加作成します。

⬆ 図8-1-51　Sequencerを2つ追加作成

2つそれぞれのSequencerにカメラアニメーションを付けます。Trackの右の赤い欄をドラッグして、アニメーションの長さを60フレームに短くします。これで一旦保存します。

⬆ 図8-1-52　短いアニメーションを作成

新規Sequencerを起動し、Shotトラックを追加します。

⬆ 図8-1-53　Shotトラックを追加

「+」をクリックすると、ここまで作成したSequencerのリストが表示されるので、クリックします。

↑ 図8-1-54　Shotトラックを追加

これを繰り返し操作し、図のようにShotとして、各Sequencerが配置されました。終了フレームを増やします。

↑ 図8-1-55　Shotトラック

各Shotをドラッグして、順序や開始時間を変更したり自由に編集します。ShotをダブルクリックするとそれぞれのSequencerを編集できるようになります。画面右上に現在Sequencerの入れ子状態を確認・行き来が可能です。

↑ 図8-1-56　Shot下のSequencerの編集

☕ Column Sequencerのサムネイル変更

右クリックから更新や画像サイズ、クオリティなどの変更ができます。

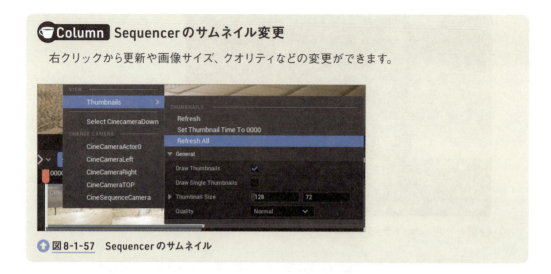

⬆ 図8-1-57　Sequencerのサムネイル

8-1-3 │ Blueprintアクタとライトのアニメーション

　さらに新規でSequencerを作成します。オフロードバイクのミドルショットアングルに設定します。Outlinerからオフロードバイクの BlueprintをドラッグしてSequencerへドロップします。

⬆ 図8-1-58　オフロードバイクの新規Sequencerトラックの作成

オフロードバイクのトランクのアニメーションを設定

これはBlueprintアクタなので多くのメッシュやライトなどが1つにまとまっています。それぞれをアニメーションするには、「＋」をクリックして、コンポーネントを指定します。

バイクごと移動・回転したい場合は、Transformを選びます。操作はカメラのアニメーションと同じなので割愛します。

⬆ 図8-1-59　コンポーネントを指定

ここではライト（PointLight）と、リアトランクボックス（SM_Trunkbox_Upper）のフタを選びました。

⬆ 図8-1-60　ライト2つと、リアトランクボックス

リアトランクボックスの「＋(Track)」からTransformを選びます。

⬆ 図8-1-61 ＋TrackからTransform

トランクボックスの回転にキーを設定します。

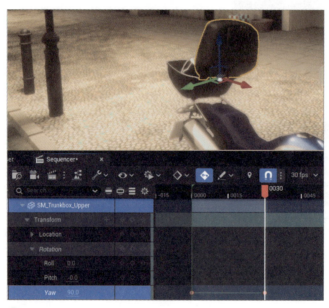

⬆ 図8-1-62 トランクボックスの回転

ヘッドライトの明るさをアニメーション

同様に「＋Track」から追加します。Intensity（明るさ）やLight Color（色）などを変更できます。

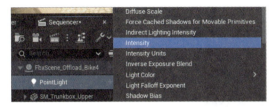

⬆ 図8-1-63　Intensityを追加

徐々に明るさを変化させることも可能ですが、ここでは1フレームで変化させて、オン/オフの表現をしています。

⬆ 図8-1-64　1フレームでオン/オフの表現

8-1-4 | Sequencer Editor と Post Process の連携

Post Process エフェクトにアニメーションを設定できます。Outliner から Post Process を Sequencer Editor にドラッグ＆ドロップします。

⬆ 図8-1-65　Sequencer に Post Process を追加

PostProcess Volume を選択します。Details から変更したい項目のチェックをオンにします。この設定がないと、Sequencer で操作しても変化しません。

図のアイコンで Details からキーフレームを設定することが可能です。このアイコンがない項目はアニメーションをつけられません。

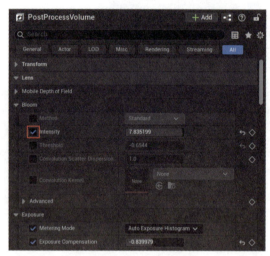

⬆ 図8-1-66　PostProcess Volume のアニメーションしたい項目をオン

Sequencer のトラックの「＋」から、アニメーションをする要素を追加します。Post Process で設定した Exposure の項目を選びます。

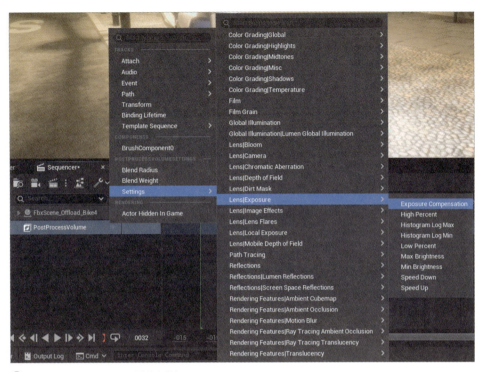

⬆ 図8-1-67　Exposureの要素を追加

図のような露出が変化するアニメーションを作成できます。

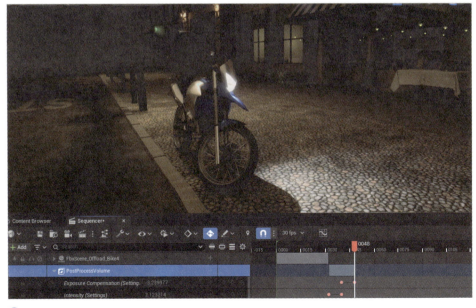

⬆ 図8-1-68　Exposureのアニメーション

> **Column** Sequencerのトラックを無効にする
>
> 右クリックから「Mute」を選ぶことで無効になります。「Solo」では、そのトラックだけの再生になります。
>
>
>
> ⬆ 図8-1-69　SequencerをMute

8-1-5 | マテリアルパラメータコレクション（MPC）

マテリアルをSequencerでアニメーションしたい場合にはMaterial Parameter Collection：略してMPCを使います。4章で使った金魚鉢を用いて説明します。

⬆ 図8-1-70　MPCでマテリアルをアニメーションさせる）

ContentBrowserを右クリックして、Material→Material Parameter Collectionを選びます。作成されたアセットをダブルクリックして開きます。

⬆図8-1-71　Material Parameter Collectionを作成

図のようなウィンドウが開きますので、2つある（＋）をそれぞれクリックします。▶のアイコンがあるのでそれをクリックして開きます。上にあるのがScalarパラメータで、値を「0.3」と入力します。下にあるのがVectorパラメータでDefault Valueをクリックしてカラーピッカーから水色を指定します。Saveして閉じます。

⬆図8-1-72　MPCの設定

金魚鉢の水のマテリアルをMaterial Editorで開きます。そこにContentDrawerからMPCを2回ドラッグ＆ドロップします。

🔼 図8-1-73　MPCをMaterial Editorの中にドラッグする

　MPCのノードのDetailsから「Parameter Name」をクリックして、それぞれ「Vector」「Scalar」を選びます。

🔼 図8-1-74　（MPCのParameter Nameを設定）

　MPCを図のようにBaseColorとOpacityを接続します。2つのMPCはそれぞれ色と透明度を設定するのでマテリアルには変化がありません。ここでSaveしておきます。

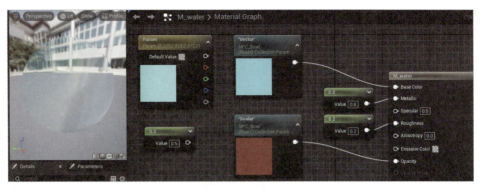

🔼 図8-1-75　MPCを接続する

Sequencerに切り替えます。「＋Add」からMatrtialParameterCollectionTrackを選びそこで、先程作成したMPC_Bowlを選択します。するとそのTrackができます。その「＋」をクリックして、ScalarとVectorの項目を追加します。

🔼 図8-1-76　MPCトラックの作成

VectorのRGBの数値を変えてキーフレームを設定、Scalarの値を変化させると透明度と色のアニメーションさせることが可能です。MPCはいくつも作ることができるので、Scalarを今回は透明度に使いましたが、Roughess,Metalic,Emmisiveなどに使えば様々に質感を変化させることができます。

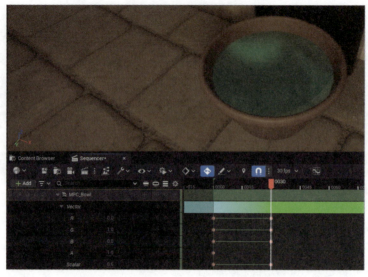

⬆ 図8-1-77　SequencerでMPCのアニメーションを設定する

8-1-6 ｜ Move Scene Captureでレンダリング

　Move Scene Captureはリアルタイムに生成した映像をキャプチャ、保存を行います。

　Sequencerのツールバーの点が縦に3つ並んだアイコンをクリックして、「Move Scene Capture」を選択します。

⬆ 図8-1-78　Move Scene Captureを選択する

　その横の図のスレートのアイコンをクリックします。

⬆ 図8-1-79　スレートをクリック

　図のようなダイアログが表示されます。

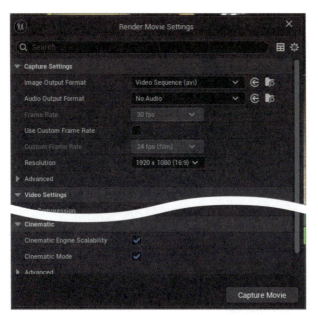

⬆ 図8-1-80　Render Movie Setting

「Image Output Format」をクリックして出力形式を決めます。通常はAVIファイル形式（Mac版はQuickTime）です。他に様々なシーケンス（連番）ファイル形式を選択できます。注意点としてはこの設定だけではアルファチャンネルを出力することはできません。

⬆ 図8-1-81　ファイル形式

形式を「Custom Render Pass」にすると、G-Bufferごとに連番ファイルを出力することができます（6章で説明済）。

⬆ 図8-1-82　ViewportのLitからG-Bufferのそれぞれの要素を表示

その前にProject Settingsで「Selectivity Output to the GBuffer rendertargets」のチェックをオンにする必要があります。

⬆ 図8-1-83　Selectivity Output to the GBuffer rendertargets

「Capture Frame in HDR」のチェックを入れるとEXR形式の連番で出力することができます。「Add Render Pass」をクリックするとG-Bufferの要素をレンダリングすることができます。

⬆ 図8-1-84　Render Pass

レンダリング解像度を設定します。プリセットでは4Kまで設定できます。Customの設定で解像度を自由に設定することができます。使用しているGPUのメモリサイズが小さいと大きな解像度でのレンダリングは非常に時間がかかったり、画像が乱れる場合があります。

↑ 図8-1-85　解像度

AVIファイル形式の場合、圧縮率を設定できます。通常75％です。値を大きくすれば画質は向上しますが、ファイルサイズも増えます。その下にある「OutputDirectory」の「…」をクリックすると、レンダリング先のフォルダを指定できます。ここでは、このプロジェクトのSavedの下に「MovieRender」というフォルダを作成しています。

↑ 図8-1-86　AVI動画の圧縮率

リアルタイムレンダリングでは、ポリゴンやテクスチャなどの情報をGPUに送ったあと、再生を開始します。そのため大きなデータをレンダリングする場合、データ転送中にGPU上の処理が始まり、最初のフレームで画像が乱れることもあります。

対策方法としてレンダリングのスタートフレームをマイナスにするか、Warm Up Frameを何秒か設定し、GPUの処理が落ち着くのを待ちます。もし映像が乱れるトラブルに遭遇したら、解決方法の1つとして試してください。

⬆図8-1-87　Warm Up

下にある「Capture Movie」をクリックすればレンダリングが開始します。

⬆図8-1-88　Capture Movie をクリックでレンダリング開始

レベルに修正がある場合、レンダリングの前に必ず Save を要求してきます。レンダリング中にクラッシュしても Save してあれば問題ありません。

別のウィンドウが開きキャプチャが開始されます。画面右下にキャプチャ中の経過が出ます。Capturing Video の表示が消えると、レンダリングは終了です。例えば5秒間のアニメーション場合、出力は通常5秒で終わります。

⬆図8-1-89　キャプチャ中の表示

プロジェクトのフォルダの「Saved」の下に「Video Capture」フォルダが自動で生成され、動画が完成しています。ファイル名はレベル名_(バージョン番号)になります。

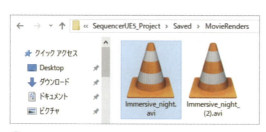

⬆図8-1-90　動画が完成

動画の再生を確認します。動画の再生には「VLC media player」というフリーウェアをインストールするのをお勧めします。

→ https://www.videolan.org/vlc/index.ja.html

⬆ 図8-1-91　動画の再生確認

8-1-7 │ Audio Track

Sequencerで音楽や効果音を使うこともできます。音声編集で使用する基本データフォーマットはWaveファイル形式（〜.wav）です。Content Browserへドラッグすると、下記のようなアセットになります。クリックすると再生を確認できます。MP3ファイルの場合インポート可能ですが、そのまま使うことはできません。

⬆ 図8-1-92　サウンドデータ

音声ファイルをこのまま編集に使うこともできますが、ここでは「Sound Cue(サウンドキュー)」に設定します。アイコンを右クリックから「Create Cue」を選びます。

⬆ 図8-1-93　Cueを作成

Sound CueをダブルクリックするとMaterial Editorのようなウィンドウが表示されます。NodeをWireでつないで音声に特殊効果をかけることができます。例えば、複数音声のミックスや再生ごとにランダムな音を再生するなどの設定が可能です。

⬆ 図8-1-94　Cueをダブルクリック

詳しくは以下の公式マニュアルをご覧ください。

→ https://dev.epicgames.com/documentation/ja-jp/unreal-engine/sound-cue-reference-for-unreal-engine?application_version=5.5

SequencerではAudio Trackを追加し、「＋」でサウンドのアセットを選択します。

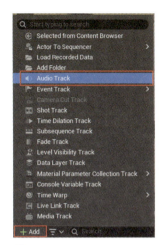

⬆ 図8-1-95　Audio Trackからサウンドのアセットを設定

　サウンドの波形がTrackに表示されます。Volumeは音量、Pitchは音程にキーフレームを設定できます。ドラッグしてトラックを移動すれば音の再生開始タイミングを変更もできます。

⬆ 図8-1-96　Audioのトラック

　Sequencerを使わない場合でも、Soundのアセットはレベルに直接ドラッグ＆ドロップすることができます。Playすれば、そこにスピーカーが置いてある状態と同じで、プレイヤーが移動したり向きを変えたりすれば、ステレオのまま音量や方向が変わり、ドップラー効果も作ることができます。

Section 8-1　シーケンサーの使い方の基礎　507

⬆ 図8-1-97　Soundのアセットをレベルにドラッグ＆ドロップして配置

☕Column　Meta Sound

MaterialEditorのようにノードを接続してシンセサイザーのように独自サウンドを作成できる「Meta Sound(メタサウンド)」プラグインが標準で設定されています。

⬆ 図8-1-98　Meta Soundプラグイン

　Content Browserを右クリックから「Meta Sound」を選びます。できたアセットをダブルクリックします。

⬆ 図8-1-99　Meta Soundの作成

　Meta SoundのEditorが開きます。右クリックからNodeを出して音を作っていきます。音楽に興味がある方は是非お試しください。

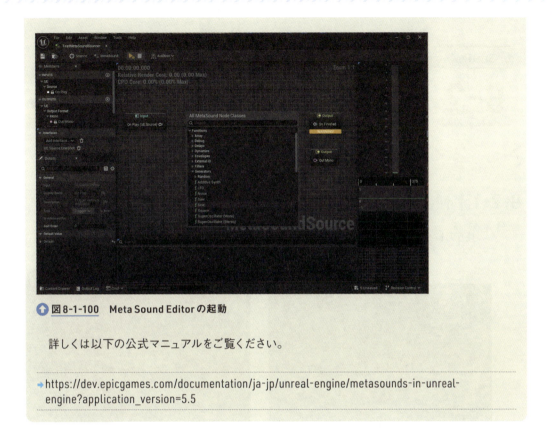

○ 図8-1-100　Meta Sound Editor の起動

詳しくは以下の公式マニュアルをご覧ください。

→https://dev.epicgames.com/documentation/ja-jp/unreal-engine/metasounds-in-unreal-engine?application_version=5.5

Section 8-2 DCCツールから インポートするアニメーション

8-2-1 | MayaのFBXのCameraのアニメーション

UE5のレベルをFBXへエクスポートします。Optionsのチェックはすべてオフにします。

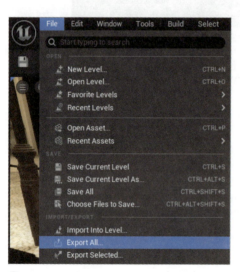 

⬆ 図8-2-1　UE5からシーンをエクスポート

　Mayaへインポートします。マテリアル以外のカメラ、ライト、メッシュは変換されます。この状態でカメラアニメーションを作成します。

↑ 図8-2-2　UE5から変換したMayaのシーン

アニメーションのベイク

アニメーションがついているフレームにRange Sliderを合わせ、フレームレートは30fpsにします。カメラのFocal Lengthの設定は変換されます。ここでは50mmにしました。

↑ 図8-2-3　Mayaの設定

AspectはRender Settingで決めた解像度の縦横比によって決定します。

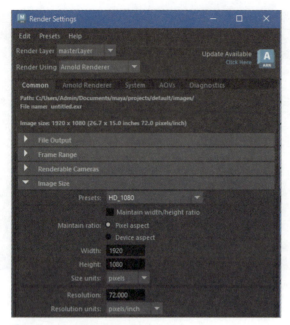

⬆ 図8-2-4　画像の比率の設定

Mayaのカメラアニメーションを作成します。

⬆ 図8-2-5　Mayaのカメラアニメーションを作成

カメラを選んで、[Edit] → [Keys] → [Bake Simulation] を実行します。

⬆ 図8-2-6　キーフレームをベイクする

　図のように1フレームごとにキーフレームを変換します。これを「ベイク」といいます。
　Mayaのキーフレームだけを出力した場合、そのキーとキーの間を補完する方法がUE5とは異なるので、この方法を使わないと正しくアニメーションができません。また、カメラのAimなどのConstraint（拘束）、Driven Key（従属）、Expression（関数）などは変換できません。すべて移動・回転・スケールに変換するためベイクが必須です。

⬆ 図8-2-7　キーフレームを1フレームごとにベイク

　カメラを選択して「File」→「Export Selection」をします。「Animation」と「Curve Filters」のチェックをオンにして、FBXファイルを作成します。

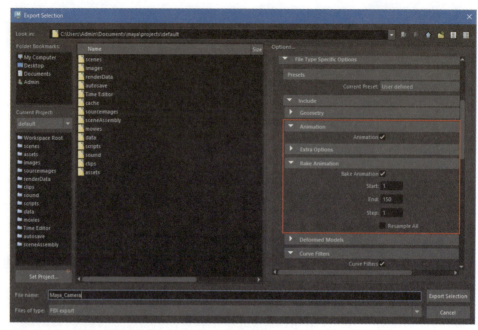

⬆ 図8-2-8　AnimationにチェックFBXしファイルを作成

Sequencerにカメラアニメーションのインポート

UE5に切り替えて、新規のSequencerを作成し、さらにカメラを作成します。TreeViewでカメラを右クリックしてから「Import」を選びます。

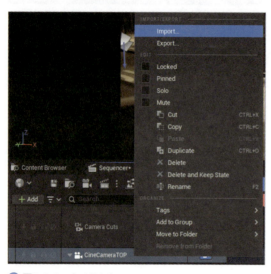

⬆ 図8-2-9　カメラからImport

Mayaで作成したFBXを選びます。

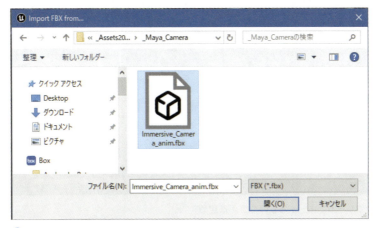

🔺 図8-2-10　FBXを選択

Importの設定が表示されます。チェックをすべてオフにします。

🔺 図8-2-11　チェックは外す

　図のようにアニメーションが変換されます。Camera Cutsは手動で設定します。
　他のDCCツールのカメラのFBXも同様にインポート可能ですが、ツールによって変換される情報に違いがあり、注意が必要です。
　キーフレームはベイクされているので、UE5側でアニメーションを修正するには1フレームごとに編集を行う必要があり、かなり困難です。修正の必要がある場合はMayaに戻ってこの手順を最初からやり直しになります。できればUE5側でカメラアニメーション作成をお勧めします。

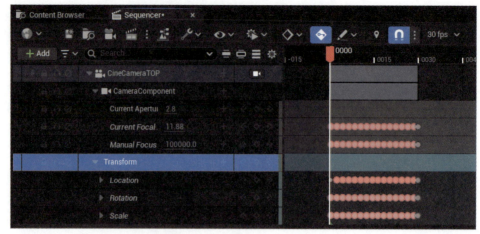

⬆ 図8-2-12　全フレームでキーがあるので修正は困難

8-2-2 │ BlenderのglTFアニメーション

以下の様にオフロードバイクのアニメーションを設定したシーンを用意します。

⬆ 図8-2-13　オフロードバイクのBlenderシーン

　階層化してハンドル、サイドスタンド、オフロードバイク全体の傾斜するアニメーションをつけてあります。回転のアニメーションですが、移動とスケールのキーも付けておきます。もちろんアーマチュアを使ったアニメーションでも可能ですが、その知識がなくとも工業製

品の簡単なアニメーションの場合には十分対応できるため使う必要がないので、割愛します。

⬆ 図8-2-14　階層化のアニメーションのみ設定

アニメーションをベイクします。ダイアログのチェックはすべてオンにします。

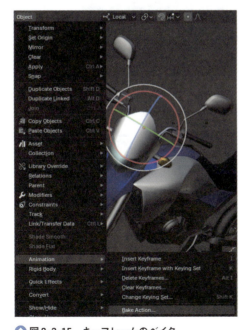

⬆ 図8-2-15　キーフレームのベイク

ベイクが完了しました。

⬆ 図 8-2-16　ベイクが完了

File → Export から「glTF2.0」を選び、図のように設定してエクスポートします。

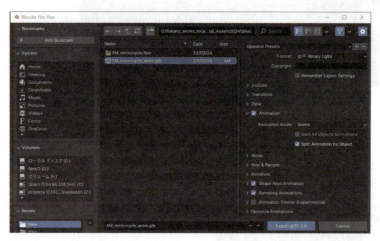

⬆ 図 8-2-17　glTF のエクスポート

Skeletal Mesh（スケルタルメッシュ）でインポート

　UE5へ切り替え、新規レベルを作成します。ContentBrowserで新規フォルダを作成し、glb（glTFのバイナリ形式）をドラッグ＆ドロップします。Skeletal Meshの項目でImport Animationをオンにしておきます。これでDCCツール側のアニメーションを正確に変換します。

　ここではglTFをインポートしていますが、MayaならJoint（ジョイント）、Blenderならアーマチュアを設定したアニメーションがあるFBXファイルでも同じ操作でインポートが可能です。

↑ 図8-2-18　Skeletal Meshのインポート

　インポートが完了しました。アニメーションが設定されているスケルタルメッシュのアセットをレベルに配置します。

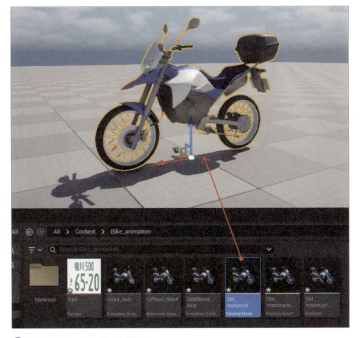

↑ 図8-2-19　インポート完了

Section 8-2　DCCツールからインポートするアニメーション

ピンクのアイコンがメッシュの情報でマテリアルの変更など行います。ダブルクリックでSkeletal Meshエディタが起動します。

↑ 図 8-2-20　メッシュの確認

緑のアイコンがアニメーションです。アニメーションを再生して確認します。

アニメーションの修正はできません。右下にアニメーションリストがあり、切り替えることができます。

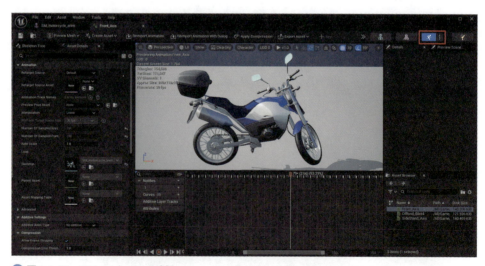

↑ 図 8-2-21　アニメーションの確認

水色がスケルトンの情報です。Blenderではスケルトンの設定はしていませんが、アニ

メーションがある場合、UE5が自動生成してくれます。

↑ 図8-2-22　スケルトンの確認

Sequencerを新規作成し、そこへOutlinerからドラッグ＆ドロップします。

↑ 図8-2-23　Skeletal MeshをSequencerへ配置する

　Animationトラックの「＋」をクリックすると、緑のアニメーションアセットが選択できます。Skeletal Meshは同じスケルトンの階層構造を持つアセット同士にしか設定できません。DCCツールでアニメーションを設定したアニメーションの数だけ、この操作を繰り返します。

⬆ 図8-2-24 アニメーションアセットを選択

アニメーション変換が完了しました。Sequencerではキーフレームの変更はできません。DCCツールへ戻る必要があります。各トラックには「Weight」があり、アニメーションのブレンドにキーフレームを設定することができます。

DCCツールのアニメーションはスケルトンと変形アニメーションに対応しています。MayaならばBlendShape、Blenderならばシェイプキーです。

⬆ 図8-2-25 アニメーションが変換完了

> ☕ **Column** Auto Retargeting（自動リターゲット）
>
> 異なるスケルトン構造を持ったSkeletal Meshではアニメーションを流用することができません。人間とロボットなど同じ人型でも骨の数や名前が違うと使えません。その場合、「Auto Retargeting」という方法で構造を変換することが可能です。
>
> 詳しくは以下のドキュメントをご覧ください。
>
> → https://dev.epicgames.com/documentation/ja-jp/unreal-engine/auto-retargeting-in-unreal-engine

> ☕ **Column** Alembicのアニメーション
>
> プラグインでAlembicファイルのインポートが可能です。Houdini,Mayaなどで作成したエフェクトアニメーションをSkeletal Meshとしてインポートし、Sequencerで再生することができます。
>
> 詳しくは以下のドキュメントをご覧ください。
>
> → https://dev.epicgames.com/documentation/ja-jp/unreal-engine/alembic-file-importer-in-unreal-engine?application_version=5.5

8-2-3 | MetaHumanのアニメーション

UE5ではリアルなキャラクターとアニメーションを作ることができます。

MetaHuman作成

Fabのブラウザ版を起動し、一番下までスクロールして「MetaHuman」をクリックします。

⬆ 図8-2-26　Fabのブラウザ版からMetaHumanをクリック

➡ https://www.fab.com/ja/

図のようにMetaHumanのWebサイトへ移動します。少しスクロールして「Launch the app」をクリックします（メニューから日本語表示もできます）。

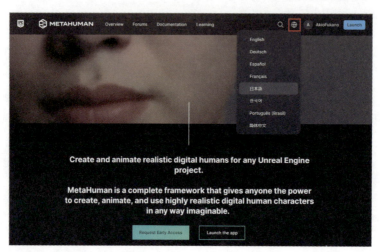

⬆ 図8-2-27　MetaHumanのWebサイトから「Launch the app」をクリック

「SIGN UP」を要求されるので、Industryなど設定をして「Submit」します。少し待つと「user license agreement」の表示がでるので「ACCEPT」をクリックします。

画面が切り替わるので「MetaHuman Creatorを起動」をクリックします。「MetaHuman Creatorに接続するまでお待ちください」と表示されるので、しばらく待ちます。

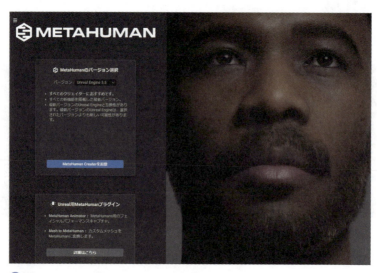

⬆ 図8-2-28　MetaHuman Creatorを起動

MetaHuman Creatorが起動します。左側のリストからベースになるキャラクターを選択して、下にある「選択を作成」をクリックします。

⬆ 図8-2-29　MetaHuman Creatorが起動したらキャラクターを選択

左側のメニューから「顔」で3つのプリセットから各部位のブレンドが可能です。「髪」でヘアスタイルはリストから選択して変更できます。「体」でプロポーションや服・靴などを変更できますが細かいファッションデザインはできません。このエディタは自動で保存されます。

⬆図8-2-30　顔・髪・体のカスタマイズ

　画面下の▶をクリックするとアニメーションが設定できます。更にその下のメニューから表情やポーズを変化させることができます。

⬆図8-2-31　顔とポーズのアニメーション

MetaHumanCreatorを左上の3本線メニューから「ログアウト」してブラウザを閉じます。Epic Games Launcherを起動します。「ライブラリ」タブのFabライブラリから「Quixel」で検索すると「Quixel Bridge」が見つかるのでインストールします。

⬆ 図8-2-32　Epic Games Launcherから「Quixel Bridge」をインストールする

MetaHumanをUE5へインポート

UE5を起動します。QicklyAddに「Quixel Bridge」があるので選択すると、Quixel Bridgeのウインドウが起動します。画面右上のアイコンをクリックしてサインインします。

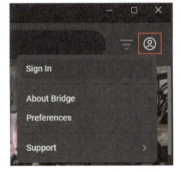

⬆ 図8-2-33　「Quixel Bridge」のMetaHumanのアイコンをクリック

左側の人のアイコンをクリックし、その下の「MyMetaHuman」を選ぶと先程作成したキャラクターが表示されるのでクリックします。

⬆ 図8-2-34　MyMetaHumanで作成したキャラクターが表示

画面右側下からクオリティを選択します。下へ行くほど高品質になりますが処理が重くなります。その横の「Download」をクリックしてしばらく待ちます。ダウンロードが終わったら、その横の「Add」をクリックします。

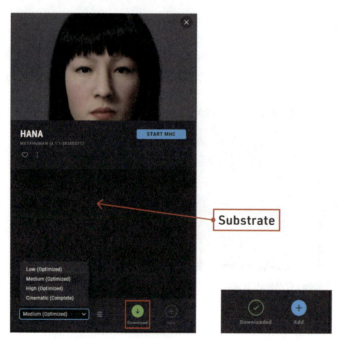

⬆ 図8-2-35　MyMetaHumanのダウンロード

ContentBrowserに「MetaHumans」フォルダが自動生成され、その中にキャラクター名のフォルダがあります。そこにあるBlueprintをレベルにドラッグ&ドロップします。

⬆ 図8-2-36　MyMetaHumanのBlueprintをレベルにドラッグ＆ドロップ

　その際に以下のエラーが表示されます。これはMetaHumanを使うプラグインが設定していない、という警告なので「Enable Missing」をクリックします。

⬆ 図8-2-37　エラー表示

Control Rigでアニメーションを付ける

　アニメーションを設定します。Sequencerを新規で起動します。そこへOutlinerからMetaHumanをドラッグ＆ドロップします。すると図のようにAnimationModeに切り替わります。これをControl Rig（コントロールリグ）と呼びます。

⬆ 図8-2-38　SequencerでControl Rigを表示

　体の関節にあるリングやキューブを移動・回転すれば、ポーズを変更できます。そこで「Enter」キーでキーフレームを設定してアニメーションを付けることができます。

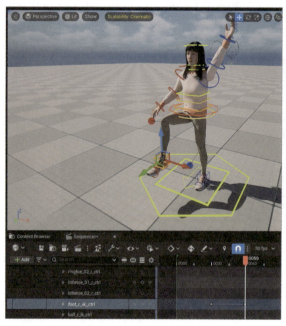

⬆ 図8-2-39　Control Rigでアニメーションを付ける

　頭の横にあるのはフェイシャルアニメーションを付けるリグです。黄色の点を移動すると、目や口、顔の細かい筋肉を操作してアニメーションを付けることができます。

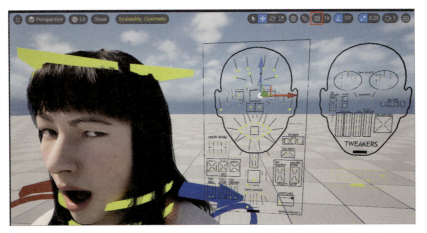

⬆ **図8-2-40** 黄色の点を移動して顔のアニメーションをつける（スナッピングはオフ）

Control Rigの詳細は以下のドキュメントをご覧ください。

→ https://dev.epicgames.com/documentation/ja-jp/unreal-engine/control-rig-in-unreal-engine?application_version=5.5

☕ Column MetaHumanプラグインとMarvelous Designerによる服

　MetaHuman CreatorだけではDCCツールで作成したオリジナルの顔をインポートできませんが、このプラグインを使用すると可能になります。スマートフォンやタブレットのLiDAR（ライダー）機能やフォトグラメトリを使い現実の顔をスキャンしたメッシュをMetaHumanに利用することができます。

⬆ **図8-2-41** MetaHumanプラグイン

以下のFabから入手できます。

→https://www.fab.com/ja/listings/055a6486-ad17-4590-aa1e-261d47f7f041

服をカスタマイズしたい場合はMarvelous DesignerやCLOを使うことで可能になります。

→https://www.unrealengine.com/ja/blog/metahuman-comes-to-uefn-dynamic-clothing-with-marvelous-designer-and-more

Column Motion Design（モーションデザイン）

これはUE5でAfterEffectsのようなモーショングラフィックスを3Dで行うことができる機能です。

UE5起動時のテンプレートから選ぶことができます。

⬆ 図8-2-42　Motion Designテンプレートを起動する

以下がテンプレートを起動したエディタです。

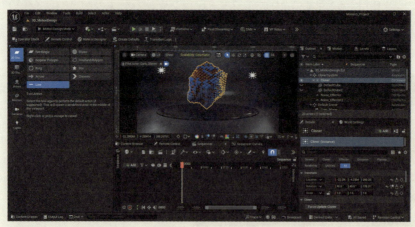

⬆ 図8-2-43　Motion Designを起動したところ

MotionDesignはプラグインをOnにすることで今までのプロジェクトに追加することが可能です。

532　Chapter 8　動画作成とエフェクト

⬆ 図8-2-44　Motion Designのプラグイン

（この機能はExperimental：実験的なのでご注意ください）
詳細は以下のドキュメントをご覧ください。（英語のみ）

→https://dev.epicgames.com/documentation/en-us/unreal-engine/motion-design-in-unreal-engine?application_version=5.5

Section 8-3　Composureによるクロマキー合成

8-3-1 ｜ Composureで使う動画とマテリアルの設定

Composureプラグインをオンにする

UE5で映像の合成を行うにはComposure（コンポージャ）を使用します。
まず、「Settings」から「Plugins」で「Composure」のチェックをオンにします。

🔼 図8-3-1　Composureプラグインをオンにする

次に、Project SettingsでRenderingの項目から「Alpha Output」をオンにします。ここで一旦UE5を再起動します。

🔼 図8-3-2　「Alpha Output」をオン

ブルーバックのビデオファイルの設定

CafeStreetのレベルを開きます。ここに人物を合成します。

⬆ 図8-3-3　CafeStreetの昼間のレベルに合成する

ContentBrowserの中に「Movie」というフォルダを作り、そこにブルーバックかグリーンバックの動画をドラッグ＆ドロップします。

⬆ 図8-3-4　ブルーバックの動画をプロジェクトへコピー

動画のフリー素材の入手先（Video-AC）

→https://video-ac.com/video/25045#goog_rewarded

ContentBrowserで右クリックして、Mediaから「MediaPlayer」を選択します。ダイアログがでるのでチェックを入れて「OK」します。

⬆ 図8-3-5　MediaPlayerの作成

MediaPlayerをダブルクリックします。ウインドウの下の「Name」をダブルクリックすると動画が再生されます。左のDetailsの「Loop」にチェックを入れてSaveします。

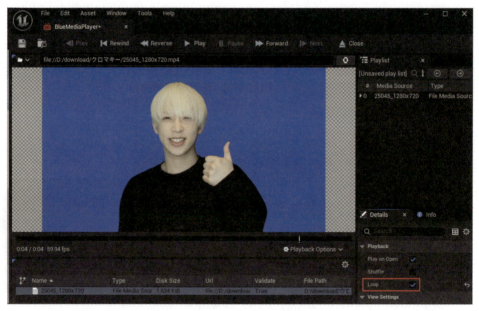

⬆ 図8-3-6　MediaPlayerで動画の再生の確認

新規にマテリアルを作成します。メインのノードのMaterial Domainを「Post Process」に変更します。

🔼 **図8-3-7**　新規マテリアルのMaterial Domainを「Post Process」に変更

　MaterailEditorを右クリックして、「TrectureSampleParameter2D」を2つ作成し、更に「Over」というノードを出して図のようにつなぎます。ここでそれぞれのノードに名前を付けます（パラメータといいます）。この名前は後で使うので覚えておいてください。

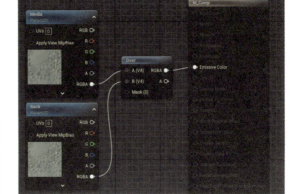

🔼 **図8-3-8**　「TrectureSampleParameter2D」を2つ作成する

8-3-2 ｜ Composureによる合成処理

Composureの起動

　WindowメニューからComposureを起動します。タブをドラッグしてOutlinerの横に並べます。そこで右クリックから「CreateNewComp」を実行します。

⬆ 図8-3-9　Composureを起動する

「Empty Comp Shot」をクリックします。すると「0010_comp」ができるので（名前変更可）そこを右クリックして、「Add Layer Element」を選びます。

⬆ 図8-3-10　ComposureにCompとLayerを追加

図のようなダイアログが出るので、「MediaPlate」をクリックします。再度「Add Layer Element」を行い、今度は「CGLayer」を選びます。それぞれF2を押して、それぞれ「Media」「Back」と名前を変更します。これはMaterialEditorで設定したパラメータと同じ名前にしなくてはなりません。

⬆ 図8-3-11　MediaPlateとCGLayerを追加

0010_compを選んで、DetailsのImputの「TargetCameraActor」で合成に使いたいカメラを選択します。

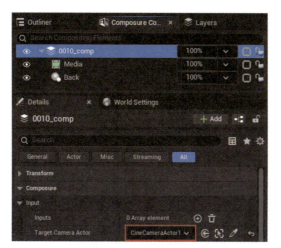

↑ 図8-3-12　compにカメラを設定する

その下の「Transform/Compositing Passes」の（＋）をクリックし、▶をクリックして開きます。そこにMaterialの項目があるので、先ほど作成したマテリアルを設定します。Input ElementsにMaterialEditorで決めたパラメータが設定されています。

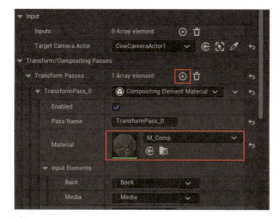

↑ 図8-3-13　マテリアルを設定

Section 8-3　Composureによるクロマキー合成　539

クロマキーを使って合成する

ComposureからMediaを選びます。Inputsの▶をクリックして開き、「MediaSource」にMediaPlayerを設定します。

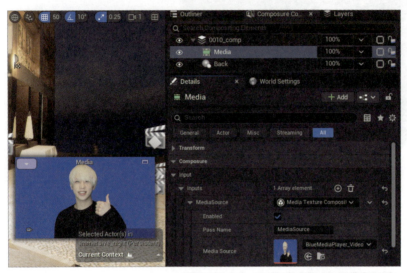

⬆ 図8-3-14　MediaPlayerを設定する

その下の「Transform/Compositing Passes」の「KeyColor」の（＋）をクリックします。Index[0]の右にある＋をクリックします。動画が大きな画面になり、マウスがスポイトに形になるので背景をクリックしてから「Apply」します。

⬆ 図8-3-15　クロマキーの設定

青い縁が残ってしまうので、その下にある「Material Parameters」のDevignetteOuterの値を大きくします。

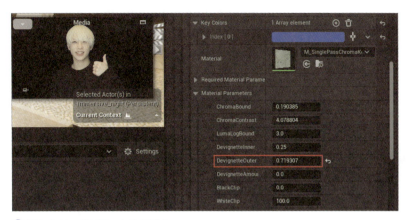

⬆ 図 8-3-16　縁に残った色を消す

　カメラプレビューの小さい画面の右上のアイコンをクリックすると大きな画面で合成を確認できます。注意点としてはFogがあると正しく合成できません。もしもある場合は非表示にしましょう。

⬆ 図 8-3-17　合成の確認

　合成の縁が青くなっていますが、DetailsのDespillの「KeyColor」の（＋）から縁をクリックすると改善されます。

↑ 図8-3-18　縁の色を目立たなくする処理

8-3-3 | Composureをレンダリングする

レンダリングの設定

これをレンダリングします。0010_compの「Output」で解像度を決めます。

↑ 図8-3-19　レンダリングの解像度

　LevelBlueprintを開き、図のようにプログラムします（この操作は9章のP581を学習した後におこなってください。これでMediaPlayerの動画をシーケンサーで録画する際に再生できます。

⬆ 図8-3-20　Blueprintプログラムで動画再生を設定：9章を参照

Sequencerを新規作成して、Composureウインドウから「0010_Comp」をドラッグ&ドロップします。

⬆ 図8-3-21　ComposureからSequencerへドラッグ&ドロップ

RenderMovieを起動して、Image Output Formatを「Composure Export」に変更してレンダリングします。EXR形式の連番ファイルが生成されます。

⬆ 図8-3-22　RenderMovieでComposureExportを設定

レンダリングした画像の完成です。今回は合成素材は動画でしたが、リアルタイムでカメラから取り込んだ映像を合成し、カメラトラッキングと組み合わせることでバーチャルプロダクション（VP）での映像制作に応用できます。

⬆ **図8-3-23** 合成をレンダリングした画像

Composureの詳細は以下のドキュメントをご覧ください。

→ https://dev.epicgames.com/documentation/ja-jp/unreal-engine/real-time-compositing-with-composure-in-unreal-engine?application_version=5.5

Section 8-4 Movie Render Queue を使った動画書き出し

8-4-1 Movie Render Queue とは

高度なレンダリング設定をするプラグインです。詳細な設定が可能で、今後はこの手段が主流になっていくと考えられます。

ここでは Path Tracer を使った動画レンダリングを行います。まず、第6章のカフェに Sequencer のカメラアニメーションを設定します。

↑ 図8-4-1　6章のカフェに Sequencer アニメーションを作成

Movie Render Queue のプラグインを確認

Movie Render Queue と Additional Render Passes プラグインがオンになっているか確認します。

⬆ 図8-4-2　Movie Render Queue のプラグイン

Movie Render Queue の起動

Sequencer のツールバーの3点アイコンから、MovieRenderQueueの設定になっているのを確認します。その左にあるスレートのアイコンをクリックすると起動します。

⬆ 図8-4-3　MovieRenderQueue の確認

Movie Render Queue のユーザーインターフェイス

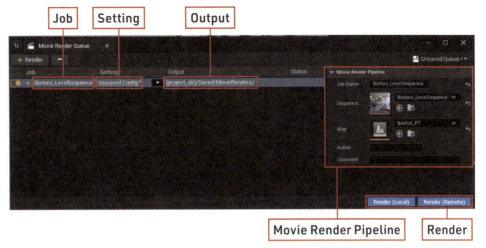

↑ 図8-4-4　Movie Render Queue の UI

Job	レンダリングを行うSequenceのリストです。Sequencerから起動すると、Jobが追加されます。ここにSequencerアセットをドラッグ＆ドロップすれば、複数のレンダリングを連続で実行できます。
Setting	各Jobのレンダリングの詳細設定を行います。
Output	レンダリング画像の出力先フォルダを決めます。
Render	Render(local)でレンダリングを実行します。Render(Remote)でレンダーファームやクラウドレンダリングが可能です。
Movie Render Pipeline	Jobを選ぶと表示されます。SequencerとLevelを設定変更できます。

　Movie Render Queueのウィンドウは下に大きなスペースがありますが、ここにSequencerをドラッグ＆ドロップすることで複数のレンダリングを連続して行うことができます。大量のカットがある場合には便利です。

　Settingをクリックすると図のような画面になります。3カテゴリあり、「Export」は出力するファイル形式など、「Rendering」はレンダリングに関する設定、「Settings」は出力設定などです。

　「jpg Sequence」はJPEG形式出力なのでクリックして Del キーで削除します。「Deffered Rendering」は通常のLumenでのレンダリングを行います。ここではPathTracingをするので同じく Del キーで削除します。Settingの「Output」は、レンダリング解像度やフレームレートを決めます。

　「＋Setting」の各項目をクリックすると各カテゴリの項目を追加していきます。

⬆ 図8-4-5　Settingの起動

　図のように設定項目を追加しました。ファイル形式はEXRにして、圧縮方式を決めます。
　Path Tracerでアルファチャンネルの出力と、ポストプロセスマテリアルの出力をオンにします。ポストプロセスマテリアルでWorld Depth（ワールド深度）とMotion Vector（モーションベクタ）をオンにすることができます。
　更にAnti-aliasingを追加しておきます。

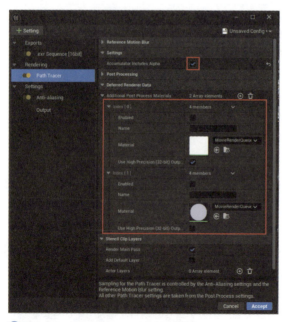

⬆ 図8-4-6　Movie Render Queueの設定1

548　Chapter 8　動画作成とエフェクト

レンダリングパスについては以下のドキュメントをご覧ください（英語）。

→ https://dev.epicgames.com/documentation/en-us/unreal-engine/cinematic-render-passes-in-unreal-engine?application_version=5.5

PathTracerの設定で、LayerEditorで分けたものを要素別にレンダリングすることが可能です。例えば図の様に椅子やテーブルなどレイヤー設定をしておきます。

⬆図8-4-7　レイヤーを設定

PathTracerの設定画面を下の方にスクロールして「ActorLayers」の（＋）をクリックして、作成したレイヤーを指定します。

⬆図8-4-8　レイヤーを設定すると別要素の画像にレンダリングできる

また、Project Settingsで「Alpha Output」のチェックをオンにしておきます。

⬆図8-4-9　Alpha Outputをオン

Anti-aliasingの設定です。Spatial Sample Count(空間サンプリング)とTemporal Sample Count(時間サンプリング)はモーションブラー精度の調整です。値を大きくすること

で、綺麗なモーションブラーを得ることができ、レイトレーシングのノイズを軽減できます。

ここでアンチエイリアシングを設定を変更することも可能です。「Render warm Up Frame」でGPUの処理落ちによるレンダリング画像の乱れを防ぎます。

⬆ 図8-4-10　Movie Render Queueの設定2

> ☕ **Column** RenderGraph（レンダーグラフ：MRG）
>
> レンダリングを更に細かく設定する機能として追加されたものです。
>
> MovieRenderQueueのSettingsの▼をクリックして「Replace with Graph」を選びます。
>
>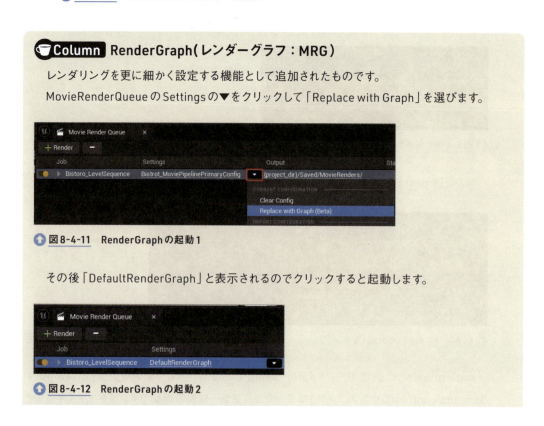
>
> ⬆ 図8-4-11　RenderGraphの起動1
>
> その後「DefaultRenderGraph」と表示されるのでクリックすると起動します。
>
> ⬆ 図8-4-12　RenderGraphの起動2

550　Chapter 8　動画作成とエフェクト

以下がRenderGraphのEditorです。

⬆ 図8-4-13　RenderGraphEditor

以下にQuickStartがあるので参考にしてはいかがでしょう（英語）。

→ https://dev.epicgames.com/community/learning/tutorials/PnRZ/a-quick-start-to-using-the-movie-render-graph-in-unreal-engine-5-4

ドキュメントは以下です。

→ https://dev.epicgames.com/documentation/ja-jp/unreal-engine/movie-render-graph-in-unreal-engine?application_version=5.5

　画面右上に「Unsaved Config」があり、設定はアセットとしてSaveできます。これをMigrationしてチーム内で活用できます。

⬆ 図8-4-14　Load/Save Preset

設定を変更した場合、「Accept」をクリックしないと、反映されません。クリックしてSettingのウィンドウを自動で閉じます。

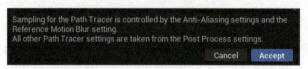

⬆ 図8-4-15　設定を変更してAccept

　Movie Render Queueの画面右上に「Unsaved Queue」があり、設定をアセットとして保存・共有できます。

⬆ 図8-4-16　Movie Render Queueの設定の保存

Movie Render Queueのレンダリング実行

　レンダリング中にクラッシュすることもあるので、一旦プロジェクトをSaveしてから、「Render」をクリックします。本書ではネットワークレンダリングの解説は割愛します。

⬆ 図8-4-17　レンダリング実行

　まず、Compiling Shadersの計算が始まります。しばらく待ちます。

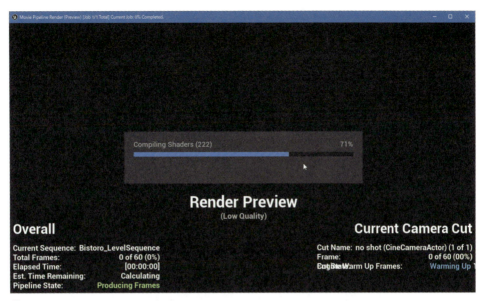

⬆ 図8-4-18　Compiling Shadersの計算待ち

　レンダリングの実行中画面です。フレーム進捗と経過時間・予想終了時間が表示されます。画面が暗いのは椅子のレイヤーだけレンダリングしている画像が表示されているだけで問題ありません。Escキーで強制終了することができます。

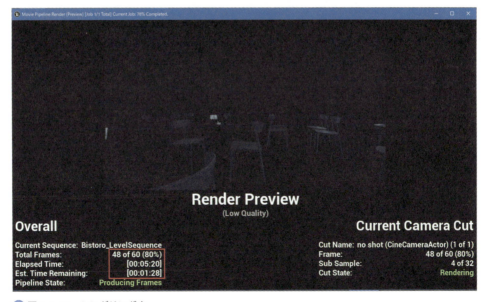

⬆ 図8-4-19　レンダリング中

Outputで指定したフォルダを確認すると連番EXRファイルが生成されています。

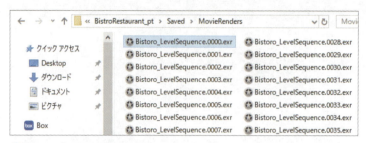

↑図8-4-20　EXRの連番ファイルが生成

DJVで再生を確認します。

↑図8-4-21　レンダリング後の確認

「ファイル」→「次のレイヤー」でレイヤー分けした椅子や机だけのレイヤーを表示することができます。

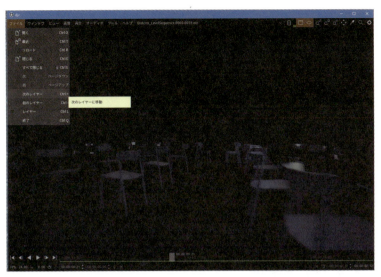

⬆ **図8-4-22　椅子だけのレイヤーの画像**

更に「画像」→「アルファチャンネル」で透明度を確認できます。これでコンポジットツールで加工が可能になります。

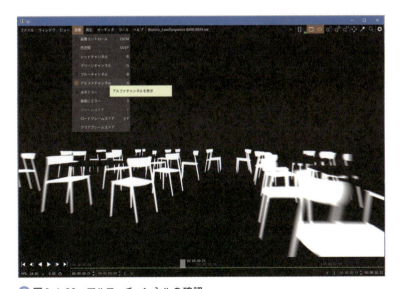

⬆ **図8-4-23　アルファチャンネルの確認**

Movie Render Queueの詳細を知りたい方は公式ドキュメントをご覧ください。

→ https://dev.epicgames.com/documentation/ja-jp/unreal-engine/render-cinematics-in-unreal-engine?application_version=5.5

☕ Column　Engine Scalability Settings と Screen Percentage

　作業中は負荷が高いので、Setting → Engine Scalability Settings の質を下げている場合がありますが、レンダリング時には必ず「Cinematic」にしてレンダリングします。さらに動画の場合、「Motion Picture Performance」をオンにします。

　Viewport Option から Screen Percentage を 200 にします。200％のサイズでレンダリングを行い、UE5内部で指定の解像度に縮小します。100％と比較すると計算時間は4倍かかりますが、高品質のアンチエリアシングイメージを出力できます。

⬆ 図 8-4-24　Screen Percentage を変更

☕ Column　OpenColor I/O

　これは映画やバーチャルプロダクションで主に使用されるカラーマネジメントシステムです。プラグインをオンにして、Movie Render Queue で設定します。

⬆ 図 8-4-25　OpenColor I/O プラグイン

使用方法やドキュメントは以下です。

➡ https://dev.epicgames.com/documentation/ja-jp/unreal-engine/color-management-with-opencolorio-in-unreal-engine?application_version=5.5

Chapter
9

Blueprintによる
インタラクション

前章までは静止画・動画の制作の説明でしたが、本章ではUE5の持つゲーム機能を応用してインタラクションのあるビジュアライゼーションを作成します。UE5を使うメリットの1つが、映像とインタラクティブの両方のコンテンツを作成できることです。その機能を構築するためのプログラミングの手法を学びます。専門知識がなくとも、ビジュアルスクリプティングというノードを接続するだけでプログラムを作成することができます。

Section 9-1 Blueprintのプログラミングの基礎

9-1-1 インタラクションのためのレベルの作成

サンプルのレベルを準備する

新規でTimeOfDayテンプレートから床と壁だけのレベルを作ります。Post Processで露出を調整し、暗い空間にします。

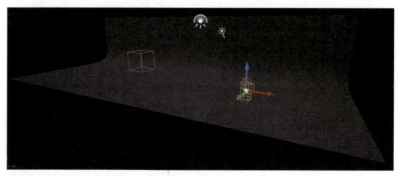

⬆ 図9-1-1 暗い部屋で壁と床だけのレベルを作成

Content Browserからをオフロードバイクの Blueprint を配置します。

⬆ 図9-1-2 Dark Back Groundとオフロードバイク

今回はPlayerがカメラなので、[Play]して丁度良い視点になるように位置・角度を調整します。水色の矢印がカメラの方向です。Playerに「Bad size」のエラー警告が出る場合がありますが、無視して問題ありません。

⬆ 図9-1-3　Player Startの位置を変えてカメラアングルを決める

Collisionの設定とBlocking Volume

　Playするとキーボード操作でウォークスルーを作成できます。しかし、カメラが地面の下に潜ってしまう場合があります。背景のメッシュのCollision（コリジョン）というPlayerとの当たり判定と衝突していることが原因です。これはDCCツールからFBXでインポート時に自動で生成されます。

　背景メッシュのStatic Meshエディタを開いて、Collision→Auto Convex Collisionを実行して、画面右下のApplyをクリックすると、メッシュ形状に沿った緑のCollisionが設定されます。Static MeshエディタでSaveをします。

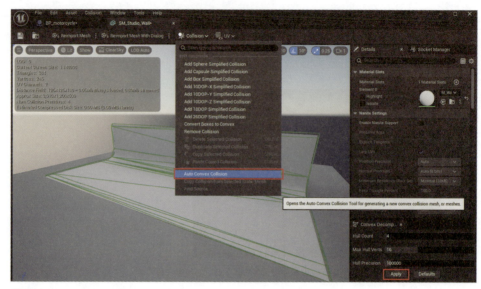

⬆ 図9-1-4　Collision（コリジョン）設定

　これでPlayerは移動できるようになりました。今度はそのままバイクにかなり近くまで移動することが可能になっています。そこで「Volume」の「Blocking Volume」を作成します。

⬆ 図9-1-5　Blocking Volumeの作成

スケールと位置を調整し、バイクを囲みます。この中にPlayerは入ることができない状態になります。

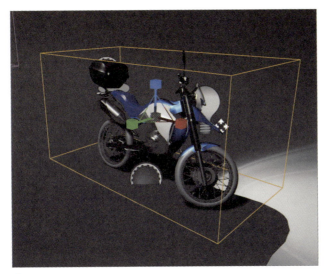

⬆ 図9-1-6　Blocking Volume の配置

9-1-2 ｜ プログラミングの仕組みや概念を理解する

　Blueprint（以下BP）はプログラムを作成する仕組みです。本来は大規模なゲームを作る機能なので、習得には膨大な時間がかかります。

　しかし、ビジュアライゼーションでの活用はそこまでの知識がなくとも、必要な機能だけに絞ることができれば短時間で使うことができるようになります。さらにプログラムは Material Editor のような UI で作るので、第4章の内容を理解できていれば、デザイナーでも容易に操作できます。

Blueprint Editor（ブループリントエディタ）の基礎

　基本は Level Blueprint（レベルブループリント）です。ツールバーの「Blueprints」から図のように「Open Level Blueprint」を選んでください。

⬆ 図9-1-7　Open Level Blueprintを選択

　Blueprint Editorが開きます。最初に「Level Blueprint＝現在のLevelで全てを操作するプログラム」を作ります。基本操作はMaterial Editorと同じです。Nodeの移動、視点の移動など、復習をしてください。このNodeがある領域をEvent Graph（イベントグラフ）と呼びます。

　この画面で操作・修正したら、必ず「Compile（コンパイル）」をするのがBlueprintのルールです。

[F7] キー＝ BlueprintのCompileの実行

⬆ 図9-1-8　Blueprint Editor。修正したらCompileする

　次の図のようにOutlinerからバイクの背景にある壁と地面の「SM_AutoStage_Wall」をドラッグして、Blueprint Editorへドロップします。このアイコンがBlueprint内で壁の情報を操作する意味になります。

⬆ 図9-1-9　OutlinerからBlueprint Editorへ

この壁「SM_AutoStage_Wall」には黒いマテリアルを作成してあらかじめ設定しておきます。白いマテリアルも用意しておきます。

⬆ 図9-1-10　「SM_AutoStage_Wall」のマテリアル2つ

図のように壁NodeのPinからドラッグしてマウスを移動するとワイヤーが伸びるので、マウスボタンをはなすと検索ダイアログが表示されます。「set mate」というキーワードで検索します。もし、検索で表示されない場合は、このダイアログの右上のチェックを外してください。「Set Material」を見つけたらクリックします。

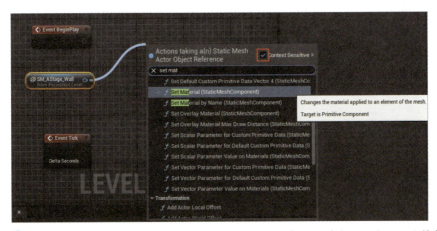

⬆ 図9-1-11　「SM_AutoStage_Wall」からドラッグしてWire（ワイヤー）を出してキーワード検索する

Section 9-1　Blueprintのプログラミングの基礎

> **☕Column** 日本語はなるべく使わない
>
> 　Asset、Actor、Projectの名称も同様に日本語を使うことは避けるべきです。Blueprintのエラーが出ていないにも関わらず正しく動作をしないとき、その原因の多くは日本語の使用によるものです。
>
> 　また、エディタを英語表示にしているのはBlueprintのNodeを検索する場合、日本語だと検索できないことがあり、不具合に原因にもなります。後述のUIの場合、日本語表示は画像で用意することをお勧めします。

Blueprintの仕組み

　Blueprintは「ビジュアルスクリプティング」と呼ばれ、コンピュータへの命令文である「ソースコード」を書かないでプログラミングする仕組みです。

　赤いNodeの「Event Begin Play」のPinからSet Materialにつなぎます。この線は「Wire（ワイヤー）」と呼びます。Event Begin Playとは「ゲームをプレイ開始したら実行してください」というイベントです。

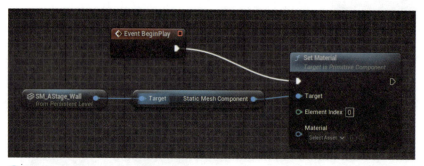

⬆図9-1-12　WireでNodeを接続

　Blueprintでは右に向いたホームベース型と丸型の2種類のPinがあります。ホームベース型の正式名称は「Execution Pin（実行ピン）」といい、処理の順番を決めます。

　Event Begin Playの赤いNodeは「イベント」と呼ばれるもので、動作のトリガー（きっかけ）を意味します。青いNodeは「ファンクション（関数）」といい、イベントを受け定義された動作を処理します。「Set Material」の後ろにもExecution Pinがあります。このあとにもファンクションをつなぎ、次々と動作をしていくことを設定できます。

　丸いPinは「Data Pin（情報ピン）」と呼びます。「Set Material」はマテリアルを変更する機能のNodeです。しかし「どのアクタに？」「どんなマテリアルを？」という情報がないと

動作しません。丸いPin同士でそういった情報を伝えていきます。

　Execution PinとData Pinは、伝達している情報が違うので、お互いを接続することはできません。

　Data PinとWireの色は青です。「Set Material」には緑のData Pinもあります。これは情報の種類を意味しています。これを「Variable Type（変数の型）」といい同じ丸いPinでも違う色同士をつなぐ場合、接続できない問題が発生します。そこで、色（型）を変えるNodeを入れて解決する場合もあります。「SM_AutoStage_Wall」から接続された横に長いNodeは、UE5がその問題解決のために自動で挿入されたものです。

　Content Browserの白いマテリアルを、「Set Material」の上にある「Select Asset」へドラッグ＆ドロップして、切り替わるマテリアルを設定します。

⬆ **図9-1-13**　マテリアルを設定

　これで完成です。必ずCompileしてSaveします。

⬆ **図9-1-14**　必ずCompileする

Section 9-1　Blueprintのプログラミングの基礎

このプログラムを図にすると次のようになります。右の「?」Nodeはこのあといくつでも処理を連続させることができるという意味です。プログラミングは、人間の作業を細かく段取を決めてコンピュータに指示をしていくことです。旅行のスケジュール決めや料理の手順を効率よく進められる人はプログラミングも早く習得できるかもれません。

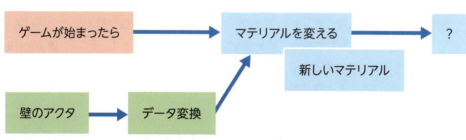

図9-1-15　ブループリントの処理を日本語に置き換え

Playすると、壁が自動で白くなります。Escキーで終了すると黒い壁に戻ります。

このようにBlueprintでNodeを接続して、レベルにある座標、色、光、マテリアルなどを「イベント」によって変化させ、インタラクティブなコンテンツを作るのです。

図9-1-16　Playすると壁が白くなった

NodeとPinの上でマウスオーバーすると、その機能の説明が表示されます（英語）。[Element Index]はそのアクタに複数のマテリアルがある場合の番号を入力することできます。

↑ 図9-1-17　マウスオーバーで説明が出る

　これを少し改造してみましょう。「Set Material」のExecution出力PinからドラッグしてWireを伸ばして、今度は「pr st」と検索し「Print String」を選びます。
　図のように「In String」にメッセージを入力します。ここは日本語でも構いません。これでSet Materialのあとに、メッセージを表示する流れになりました。

↑ 図9-1-18　Print Stringを追加接続

　Playすると、Viewportの右上に小さく文字が2秒間だけされます。これでBlueprintがどのNodeまで動作しているか確認できます。

↑ 図9-1-19　解説の文字を表示

Section 9-1　Blueprintのプログラミングの基礎　567

9-1-3 | Variable（変数）

　表示するメッセージをいちいち「Print String」に入力するのも面倒です。よく使うDataは事前に用意しておくと、それを設定するだけで済みます。これを「Variable（変数）」といい、情報を入れる「器」です。

　図は、Blueprint Editorの左のVariablesの「＋」をクリックしたときのものです。その下に変数が生成されます。右側にDetailsがあり、Variable Nameを「Message」に名前を変更します。ここでも日本語や記号は使用禁止で"_"だけ利用可能です。特にスペースは使わないように注意します。

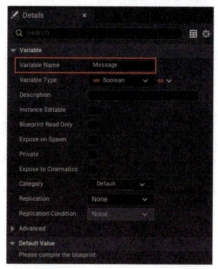

⬆ 図9-1-20　Variable（変数）を作成

　「Print String」の下の「V」をクリックすると、隠れていた設定項目が表示されます。Pinの色が文字はピンク、Durationはメッセージの表示2秒間の数値は緑、文字のカラーは紺、チェックボックスは赤であることが分かります。

　VariableのDetailsから「Variable Type」をクリックするとVariableの型の同じ色のリストが表示されます。

⬆ 図9-1-21　Pinの色は変数の意味

これが変数の型です。それぞれどのような種類のデータを入れる器なのか解説します。

赤	Boolean（ブーリアン）	0と1で判断する値を入れる
薄い緑	Integer（インテジャー）	整数を入れる。主にカウントに使う
緑	Float（フロート）	実数（小数点以下がある数）を入れる
ピンク	String（ストリング）	表示する文字を入れる
黄色	Vector（ヴェクタ）	3つの値（XYZ・RGB）を入れる（2つや4つもある）
青	Structure（ストラクチャ）	構造体といってMesh・Materialなど様々な情報の集合体

「Print String」に入れるPinはピンクなので「String」を選びます。Compileすると一番下に「Default Value」が表示され、初期値を設定できます。そこに表示したいメッセージを入力します。

↑図9-1-22　Variable Type を決定

　左の「Variable」にある「Message」を Event Graph へドラッグ＆ドロップします。ダイアログから「Get Message」を選び、変数の Node を作成します。これを「Print String」へつなぎ、Compile します。実行すると全く同じ結果ですが、変数の使い方の違いを理解できたと思います。

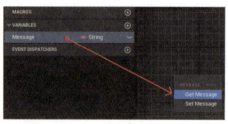
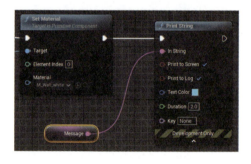

↑図9-1-23　Variable を接続

9-1-4 ｜ Keyboard Event（キーボード・イベント）と Flip Flop

キーを押すと色が変わる仕組みを作る

　現在 Play で自動に背景が変わりますが、これをキーボードの特定のキーを押すと背景が変わるように改造します。

　再び Level Blueprint を開きます。Event Graph の何もない場所で右クリックし、キーワードとして、「Keyb 1」とスペースを空けて検索します。「Input」の項目から、1キーを使

います。これ以外にもMouseやVIVE/OculusなどVR機器、PS4、Steam、Xboxなどゲームの Inputがあります。

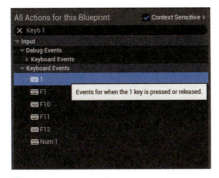 

⬆ 図9-1-24　キーボードイベント

☕Column　Xbox360ゲームコントローラー

UE5ではプラグインやドライバの設定なしで、USB接続のXbox360ゲームコントローラーで操作することが可能です。古い機種なので、互換性のあるものでしたら同様に使えます。
テンプレートのファーストパーソン、サードパーソン、自動車ゲームなど全てゲームコントローラーに設定済なので、接続するとすぐにPlay可能です。

次の図のように「Event Begin Play」のWireの上にマウスを移動し、ALTキーを押しながらクリックして切ります。そこに1キーボードをつなげます（切り離したノードはそのままで問題ありません）。

Playすると、黒い背景のままですが、Viewportを一度クリックしてから、1キーを押すと白い背景になります。

⬆ 図9-1-25　1キーを押すイベント

Flip Flop

しかし、これでは黒い壁に戻すことができません。そこでまず「Variable」の「Message」変数を複製します。一度 Compile した後、表示メッセージを変更します。

次の図のようにノードをマウスでドラッグして囲み、Ctrl ＋ D で複製し、下に移動します。更に、Content Drawer から「Set Material」に黒い壁のマテリアルを設定します。複製した変数を Get して接続します。

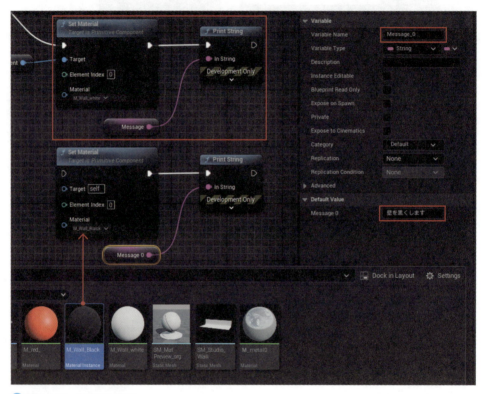

⬆ 図 9-1-26　色を元に戻す

右クリックから「Flip Flop」Node を探します。

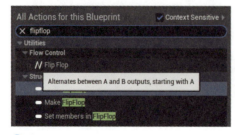

⬆ 図 9-1-27　Flip Flop

「Flip Flop」はイベントが発生するごとにAとBに流れが交互に切り替わります。
このように黒いNodeはBlueprintの流れを制御します。

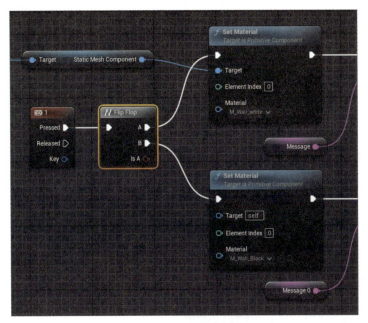

⬆ 図9-1-28　キーを押すごとにA/Bが切り替わる

ところが、Compileするとエラーになります。ノードが赤く「ERROR!」と表示されます。

⬆ 図9-1-29　Compileのエラー

画面下にエラーメッセージが表示されます。「Target」が接続していないのがエラーの原因です。

エラーメッセージは英語なので、メッセージをCTRL＋Cからコピーをして機械翻訳ソフトで和訳してみましょう。

Section 9-1　Blueprintのプログラミングの基礎　573

⬆ 図9-1-30　エラーメッセージが表示

また、エラーメッセージをネットで検索すると同様のトラブルの対策が記載されているフォーラムやブログを見つけられる場合があります。

Targetを接続して、再Compileするとエラーが表示されなくなりました。

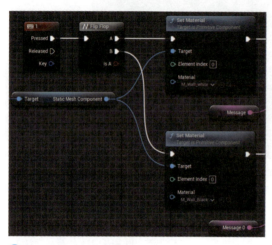

⬆ 図9-1-31　エラーが解消

Playした後、一度Viewportをマウスでクリックしてください。キーを押すごとに背景色が変わるインタラクションが設定できました。

⬆ 図9-1-32　Flip Flopで色を切り替え

9-1-5 カメラの切り替え

プレゼンテーションの際に複数のカメラアングルを切り替えたい場合には、別のカメラを用意して、Blueprintで切り替えていきます。まずカメラを2つ作成し、レベルに配置します。

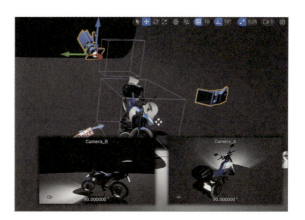

↑ 図9-1-33　カメラを複数作成

「Get Player Controller」を検索します。これは現在レベルにいるPlayer Start、つまりPlayerの情報を出力します。

カメラを切り替えるために「MultiGate」を使います。これはイベントを受けると、右のPinの上から順にイベントを出力します。「Add Pin」でPinを追加、右クリックから削除できます。「Loop」をオンで繰り返しになります。これにキーボードイベントの「2」を接続します。

↑ 図9-1-34　Get Player ControllerとMultiGate

カメラ2つもOutlinerからドラッグ＆ドロップします。そこからWireを伸ばし、検索で「Set View Target」を探します。これはイベントを受けたら、カメラを切り替えるNodeです。

Section 9-1　Blueprintのプログラミングの基礎　575

⬆ 図9-1-35　視点を切り替えるBlueprint

☕Column　Set View Target が検索で表示されない場合

「Set View Target」で検索しても該当のNodeが表示されません。

Cameraからワイヤーを伸ばして検索するので、使うと思われる候補を絞りこんでしまいnodeが見つからないことがあります。これは検索ダイアログの右上に「Context Sensitive」のチェックがONになっているからです。このチェックをOffにすれば出てきます。

⬆ 図9-1-36　「Context Sensitive」のチェックをOffにすると検索される

　　最終的に図のようにWireを接続します。
　　さらにカメラをPlayerに戻すために「Set View Target」をコピーして、「Target」に「Get Player Controller」をつなぎます。

キー2を押したらCamera_AとBと切り替わり、もう一回押すとPlayerのカメラに戻るという繰り返しになります。

最後にNodeを全てマウスドラッグで囲みCキーを押します。これはチーム内でプログラムを共有する際にコメントを付ける機能です。

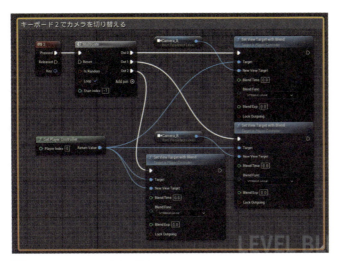

⬆ 図9-1-37　カメラを切り替えるBlueprint

Playして2キーを押すとカメラが切り替わります。

⬆ 図9-1-38　キーでカメラを切り替える

Column グレーのボールが出る問題

カメラを切り替えると表示されるグレーボールはPlayerです。これを非表示にするには、この章の最後のコラム「オービットカメラの設定」の理解が必要になり、高度な設定が必要です。

Section 9-1　Blueprintのプログラミングの基礎　577

9-1-6 | Event Tick（イベントティック）でバイクを回転

バイクをターンテーブルで回すアニメーションを作成します。まず、バイクを選択しBlueprint Editorへドロップします。

Level Blue Printで「Add Actor Local Rotation」を選択します。これはそのアクタの回転を行うNodeです。最初からある「Event Tick」をつなぎます。Tickは1秒間に30回イベントを発生します。

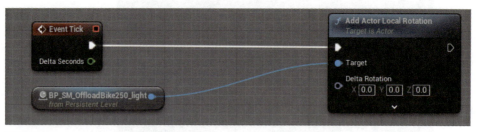

⬆ 図 9-1-39　Add Actor Local Rotation

回転の角度を決めるFloat（実数）のVariable（変数）を作成し、Compileしたあと Default Valueを0.1にします。

⬆ 図 9-1-40　Floatを作成

「Add Actor Local Rotation」は「Delta Rotation」に回転角度を入れるとTargetのアク

タを回転するNodeです。先ほど作成したZ回転の値の変数は、Pinの色が違うので型が合わずできません。そこで、Pinを右クリックして「Split Struct Pin」を実行します。これでPinをX、Y、Zの3つに分解します。青いPinが緑になり、接続可能になります。

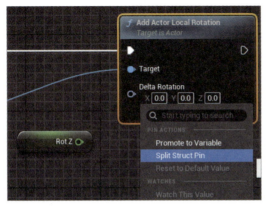

⬆ 図9-1-41　変数の型が合わないのでPinを分離する

UE5が30fpsで処理をしているので、「Event Tick」がZ回転を1フレームにつき0.1増加します。これでバイクは1秒間に3度ずつ回転し続けます。

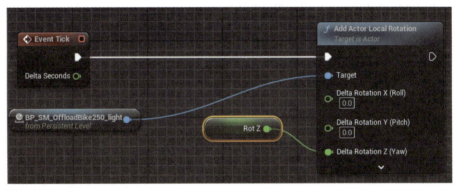

⬆ 図9-1-42　バイクが回転を続ける

9-1-7 | インタラクティブに回転する

自動ではなくインタラクティブに回転する仕組みに変更します。これは回転する変数を「Set」で変更することで可能になります。

○図9-1-43　変数のSet

　前回使ったMultiGateにキーボードイベント「Z」をつなぎ、Pin出力を3つにして、Setを3つ複製したものに接続します。Setはイベントを受け付けると、変数にPinの値を代入します。まず変数のDetailsでRotZを0に変更しておきます。Playすると、Zキーを押すごとに、RotZ変数が0.1→0→-0.1と切り替わり、回転→静止→逆回転という動作をします。「Loop」のチェックをオンにすることでこれを繰り返します。MultiGateのPinは増やすことができるので、違う速度を設定しても良いでしょう。

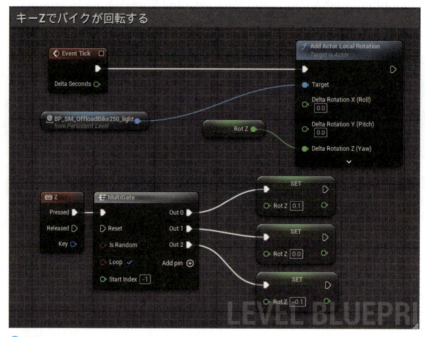

○図9-1-44　MultiGateでSETする

⬆ 図9-1-45　PlayするとZキーを押すごとに回転→停止→逆回転という動作を繰り返します。

Column　Nodeを整列する方法

　Event GraphのNodeを操作していると乱雑な配置になりがちです。そこでNodeを複数選択して、右クリックから「Alignment」で整列します。これはMaterialエディタでも可能です。

⬆ 図9-1-46　NodeのAlignment

9-1-8 │ Media Frameworkによる動画テクスチャ

　MP4の動画をテクスチャとして使用できます。この機能は8章のP542の「Composure」で簡易的に説明していますが、この節を読んで8章に戻ってください。

Content Browserに「Movies」フォルダを作成し、動画ファイルをドラッグ&ドロップでインポートします。

⬆ 図9-1-47　Moviesフォルダにインポート

Content Browserで右クリックから「Media Player」を作成します。

⬆ 図9-1-48　Media Playerを作成

Media Textureを作成するかを確認されるので、チェックをオンにしてOKをクリックします。

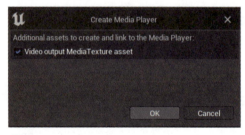

⬆ 図9-1-49　Media Textureを作成するチェックを入れる

Media PlayerとMedia Textureアセットが作成されます。名前を任意に変更します。

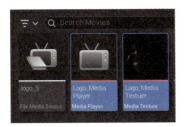

⬆ 図9-1-50　2つのアセットが作成される

Media Playerをダブルクリックして起動します。ファイル名を右クリックから「Open」で動画の再生が確認できます。右にあるDetailsの「Loop」のチェックをOnにしておきます。確認できたらSaveしておきます。

⬆ 図9-1-51　動画の再生が確認

Media TextureをBase Colorにしたマテリアルを作成します。ShapeのPlaneを作成し、それを壁にかかった大型ディスプレイに見立てて配置します。Media Textureも通常のテクスチャと同じくStatic MeshのUVに沿って表示できます。

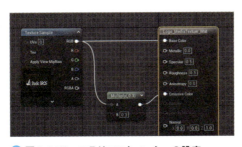

⬆ 図9-1-52　マテリアルとメッシュの設定

Section 9-1　Blueprintのプログラミングの基礎　583

Blueprint Editorを起動して、[Media Player Object Reference]という変数を作成します。Default ValueにMedia Playerアセットを設定します。

⬆ 図9-1-53　Media Player Object Reference 変数

Media Player Object Reference変数をGetして、「Open Source」Nodeに接続します。「Media Source」にインポートしたビデオファイルのアセットを指定します。Flip Flopを追加し、Closeをつなぐと再生/停止を切り替えられます。

⬆ 図9-1-54　Open Source Nodeに接続

Playして X キーで動画が再生されます。

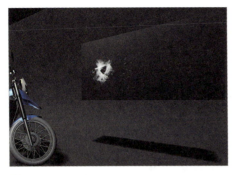 

⬆ 図9-1-55　ビデオの再生

　Media Playerは「Media Framework」ツールの1つです。動画だけでなく、シーケンスファイル、オンラインのライブストリーミング、カメラのキャプチャなど様々な機能があります。詳細は以下をご覧ください。ここで、レベルを一旦Saveします。

→ https://dev.epicgames.com/documentation/ja-jp/unreal-engine/media-framework-in-unreal-engine?application_version=5.5

☕Column　Blueprintでサウンドを再生

　Play Sound 2D＝方向はなく空間全体のBGMになります。音源は、モノラル、ステレオどちらでも可能です。

　Play Sound at Location＝位置、回転、減衰設定することで、特定の位置から音源を発生させ、距離に応じて減衰させることが可能です。

⬆ 図9-1-56　Sound Node

9-1-9 | 背景を入れ替える

　車や家などを、様々な風景や時間、シチュエーションで見たらどうなるか、という点はビジュアライゼーションでは重要です。背景を入れ替えるBlueprintを作成してみます。新規レベルで次のような3つの風景を作成します。

⬆ 図9-1-57　暗いスタジオ背景

⬆ 図9-1-58　平原の背景

⬆ 図9-1-59　夕焼けの平原の背景

　それぞれの風景を「One」「Two」「Three」というレベル名にしました。

⬆ 図9-1-60　3つのレベル

「New Level…」から Empty Level で起動します。

⬆ 図9-1-61　Emptyで新規レベル作成

　このレベルにオフロードバイクのBlueprintを配置します。ライトがないので、Unlit表示にして位置を調整します。これでレベルを一旦Saveします。

　Levels Editorに先ほどの背景だけの3つのレベルをドラッグ&ドロップして配置します。ここまでの説明では、右クリックからStreaming Methodを変更していましたが、今回は何もしません。目玉のアイコンで各レベルの表示をオフにします。

⬆ 図9-1-62　Levelエディタに3つのレベルを配置

　Level Blueprintを開きます。図のように「Event Begin Play」に「Load Stream Level」を作成してつなぎます。「Level Name」には「One」とキーボードから入力します。これは指定されたレベルを現在のレベルにロード＝メモリ上に配置、というNodeです。これを3つ

に複製して接続すれば、3つのレベルをロードできます。

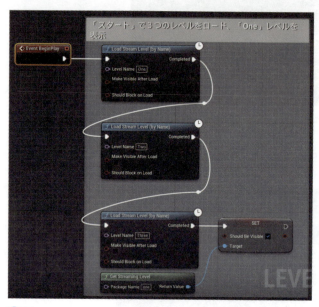

⬆図9-1-63　3つのレベルをロード

　今の状態はかなりWireが絡んでいて混乱しやすく、メンテナンス性も低くなります。そこで、「Reroute Node」を使います。既につながっている場合はWireの上をダブルクリックすると、そこから折り曲げることができます。右クリックからRerouteだけを作成することもできます。

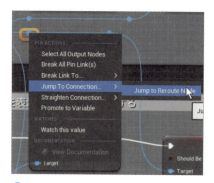

⬆図9-1-64　Reroute Node

　「Get Streaming level」Nodeを出します。これは現在Levels Editorにある情報を入手し、Package Nameの値がレベル名です。これを3つにコピーします。
　そこからWireを引き出し、「set visi」で検索し、「Set Should be Visible」Nodeを出します。

Nodeは「SET」だけ表示されます。このチェックをオン/オフにすると、レベルを表示/非表示することができます。これを3つ複製して次のように接続します。7キーを押すとOneレベルが表示され、Two・Threeレベルは非表示になります。

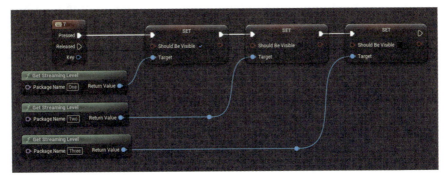

⬆ 図9-1-65　Get Streaming levelとSETを3つ

これをまとめて、2回複製し、図のように配置して、接続を行います。

8キーでは、Twoレベルが表示され、One・Threeレベルは非表示です。9キーでは、Threeレベルが表示され、One・Twoレベルは非表示というように同じ処理をしています。

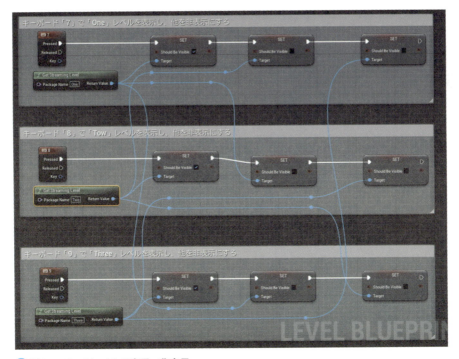

⬆ 図9-1-66　3レベルの表示・非表示

Section 9-1　Blueprintのプログラミングの基礎　589

Playして7〜9キーでレベルの切り替えを確認します。各レベル側にライトがあり、バイクをそれぞれの背景で違ったライティングできます。これは応用範囲が広い機能です。

⬆ 図9-1-67　3つの背景レベルに切り替え

> **Column　コンソール変数の実行**
>
> 「Cmd」へコマンド入力して設定を変えることをここまでに何度か説明しました。しかし、UE5を起動する度にコマンド入力しないといけません。
>
> そこで次の図のようにExecute Console Commandノードを「Event Begin Play」につなげます。コマンドをフィールドに入れます。Playするとコンソール変数コマンドを入力・実行と同じ効果が得られます。例えば、「r.ScreenPercentage 200」では、200%のサイズでレンダリング後、表示解像度に縮小します。また、「stat fps」コマンドは画面右上にフレームレートを表示します。
>
>
>
> ⬆ 図9-1-68　Execute Console Command

Section 9-2 Blueprint Actor

9-2-1 │ Level と Blueprint Actor の違いと作り方

　　Level Blueprint と Blueprint Actor は基本的なプログラムの仕組みは同じです。Level Blueprint はワールド全体を自由に操作できます。しかし、レベルに Actor が大量にある場合、Level Blueprint でそれら1つ1つを管理することはかなり大変です。一方 Blueprint Actor は個々の Actor が自分でプログラムを持って独自に動作するので、個々に処理を任せることができます。

　　例えば、ゲームのモンスターが100体動いていたら、Level Blueprint では100体分の行動や体力、戦闘などを管理することになりますが、Blueprint Actor ならば、モンスターは自分自身で行動や体力を管理できる、ということです。

　　Level Blueprint と Blueprint Actor はイベントや変数をお互いに共有する機能があるので、モンスターがやられた状態になったら、それを Level Blueprint へ報告することができます。

■ CAD のヘルメットを Blueprint Actor に変換

　　今回のオフロードバイクは UE5 にインポートする際、既に Blueprint Actor として変換されているので、ここでは新規で作る方法を説明します。

　　Content Browser で右クリックから「Blueprint Class」を選択します。ダイアログでは「Actor」をクリックします。「Class」とは、プログラムとデータの設計図のようなもので、それを元に新しい Actor を作れば、短時間で作成できるメリットがあります。例えば「車 class」があれば、その設計を元にスポーツカーやワゴン車にしていく、というプログラミングの手段があり、これを「オブジェクト指向」と呼びますが、ここではそれはあまり考える必要はありません。

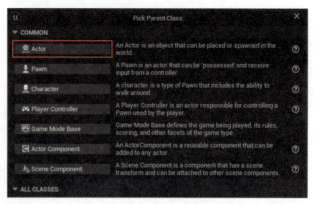

⬆ 図9-2-1　Blueprintの新規作成

　Content BrowserにBlueprint Actorができました。命名規則としては「BP_」を付けます。ダブルクリックでBlueprint Editorが開きます。中央のグレーのボールは「空のActor」で、Play時には非表示になります。

　図のようにアセットをContent DrawerからComponents（コンポーネント）へドラッグすれば配置できます。SHIFTキーを押しながらクリックして複数選択、からでも構いません。ライトやカメラなどでも可能です。これらの要素をBlueprint ActorではComponentsと呼びます。

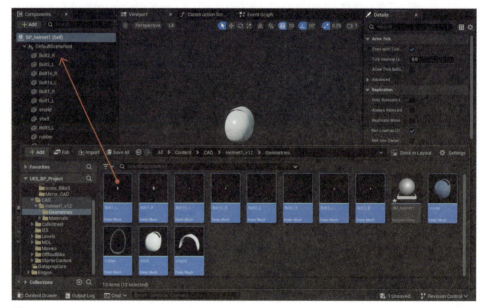

⬆ 図9-2-2　Blueprint Editorへアセットをドラッグ

これをCompileしてから保存して、オフロードバイクのBlueprint ActorのBlueprint Editorを開きます。先ほど作成したヘルメットをBlueprint ActorをComponentsへドラッグ＆ドロップします。このようにBlueprint Actorの中にさらにBlueprint Actorを挿入して、入れ子状態にすることができます。

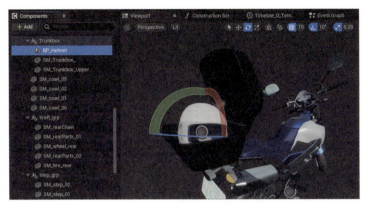

⬆ 図9-2-3　Blueprint Actorの中にBlueprint Actorを入れることができる

Decalの設定

Componentsの「＋Add」からDecalを追加することができます。Decalをヘルメットの下に階層化します。Transformをリセットすると親階層の位置と角度が自動で設定されるので、そこからサイズや角度を調整します。

曲面に沿ってテクスチャを貼りたい場合はUV座標に変更するべきです。

⬆ 図9-2-4　Detailの階層と位置合わせ

9-2-2 | ライトの明るさを外部から制御する

バイクのBlueprint ActorをBlueprintエディタで開きます。第3章で昼用と夜用でライトが違う2バージョンを作りましたが、それでは管理が面倒です。これを「Construction Script」を用いて対応できるようにします。

ViewportタブからEvent Graphタブに切り替えるとLevel Blueprintと同じようにNodeを接続してプログラミングできます。

↑ 図9-2-5　オフロードバイクのEvent Graph

特殊な機能としてConstruction Scriptタブがあります。これはアクタがレベルに配置されたときにNodeを実行し、レベルにいる限り常時プログラムが動きます。

まず図のように「Components」からヘッドライトのPoint LightをGraphへドラッグします。

↑ 図9-2-6　Lightをドラッグする

ライトから「Set Intensity」を追加します。Floatで「Headlight」変数を作成します。ポイントとして目玉のアイコンをクリックして開けておきます。これは外部からの操作で値の変更を許可するという意味です。

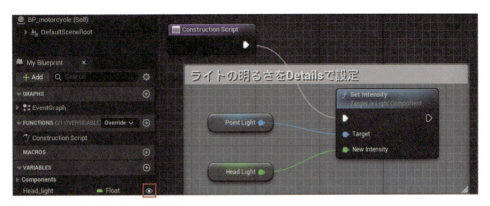

⬆ 図9-2-7　変数を作成、目を開ける

レベルにあるオフロードバイクのDetailsに「Head_light」の項目が追加されました。この数値を大きくするとBlueprintの中のライトのIntensityが変わります。これで1つのアクタで昼間用と夜用にすぐに切り替えができるようになります。設定した値はレベルに保存されます。

⬆ 図9-2-8　Detailsにライトの明るさを変更する項目が追加

ライトの明るさは変化できますが、ライト反射板のマテリアルが明るいままです。これもConstructionで操作します。

まず、Booleanで変数を作り目玉のアイコンをクリックして開いた目にします。

これをGetします。

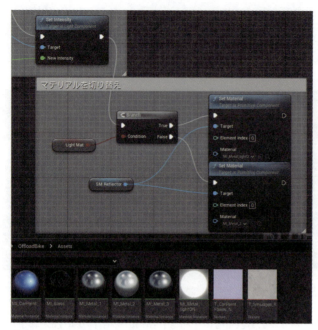

⬆ 図9-2-9 「Branch」を使ってプログラムの流れを変える

　図のようにNodeをつなぎます。「Branch」とはプログラミングで良く出てくる「if」にあたるもので[Condition]の値によって、TrueとFalseに流れを分岐する機能です。
　「Sm_Refrector」はライトの後ろの反射板のメッシュでこれを[Set Material]で光っている/光っていない状態を切り替えます。

⬆ 図9-2-10 バイクのDetailsに変数が追加される

　Detailsに「Light Mat」変数のチェックボックスができます。
　これをOn/Offするとライトの反射板の質感が切り替わります。

⬆ 図9-2-11　チェックボックスでマテリアルの変更ができる

このように、外部から変数を操作できるActorを作成することができます。プログラミングが不得手なデザイナーでも修正が可能になります。

9-2-3 │ ライトのON/OFF切り替えとオプションパーツ

バイクのBlueprint Editorを「Event Graph」に切り替えます。ライトのON/OFFをキーボードから操作します。右クリックから「Toggle」で検索して「Toggle Visibility」を出します。検索のリストにメッシュ名が表示されるので「PointLight」があるものを選びます。自動でライトのNodeが接続します。キーボードイベント③で動作するようにします。「Toggle Visibility」はTargetのアクタを表示・非表示するNodeです。

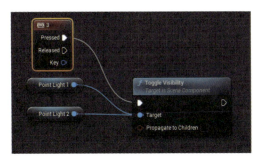

⬆ 図9-2-12　ライトをオン・オフ

Compile後Playして③キーを押しても動作しません。キーボードを押した情報はPlayerが持っていますが、オフロードバイクのBlueprintに伝わっていません。そこで「Event Begin Play」と「Get Player Controller」、「Enable Input」を図のように接続します。Play直後にPlayerのデータを受け取り、キーなどの操作が届くように設定しました。

Level Blue Printで「Toggle Visibility」を使う場合はこの処理は不要です。

⬆図9-2-13　Event Begin Play と Enable Input

　図のようにライトのオン・オフができるようになりました。Flip Flopを使わなくても一回ごとに切り替わります。
　ライトのStatic Meshのマテリアルも変化させます。ライトのVisibleをオフにして非表示にします。

⬆図9-2-14　ライトのVisibleをオフ

　Constructionから一部のNodeをコピー/ペーストして、次のようにNodeを接続し、Emissiveが切り替わるようにマテリアルに切り替えます。

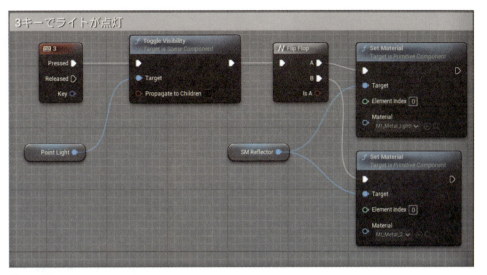

⬆ 図9-2-15　マテリアルの切り替え

⬆ 図9-2-16　ライトのオン/オフ

　同様の操作で、オフロードバイクのリアキャリアにあるオプションパーツであるトランクボックスの表示、非表示を行うこともできます。各種製品のオプションパーツやインテリアの家具、工具・工作機械のアタッチメントの表示・非表示など応用範囲が広い仕組みです。

9-2-4 ┃ Timelineでトランクボックスのフタを開閉

　図のようにキーボードイベントから、「timel」で検索するとTimeline Nodeができます。

⬆ 図9-2-17　Timeline Nodeの作成

ダブルクリックでEditorに新しい「Timeline」のタブができます。「＋Track」のボタンをクリックし、「Add Float Track」を選んでください。

⬆ 図9-2-18　Timelineのグラフを新規作成

横軸が時間、縦軸が変化量で、白い線が原点です。SHIFTキーを押しながら、グラフ上をクリックすると点が作成でき、それを繰り返せばグラフになります。TimeLineの右上の「Length」でアニメーションの長さを決めることができます。

点は適当にクリックして構いません。間違えた場合、選択してDelキーで削除できます。その後、点をクリックして数値でTime（時間）とValue（値）を入力して修正します。後ろのキーの値は回転角度ですので90度くらいを入力して「Enter」します。グラフが画面外に出てしまいますが、Fキーでグラフを画面サイズに合わせます。

⬆ 図9-2-19　SHIFTキーをクリックしてグラフを描く

点を右クリックして補完方法を選択し、ベジェハンドルで曲率を変化させます。変更したらCompileします。

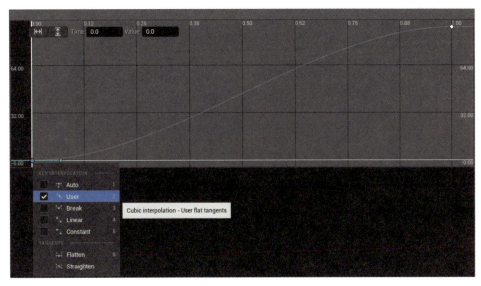

⬆図9-2-20　Timelineのグラフの操作

Event Graphへ切り替えて、Componentsからトランクのフタを配置します。そのPinからドラッグして「set rot」で検索し、「Set Relative Rotation」を選びます。Set Relativeは設定した角度に回転するNodeです。

図のように接続します。「Timeline」で作ったグラフの縦軸の変化の値は「Rot Trank」から出力されます。しかし、「Set Relative Rotation」側と色が違うので接続できません。Pinを右クリックしてから「Split Struct Pin」を選択し、Pinを3つに分解してZに接続します。

⬆図9-2-21　トランクのフタを開閉する処理

⬆ 図9-2-22　④キーでトランクのフタを開閉

> ### ☕Column　Sequencerの再生
>
> 　レベルにあるSequencer ActorをLevel Blue Printにドラッグして、「Play」というNodeをEventに接続することでイベントからシーケンサーを再生することができます。また「Pause」というNodeで一時停止をかけられます。
>
> 　バイクのハンドルは回転軸が複雑なので、ここまでの方法だけでは回転アニメーション制作が困難です。Sequencerを使うことをお勧めします。
>
>
>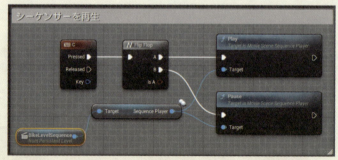
>
> ⬆ 図9-2-23　Sequencerの再生
>
> 詳細は次のドキュメントをご覧ください。
>
> → https://dev.epicgames.com/documentation/ja-jp/unreal-engine/play-cinematics-from-blueprints-in-unreal-engine?application_version=5.5

9-2-5 クリックでボディの色を変える

オフロードバイクのボディカラーをインタラクティブに変更できるようにします。まず、カラーバリエーションをMaterial Instanceで準備しておきます。

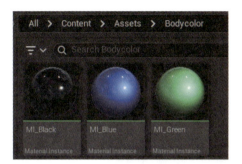

⬆ 図9-2-24　ボディカラーのMaterial Instance

オフロードバイクのBlueprintエディタでクリックするタンクを選んでDetailsを下にスクロールして、[Event]の緑のボタンから[On Input Touch Begin]を選びます。

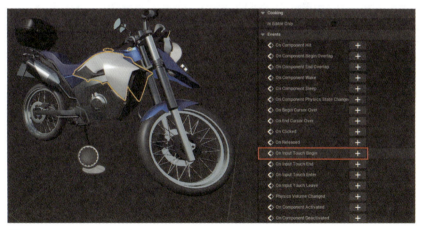

⬆ 図9-2-25　オフロードバイクのOn Input Touch Begin

「On Input Touch Begin」Nodeが自動で生成されます。これはクリックしたら発生するイベントです。

⬆ 図9-2-26　作成された On Input Touch Begin Even

　Componentsから変更に使うオフロードバイクのメッシュを Ctrl キーを押しながら複数選択して Event Graph へドロップします。

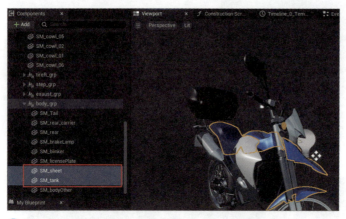 

⬆ 図9-2-27　Event Graphへドロップし Element の番号を調べる

　Set Materialのそれぞれに同じマテリアルを設定するのは面倒です。そこで、マテリアルを変数として設定し、Getで配置します。

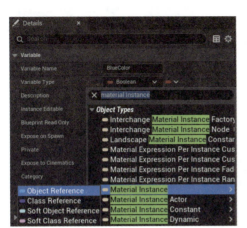 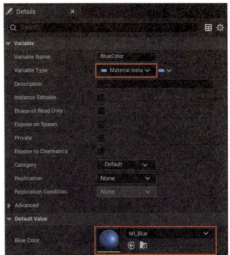

⬆ 図9-2-28　Instance Material の変数を作成

さらに「Set Material」を接続し、用意した別のマテリアルをドラッグします。Element Index を各パーツに設定します。ここでは4パーツで5つのElementに設定しています。

この作例のようにSet Material ノードが増えてしまうのを避けるために、DCCツールでマテリアルごとにアセットを結合しておくのも良いでしょう。

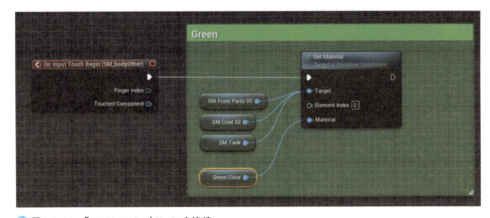

⬆ 図9-2-29　「Set Material」Node を接続

Playするとマウスカーソルが消え、Viewportをクリックできません。そこで「Project Settings」のInputから「Mouse」で検索し、「Use Mouse for Touch」のチェックをONにしてマウスを使えるようにします。

また、スマートフォンUIのTouch Interfaceを「None」にします。最後に「Use Mouse for Touch」をオンにします。

これでマウスが表示され、クリックできるようになります。

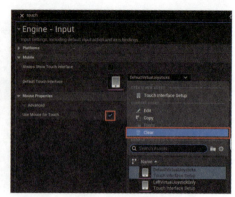

⬆ 図9-2-30　Project SettingsのInputを変更

　Playしてボディをクリックすれば色が変わります。マウスで視点は移動・回転しませんので、キーボードのカーソルキーを使います。カメラをマウスで回転したい場合は、P630のコラム「オービットカメラの設定」を参考にしてください。

⬆ 図9-2-31　ボディをクリックで色が変わる

Column スマートフォンのUI

Project Settingsでマウスを使えるようにすると、次のようなスマートフォン用のジョイスティックが表示されます。これはDefault Touch Interfaceの設定が自動でONになる為です。PCで使う場合はClearしておきます。

▲ 図9-2-32 スマートフォンのUIが表示

ここまで作成したノードを2回複製して、Set Materialを黒と元の青に設定します。MultiGateを使って、クリックごとにカラーが変化する仕組みにしました。床や壁にStaticMeshを配置して、それをクリックして色を変えるなどの応用も可能です。

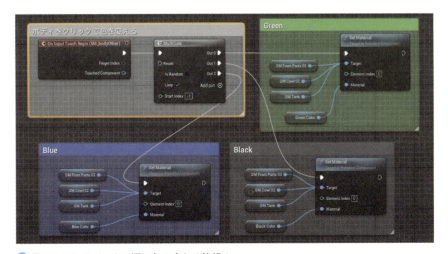

▲ 図9-2-33 クリックで順に色が変わる仕組み

Playすると順に色が変わります。

⬆ 図9-2-34　クリックするとカラーが変わる

> **📖 Column　Pixel Streaming**
>
> 　UE5をサーバとして起動し、その画面をWebブラウザへストリーミングする機能です。ブラウザの操作は、リアルタイムで反映します。非力なPCやモバイル端末でも高画質のUEのコンテンツを扱うことができ、多くの企業で採用されています。
>
>
>
> ⬆ 図9-2-35　Pixel Streamingプラグイン
>
> 　ツールバーの一番右に設定パネルがあります。
>
>
>
> ⬆ 図9-2-36　Pixel Streamingの設定パネル
>
> 　公式ドキュメントは次のURLです。
>
> ➡ https://dev.epicgames.com/documentation/ja-jp/unreal-engine/pixel-streaming-in-unreal-engine?application_version=5.5

Section 9-3 Blueprint応用

9-3-1 Widgetブループリントによる UI 作成

ここまでのキーボードやマウス操作だけでは、直感的な操作を実現していません。

UI（ユーザーインターフェイス）をデザインするには「Widget（ウィジェット）」と呼ばれるBlueprintを作成します。Unreal Motion Graphics (UMG・ユーエムジー) とも呼ばれます。

Content Browser から右クリックして、「User Interface」→[Widget Blueprint]を選びます。ダイアログから「User Widget」をクリックします。

⬆ 図 9-3-1　Widget の作成

アセットをダブルクリックして Widget Editor を起動します。左上にある「Button」をドラッグ&ドロップします。

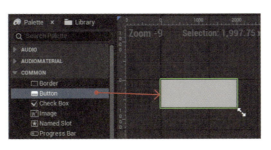

⬆ 図 9-3-2　Widget でボタンの作成

Widget Editor のユーザーインターフェイスです。

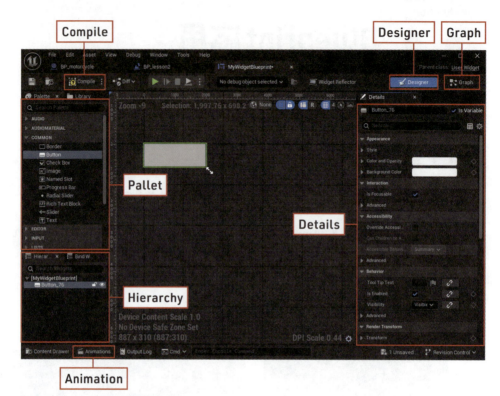

⬆ 図9-3-3　Widget Editor の UI

Compile	他の Blueprint エディタと同様です。修正したら必ずクリックします。
Designer（デザイナー）	GUI をレイアウトしていく表示モードです。
Pallet（パレット）	画面に配置する UI の要素です。ボタン、テキスト、画像、チェックボックス、スライダなどがあります。
Hierarchy（ヒエラルキー）	Outliner のように、現在レイアウト中の要素の一覧と階層化を表示します。
Details（ディテイルズ）	各 UI 要素の詳細設定やレイアウト設定を行います。
Animation（アニメーション）	クリックすると次の図のような UI が下から出現します。UI にキーフレームアニメーションを設定する場合に使用します。

610　Chapter 9　Blueprint によるインタラクション

⬆ 図9-3-4　Widget Animation

| Graph | Event Graphです。UIの操作を受けてBlueprintで処理を構築します。 |

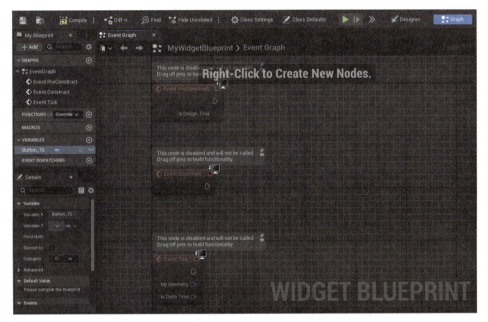

⬆ 図9-3-5　Widget Graph

　最初に作成したButtonはクリックして Del キーで削除します。Commonから「Canvas」で検索し、ドラッグ&ドロップして配置します。緑の枠がCanvas Panelで、画面右下をドラッグするとサイズが変更できます。

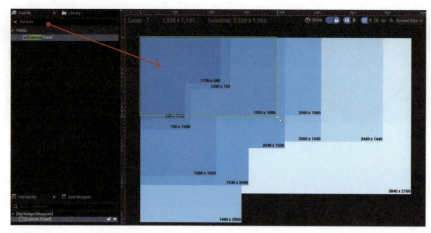

⬆ 図9-3-6　Canvas Panel

　別の方法で画面サイズを決める方法は、右上にあるScreen Sizeで画面サイズを設定します。ここではHDTVを選びます。それ以外の設定方法として、画面右上の「Screen Size」からスマートフォンやタブレット端末の画面サイズを選択することも可能ですが、登録されている機種がかなり古いのが問題です。

　再度、Palletから[Button（ボタン）]をドラッグします。緑の枠はドラッグで移動やサイズを変更できます。動かしにくい場合は画面を拡大します。

　その中に今度は[Text（テキスト）]をドラッグします。ボタンの中にテキストが入れ子になった状態になります。同様に[Image（イメージ）]をドラッグすれば、画像のボタンを作成できます。左下の「Hierarchy」にドラッグ＆ドロップしたボタンなどの要素が階層化されて表示してくれます。

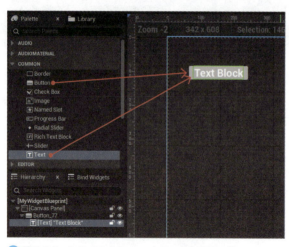

⬆ 図9-3-7　PalletからButtonとText]をドラッグ

Hierarchyで「Text」を選択し、右のDetailsでの項目で表示する文字を入力します。ここでは「Quit」とします。また文字の色やセンタリング、フォント、サイズ等を変更できます。

⬆ 図9-3-8　表示テキストの設定

Hierarchyでボタンを選び、周りにある白い点をドラッグすればサイズを変更できます。ボタンのDetailsの名前右にある「Is Variable」のチェックをオンにします。ボタンを選択したままDetailsの一番下にEventのOn Clickがあるので「＋」をクリックします。

⬆ 図9-3-9　On ClickのEvent

自動でGraphに切り替わり、ボタンをクリックすると発生するイベントのNodeが表示されます。そこに右クリックから「Quit Game」を作成して接続、Compile後Saveします。

「Quit Game」はPlayを終了するNodeです。パッケージングする場合や、モバイル端末などEscキーがない場合にUE5のアプリを終了することができないので必ず作成しておきます。

⬆ 図9-3-10　On ClickのEvent

Section 9-3　Blueprint応用　613

> **Column** Editor Utility Widget Blueprintによる自動化
>
> UE5の制作で同じ作業を繰り返す面倒なことがある場合、WidgetでUIを作り、Blueprintで処理を自動化できます。次のドキュメントをご覧ください。
>
> →https://dev.epicgames.com/documentation/ja-jp/unreal-engine/editor-utility-widgets-in-unreal-engine?application_version=5.5

Widgetを表示するBlueprint

バイクのBlueprintを開きます（これはLevel Blueprintで作成も可能です）。「Create Widget」を検索して配置します。

⬆図9-3-11　Create Widgetを検索

「Add to Viewport」も配置し、次の様に接続します。生成したWidgetをViewportに表示するNodeで、オン・オフができます。Classの▼から先ほど作成したWidgetを選び、Compileします。PlayすればWidgetを生成する仕組みができました。その後ろに「Add to Viewport」を付けます。

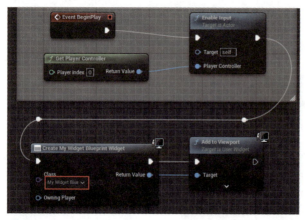

⬆図9-3-12　Widgetを選ぶ

PlayするとUIが表示されます。ボタンをクリックするとPlayが終了できることが確認できます。ここまでがUIの基本操作の流れです。

↑ 図9-3-13　Widgetボタンの表示と動作確認

9-3-2 | UIでボディの色を変える

Widgetへ戻り、ボタンを追加します。Hierarchyから名前を変更します。

↑ 図9-3-14　Widgetボタンの作成

　このボタンをクリックしたら、Level Blueprintのバイクのボディカラーを変えるイベントを発生させたいのですが、通常は他のBlueprint情報の直接のやり取りを制限しています。そこで、Event Dispatcher（イベントデスパッチャー）を使います。これは他のBlueprintへ情報を受け渡す許可を依頼する仕組みです。

　作成したボタンのDetailsから「OnClick」の＋をクリックし、図の（＋）をクリックして、名称を任意に変更します。DispatcherをEvent Graphへドラッグして「Call」を選びます。

↑ 図9-3-15　Event Dispatcherの作成

図のように接続してCompileしておきます。

↑ 図9-3-16　Event Dispatcherの接続

バイクのBlueprintへ移ります。Create WidgetのReturn ValueからWireを伸ばし、先ほど付けたDispatcher名を検索して、「Bind Event to Color Button 1」を選びます。

↑ 図9-3-17　Create WidgetのReturn ValueからWireを伸ばして検索

図のように接続してCompileするとエラーになりますが問題ありません。

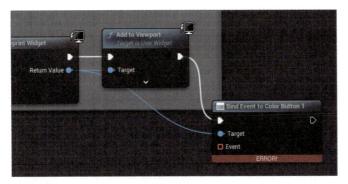

⬆ 図9-3-18　Compileエラー

　EventからWireを伸ばし、「▶ Add Event」をクリックしてAdd Custom Eventを選びます。Node名は任意に変更します。

⬆ 図9-3-19　Add Custom Eventを選ぶ

　図のようにPrint Stringに実験的につなぎ、CompileしてPlayを実行します。UIのボタンをクリックすると、メッセージが表示されます。仕組みとしては、「Bind Event to」がWidgetからCustom Eventを仲介して、イベントをLevelBlueprintで受け取っています。
　この設定は実験なので、確認後にPrint Stringは切り離します。

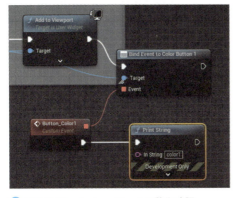

⬆ 図9-3-20　Custom Eventの動作確認

Section 9-3　Blueprint応用　617

Level BlueprintのWidget表示に関連するノードをドラッグして囲み、コピーします。オフロードバイクのBlueprintを開いてペーストし、MultiGateにUIのCustom Eventを図のように接続すれば、ボタンをクリックするとバイクの色が順に変わります。

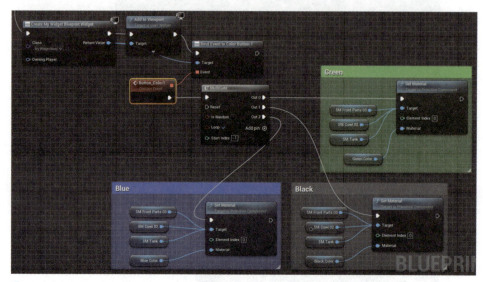

⬆ 図9-3-21　ボタンをクリックして順に色を変える

3つのボタンに拡張

　UE5の画面キャプチャ画像でバイクのアイコンを3つ用意します。業務ではUIデザイナーに制作を依頼しましょう。

⬆ 図9-3-22　バイクの色違いアイコンを3つ用意

　ImageをButtonにドラッグ&ドロップします。白い表示が「Image」で、DetailsでBrushの▼からImageの項目へContent Browserから画像をドラッグします。アイコンのサイズ

を変えたい場合はその下の「Image Size」の数値で変更できます。

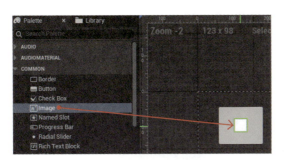

⬆ 図9-3-23　ButtonとImageをドラッグ

　これを3つ作成します。図のように画像付きボタンができました。さらにTextでタイトルを付けました。ここでは説明していませんが、レイアウトを美しくする機能などWidgetはとても豊富です。ぜひ研究してみてください。

⬆ 図9-3-24　3つのボタンを作成

　先ほどの手順の繰り返しで、Event Dispatcherを追加作成します。

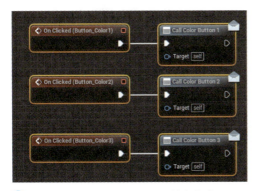

⬆ 図9-3-25　Event Dispatcherの追加作成

Section 9-3　Blueprint応用　619

オフロードバイク側のCustom Eventを追加します。次の図では、トランク表示のために1つ多く用意しました。

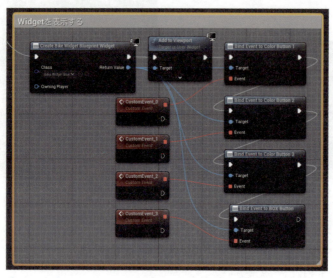

🔼 図9-3-26　オフロードバイク側のCustom Eventを追加

3つのCustom Eventを各色を変える設定にそれぞれ接続します。

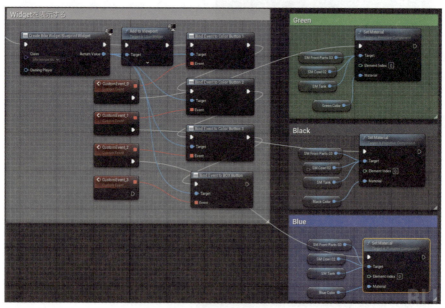

🔼 図9-3-27　Custom Event各色に接続

トランクボックスの上下パーツ、ヘルメットの表示/非表示の操作も作成します。

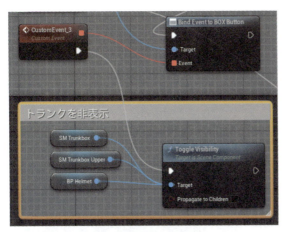

⬆ 図9-3-28　トランクボックスの表示／非表示

トランクボックスのボタンも追加し、これで完成です。

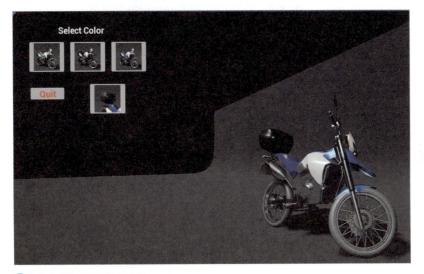

⬆ 図9-3-29　UI設定の完成

　Widgetは、ここでは説明していない多くの機能があります。ぜひ公式ドキュメントを参考にしてください。

→ https://dev.epicgames.com/documentation/ja-jp/unreal-engine/creating-widgets-in-unreal-engine?application_version=5.5

9-3-3 | Variant Manager (バリアントマネージャー)

これは工業製品や建築・インテリアで商品のバリエーションを切り替える機能です。ゲーム機能の応用ではなく、ビジュアライゼーションに使われる機能です。

ミラーの表示を切り替える

最初に素材を準備します。図のようにミラーを2つ作成します。これらは同じ位置に重なっています。

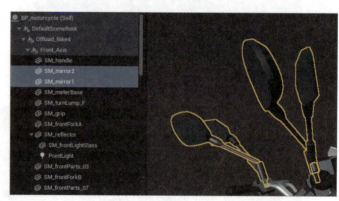

⬆ 図9-3-30　ミラーを2つ用意

Pluginsを設定します。Variant Managerのチェックをオンにして、UE5を再起動します。

⬆ 図9-3-31　Variant Managerプラグインの確認

Content Browserから「Miscellaneous」→「Level Variant Sets」を選択します。アセットができるので名前を決めます。

⬆ 図9-3-32　Variant Managerを作成しレベルにドラッグして配置

　Variant Managerが起動します。タブをドラッグしてContent Browserの横に配置しておきます。「＋Variant Set」をクリックします。

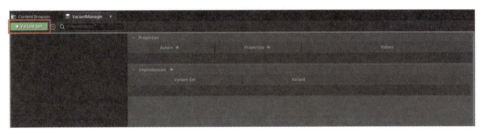

⬆ 図9-3-33　Variant Managerが起動

　Variant Setが作成されます。さらに右の「＋」をクリックで「Variant」ができるので、Outlinerからオフロードバイクの Blueprintを選びドラッグ＆ドロップします。

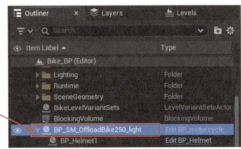

⬆ 図9-3-34　Variant SetとVariantを作成

　図のようなダイアログが表示されます。Blueprint ActorのDetailsの項目です。この中から何のバリエーションを作るのかを設定します。移動、回転、マテリアルなどDetailsの項目が用意されています。その設定を変更して、様々な製品バリエーションを設定し、切り替

Section 9-3　Blueprint応用　623

えてビジュアライゼーションを可能にします。

↑図9-3-35　Variantする要素を検索

「SM_Mirror visib」で検索し「Visible」があるのでチェックし、[Select]をクリックします。
このようにメッシュ名とDetailsにある変更できる項目を検索して切り替える設定が可能です。

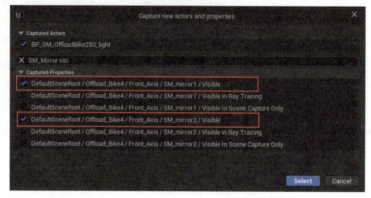

↑図9-3-36　SM_Mirror visibで検索し、Visibleを選ぶ

これでまず基本操作は完了です。左から「Variant」はバリエーションの種類です。2

行あるのはメッシュを2つ使っているという意味です。「Actor」はActor名を示していて、「Properties」はそのDetailの要素で、その値が「Value」です。

⬆図9-3-37　Variantの基本設定完了

「Properties」の右にあるチェックをONにします。そこで右クリックして、「Apply recorded Value」を選択します。これは現在の設定を決定する、という操作です。「Record Current Value」は設定の保存です。通常、この2つを連続で操作します。

Propertiesをもう一方のValueのチェックをオフにして、右クリックから「Apply recorded Value」を実行すると、ミラーが非表示になります。この状態で「Record Current Value」で設定を保存します。

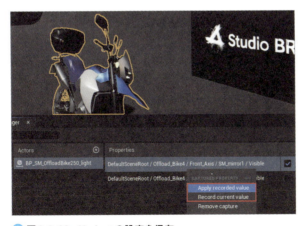

⬆図9-3-38　Variantの設定を保存

Variantをクリックし F2 キーで名前を変更します。そのまま CTRL ＋ D で複製します。

2つ目のActorのValueのチェックを先ほどと逆に設定し、「Apply recorded Value」を実行すると、もう一方のミラーが表示され、最初のミラーは非表示になります。

この状態で「Record Current Value」を選択し、設定を保存します。最後に F2 キーでVariant名を変更します。

⬆ 図9-3-39　2つ目のVariantを設定変更

Variantの2つの要素をそれぞれダブルクリックしてください。ミラーの表示が切り替わる仕組みができました。これだけで簡易的なプレゼンテーションが可能です。

ここでは、オプションパーツの表示/非表示を例にしましたが、マテリアル変更やアニメーションなど様々な設定を切り替えられます。

⬆ 図9-3-40　ミラーの表示が切り替わる

Variant Managerの詳細は公式マニュアルをご覧ください。

→https://dev.epicgames.com/documentation/ja-jp/unreal-engine/variant-manager-template-overview?application_version=5.5

9-3-4 | Variant ManagerのBlueprint

WidgetブループリントのDesignerから、バイクのカラーバリエーションと同じ操作で、ボタンを2つ作成します。

↑ 図9-3-41　ミラー切り替えのボタンを2つ追加

次にGraphの表示に切り替え、「Event Constrict」を作成します。これはEvent Begin Playのようなもので、Widgetが生成されたとき、発生するイベントです。それに「Get All Actor Of Class」をつなぎます。これでVariant Managerの情報を収集します。その中のプルダウンメニューから「Level Variant Sets Actor」を選びます。

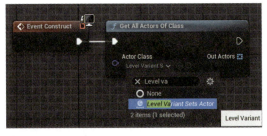

↑ 図9-3-42　Get All Actor Of Class

そのNodeの右下に3x3の四角形が集まったPinがあります。これは「Array（配列）」といい、変数が複数入った大きな箱です。Variant Managerの情報は大量にあるため、いく

つかの箱に仕分けして管理された状態を意味します。「Get」で検索し「Get(a copy)」を選びます。これもArrayのPinです。

⬆ 図9-3-43　Variant Manager は配列情報

「Get」Nodeからドラッグして、一番上の「Promote to Variable」を選びます。これはArrayデータから使いやすい変数に変換するNodeです。画面左のVariable（変数）の項目に自動で追加されます。Type（型）はVariantです。

⬆ 図9-3-44　配列から変数に変換

Setから「Switch on Variant by Name」をつなぎます。これはVariantの大量なデータ内どのデータを使うか、Variantの名前で検索するNodeです。これにUIのボタンのイベントを接続すると、ボタンをクリックした場合に切り替わる仕組みになります。

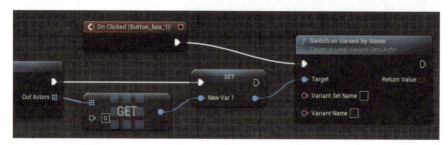

⬆ 図9-3-45　Switch on Variant by Name

Switch on Variant by Name の「Variant Set Name」と「Variant Name」の名前を一致させるためにVariant Managerで付けた名前にテキストをコピーします。日本語で名称を付けてしまうと、正しく動作しません。

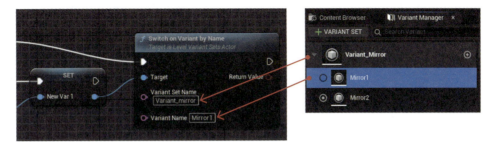

↑ 図9-3-46　Variant SetとVariantの名前を一致させる

　もう一方のボタンのイベントも出して、Switch on Variant by Nameを複製し図のように接続します。

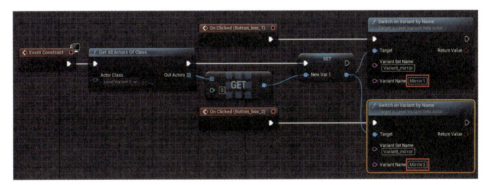

↑ 図9-3-47　Variant Manager Nodeの接続の完成

　ここで必ずContent BrowserからVaianteManegaserのアセットをレベルにドラッグ＆ドロップします。PlayしてUIのボタンをクリックすると、Variant Managerで設定したミラーの切り替えができました。

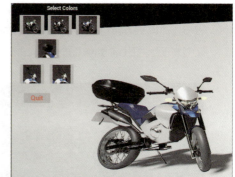

⬆ 図9-3-48　Variant Manager の動作確認

Column　オービットカメラの設定

　ダウンロードコンテンツに付録として、バイクを中心にカメラが周回するBlueprintのサンプルがあります。マウスの動きに合わせて周回し、マウスホイールでカメラの距離をコントロールしています。少し複雑な構造ですが研究の参考にご活用ください。

⬆ 図9-3-49　オービットカメラ

⬆ 図9-3-50　オービットカメラの Blueprint

630　Chapter 9　Blueprintによるインタラクション

カメラを切り替えるBlueprint時にグレーのボールが見えてしまったのを非表示にするノードの仕組みです。

⬆ 図9-3-51　グレーのボールを非表示にする

Viewportを確認すると、SpringArmというComponentsの下の階層にカメラを配置しています。

⬆ 図9-3-52　カメラをBlueprintアクタ内に配置する

以下基礎原理を解説します。
オービットカメラは4つのBlueprintで構成されています。

⬆ 図9-3-53　オービットカメラのBlueprintは4つで構成

Blueprintを新規作成する際に、次のダイアログが表示されます。本書ではActorのみ解説しています。オービットカメラでは、それ以外のBlueprintを活用しています。

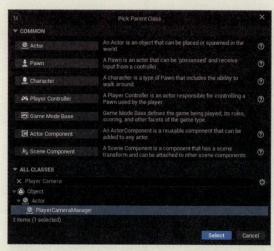

⬆ 図9-3-54　Blueprint 新規作成

Pick Parent Class

あらかじめゲームを作る際に必要な様々な部品の雛形です。これを改造して使い効率よく開発する仕組みを指します。クラスは親子関係を持ち、親の機能を子に継承して動作させながら、独自の機能を持たせることが可能です。

→ https://dev.epicgames.com/documentation/ja-jp/unreal-engine/blueprint-class-assets-in-unreal-engine?application_version=5.5

Actor Class

レベル内に配置できるクラスの全ての親で基本クラスです。

Pawn Class

Actor の子クラスで Player の操作で動かす機能です。

→ https://dev.epicgames.com/documentation/ja-jp/unreal-engine/quick-start-guide-to-player-input-in-unreal-engine-cpp?application_version=5.5

Player Controller Class

Pawn や Character をコントロールする機能です。

→ https://dev.epicgames.com/documentation/ja-jp/unreal-engine/player-controllers-in-unreal-engine?application_version=5.5

Game Mode

ゲームのルールを定義するデータの集合。ゲーム内の各種条件を設定します。

→ https://dev.epicgames.com/documentation/ja-jp/unreal-engine/setting-up-a-game-mode-in-unreal-engine?application_version=5.5

Player Camera Manager

Playerがカメラをどう操作するかを決めます。

→ https://dev.epicgames.com/documentation/ja-jp/unreal-engine/cameras-in-unreal-engine?application_version=5.5

これらの知識はかなりゲーム制作寄りの内容なのでビジュアライゼーションを行う上では必須ではありません。あくまで参考程度にお考えください。

☕Column パッケージング

UE5 Editorを起動せず、アプリを起動できる形式（Windowsなら〜.exe）にエクスポートすることをパッケージングと呼びます。必要以上にメモリを使わないので、処理速度も上がり即座に起動します。

操作は次のようにメニューの「Platforms」から実行します。まず、一番下の「Support Platforms」を選びます。パッケージにするものにチェックを入れます。

また、下から2番目の「Packaging Setting」で詳細な設定ができます。

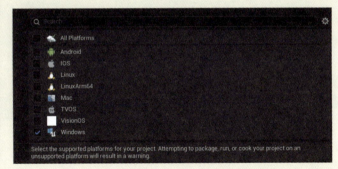

⬆図9-3-55　Support Platforms

スマートフォン等はEpic Games Launcherからインストールオプション（P30の図2-1-15）で必要なプラットフォームを追加インストールしないと実行できません。

[Platforms] → [Windows] → [Package Project] を実行するだけです。

⬆ **図9-3-56** パッケージング

詳細は以下のドキュメントをご覧ください。

→ https://dev.epicgames.com/documentation/ja-jp/unreal-engine/packaging-unreal-engine-projects?application_version=5.5

☕Column GPUの負荷チェックと対策

フレームレートが低い場合、VR酔いなどで不快に感じる場合があります。その場合、プロジェクトのチューニング(最適化)が必要です。チューニングはUE5の処理負荷をチェックしながら進めていきます。

チェックは基本的にFPS(Frames Per Second)を表示して行います。表示方法はViewport Optionsから「Show FPS」を選択します。FPSはViewport右上に表示されます。VRであれば90FPS以上が推奨されます。

さらに負荷を詳しく知りたい場合はTiming Insights(タイミング インサイト)を使います。
詳細は次のマニュアルをご覧ください。

→ https://dev.epicgames.com/documentation/ja-jp/unreal-engine/timing-insights-in-unreal-engine-5?application_version=5.5

最適化の方法としては次の要素があります。

- ◆ Post Processの設定を変更する。
- ◆ テクスチャの解像度をTexture Editorで下げる。
- ◆ 複数のアセットのテクスチャを1枚にまとめ、枚数を減らす。RGB各チャンネルにRoughness、Metallic、AOを入れ、3枚を1枚に減らす。
- ◆ マテリアル数をなるべくInstanceにして減らす。特に半透明マテリアルを控える。
- ◆ バラバラのメッシュをCombine(結合)しなおし、ポリゴン数をさらに減らす。

☕Column VR（Virtual Reality）/AR（Augmented Reality）／XR

VRはテンプレートから制作開始します。UE5はデフォルトで様々なVR機器に対応しており、Meta Quest、Valve Index、HTC Viveなど主なヘッドセットで動作できます。

→ https://dev.epicgames.com/documentation/ja-jp/unreal-engine/vr-template-in-unreal-engine?application_version=5.5

ARは「ハンドヘルドARテンプレート」から制作開始します。

→ https://dev.epicgames.com/documentation/ja-jp/unreal-engine/handheld-ar-template-quickstart-in-unreal-engine?application_version=5.5

ARのモバイルコンテンツ開発で注意すべき点は、1オブジェクトあたり65,536頂点までしかインポートできないという仕様です。それを超える場合、その部分はモデルが壊れてしまうので分割が必要です。使えるポリゴン数やテクスチャサイズをかなり削らないとクラッシュしてしまうこともあり、チューニング（最適化）作業に時間がかかります。モバイルコンテンツの一番大きな違いはレンダリングの仕組みが異なり、PC上の描画クオリティの再現は困難であることです。

☕Column マルチプレイヤーに対応するネットワークゲーム

UE5はオンラインゲームの「フォートナイト」で使われているのでネットワークは得意とする分野です。

ビジュアライゼーションではオンラインゲームの応用として、異なる場所から同じシーンや機器をスタッフ同士で共有する使い方ができます。詳しくは次のドキュメントをご覧ください。

→ https://dev.epicgames.com/documentation/ja-jp/unreal-engine/networking-and-multiplayer-in-unreal-engine?application_version=5.5

手軽に試してみたい場合は「Lyraサンプルゲーム」がお勧めです。

→ https://dev.epicgames.com/documentation/ja-jp/unreal-engine/lyra-sample-game-in-unreal-engine?application_version=5.5

☕Column C++とPythonを使ったプログラミング

UE5でプログラミングする場合、BlueprintだけでなくC++とPythonを使うことができます。

いずれの言語を学ぶ場合でも、まずBlueprintを習得することをお勧めします。C++とPythonでコーディングする仕組みやパラメータがBlueprintに近く、そもそもUE5がどういった処理をするのかを理解しておく方が近道です。

　C++を使うためには、プロジェクトを作成する際に「C++」を選ぶだけです。C++プロジェクトを最初に起動する際にプログラム作業のためVisual Studioのインストールを要求されます。無料なので指示に従ってインストールしてください。

　「C++」を選んでプロジェクトを起動してもBlueprintは使えます。

⬆ 図9-3-57　C++でプロジェクト作成

　UE5の開発はC++で行われていて、その全ソースコードは公開されていることから、UE5そのものを改造することができます。ほとんどのプログラミングはBlueprintで可能ですが、高度な処理を必要とする場合や特殊な外部機器を制御する場合などC++が必要になります。詳しくは以下をご覧ください。

➡ https://dev.epicgames.com/documentation/ja-jp/unreal-engine/programming-with-cplusplus-in-unreal-engine?application_version=5.5

　PythonであればC++ほど難易度は高くなく、データ変換など繰り返し作業の自動化に向いています。使い方は、まずプラグインをオンにして使います。

⬆ 図9-3-58　様々なPythonプラグイン

その他、詳しくは次のマニュアルをご覧ください。

→ https://dev.epicgames.com/documentation/ja-jp/unreal-engine/scripting-the-unreal-editor-using-python?application_version=5.5

☕Column　PCG Frameworkでプロシージャルコンテンツ

PCG（Procedural Content Generation）とはUE5でプロシージャル（手続き）を使ってUE5のコンテンツを作成するツールの1つです。同じものを大量にランダムに表示することができます。例えば森や草原を作成する場合に便利です。

実際に試してみます。まず、プラグインを確認します。

⬆図9-3-59　PCGのプラグイン

Content Browserを右クリックから「PCG」→「PCG Graph」を実行します。アセットをダブルクリックします。

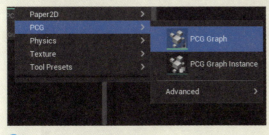 

⬆図9-3-60　PCGの作成

これがPCG Graphのエディタです。基本操作はBlueprintと同じです。

⬆ 図9-3-61　PCGのエディタ

　新規レベルの「Basic」からLandscapeModeにして、Landscapeを作成します。Selection Modeに戻しておきます。この上にPCG Graphのアセットをドラッグ＆ドロップしておきます。

⬆ 図9-3-62　Landscapeの作成

　また、Fabから適当な草木のアセットをダウンロードしておきます。

⬆ 図9-3-63　Fabから入手した草花アセット

　PCG Graphの「Input」を選択し、「v」をクリックして開きます。右のSettingの「Pins」にある（＋）をクリックします。そのIndex[1]のLabelとAllowed Typesに「Landscape」に変更します。

⬆ 図9-3-64　PCG GraphにLandscapeを設定

　PCG Graphを右クリックから検索して「Surface Sampler」Nodeを出して、InputのLandscapeに接続します。右のSettingの「Point Mesh」に先ほど用意した草木をContent Browserからドラッグ＆ドロップして設定します。Surface Samplerを右クリックから「Debug」のチェックを入れます。

⬆ 図9-3-65　Surface Samplerに草木を設定

　レベルを見ると草木が大量に配置されています。発生範囲はボリューム（ボックス）の大きさで制御できます。

Section 9-3　Blueprint応用　639

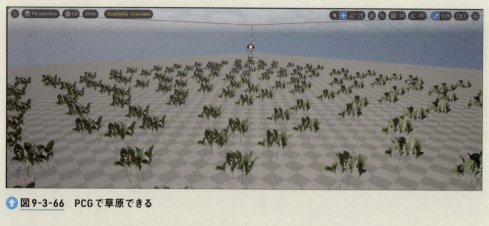

⬆ 図9-3-66　PCGで草原できる

詳細は以下のドキュメントをご覧ください。

→ https://dev.epicgames.com/documentation/ja-jp/unreal-engine/procedural-content-generation-overview

UEFN

UEFNはUnreal Editor For Fortniteの略でFortnite（フォートナイト）というゲームのステージをUE5から変換する仕組みです。ここまで学んだことから簡単にゲーム制作へ応用でき、メタバースを構築することもできます。

Section 10-1 UEFNを起動する準備

10-1-1 Visual Studio Codeのインストール

UEFNを使う場合に必須のツールで、プログラムのソースコードを書くエディタです。
以下のマイクロソフトのWebサイトからダウンロードして、インストールしてください（無料）。

⬆図10-1-1　Visual Studio Codeのダウンロード

→ https://azure.microsoft.com/ja-jp/products/visual-studio-code

インストールが完了したら一度起動します。右のツールバーのExtensionsをクリックし、「Verse（バース）」と検索して右に表示された「Install」でインストールします。Verseについては後述します。

⬆図10-1-2　VerseのExtensionsのインストール

10-1-2 UEFNのインストール

まず、EpicGameLauncherの左上にある「ライブラリ」をクリックします。

⬆ 図10-1-3　Epic Games Launcherのライブラリをクリック

ライセンス契約が2回表示されますので、承諾します。
「ライブラリ」の画面になります。一番上にある検索項目に「UEFN」と入力します。

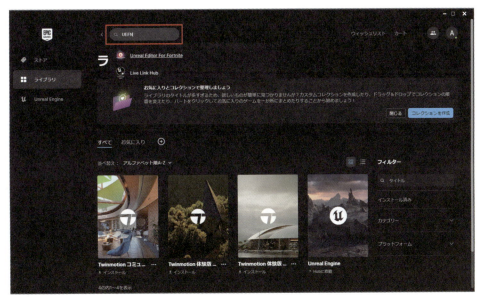

⬆ 図10-1-4　ライブラリからUEFNを検索

UEFNが検索されます。右下の「カートに追加」をクリックします。

⬆ 図10-1-5　UEFNをカートに入れる

　画面右上の「カート（1）」をクリックすると「マイカート」の表示になります。すると上の方に「〜フォートナイトが必要です。」と表示が出るので、右にある「製品を表示」をクリックします。

⬆ 図10-1-6　マイカートの表示

　「フォートナイト」のページが表示されるので、「入手」をクリックします。UEFNはフォートナイトのインストールも必須になります。

🔼 **図10-1-7** 「フォートナイト」の入手

再度画面右上の「カート」を表示し、「購入手続きに進む」をクリックします。「レジに進む」の画面になるので「注文する」をクリックします。すべて無料です。

↑ 図10-1-8　UEFNとフォートナイトの注文を確定：無料

　ライブラリに切り替えると「UEFN」と「フォートナイト」が追加されているので、「インストール」をクリックします。インストールが終わると、自動でフォートナイトもインストールされます。

↑ 図10-1-9　UEFNとフォートナイトのインストール

　インストールの場所を指定します。フォートナイトと合わせると、かなりハードディスクの容量を必要としますので注意してください（約200GB必要）。また、インストール時間もかかります。

🔼 図10-1-10　インストール開始

インストールが完了したらUEFNを起動します（デスクトップのアイコンからでも可能です）。起動中の画面はUE5とほぼ同じです。UEFNがBeta版である表示が出ます。

🔼 図10-1-11　UEFNを起動

Section 10-1　UEFNを起動する準備　647

Section 10-2 UEFNの基本操作

10-2-1 プロジェクトブラウザとテンプレート

起動するとまず図のようなニュース画面が出ます。画面左下の「次回の更新まで表示しません」のチェックを入れればニュースが変わるまで表示されません。ここからドキュメントを見ることもできます。「では、始めましょう」をクリックします。

図 10-2-1　ニュースが表示される

UE5同様に「プロジェクトブラウザ」が起動して過去に作ったプロジェクトの一覧が表示されます。

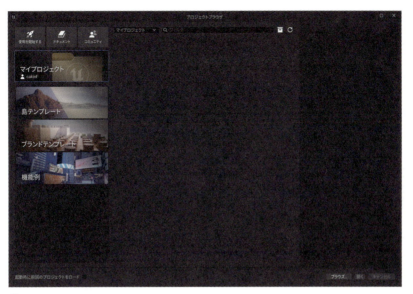

⬆ 図10-2-2　過去に作成したプロジェクトが表示

「ブランドテンプレート」は様々なブランドや企業などとのコラボ企画のテンプレートです。

⬆ 図10-2-3　ブランドテンプレート

「機能例」はUEFNの様々な機能のデモコンテンツやサンプルゲームが収録されています。制作の参考にしてはいかがでしょう。

Section 10-2　UEFNの基本操作　649

⬆ 図10-2-4　機能例

「島テンプレート」はフォートナイトの島を選んでゲーム空間を作成できます。ここの「シンプル」を選んでUE5同様に下の欄で保存先フォルダとプロジェクト名を決めて「Create」をクリックします。

⬆ 図10-2-5　島テンプレート

10-2-2 UEFNの基本操作

UEFNのユーザーインタフェースとVerse

UEFNのテンプレートが起動します。画面構成や操作方法は、ほとんどUE5と変わりません。

⬆図10-2-6　UEFNの起動画面

メニューの「編集」→「エディタの環境設定」を選びます。UE5同様に「地域&言語」を日本語から英語に切り替えます。UEFNでもチュートリアル・フォーラムなど英語表記の解説が多いので切り替えをお勧めします。

⬆図10-2-7　UIを英語に切り替える

英語のUIに切り替わりました。一番の違いはツールバーにBlueprintのアイコンがありません。UEFNではBlueprintを使えません。代わりに「Verse（バース）」というアイコンがあります。これをクリックします。

⬆ 図10-2-8　ツールバーのVerseをクリック

インストールしたVisual Studio Codeが起動して、プログラムのソースコードが表示されます。

UEFNはこのVerseのプログラムによりゲームの仕組みを構築します。

⬆ 図10-2-9　Verse言語をプログラミング

本書ではVerseのプログラミングの解説は割愛します。詳細は以下の公式ドキュメント＆チュートリアルと言語リファレンスをご覧ください。

→ https://dev.epicgames.com/documentation/ja-jp/uefn/learn-programming-with-verse-in-unreal-editor-for-fortnite

→ https://dev.epicgames.com/documentation/ja-jp/uefn/verse-language-reference

黒い台（Player Spawn Pad）の上に半透明のキャラクターが表示されていますが、ここからフォートナイトのプレイヤーが出現します。

⬆ 図10-2-10　Player Spawn Pad

　Verseを使わなくとも事前に用意されたゲームの仕掛け（Devices）を作るアセットがContent Browserの「Fortnite」フォルダ内に大量に用意さています。

⬆ 図10-2-11　ゲームの仕掛けを作るアセット集

　ゲームの仕掛け（Devices）についての詳細は以下のドキュメントをご覧ください。特に「ディレクト イベント バインディング」という仕掛け同士で通信を行うシステムが便利です。

→ https://dev.epicgames.com/documentation/ja-jp/uefn/devices-in-unreal-editor-for-fortnite

　ツールバーに「Fab」アイコンがあります。実はUE5より先にUEFNでFabは採用されました。ここでも無料のアセットが大量にありますので活用しましょう。

⬆ 図10-2-12　UEFNのFab

　「Add to Content Browser」をクリックすればContent Browserに自動でダウンロードされます。

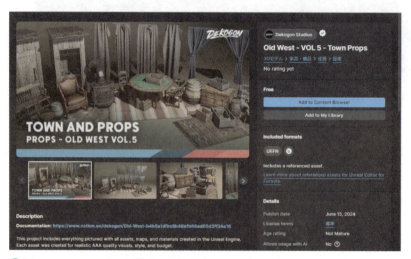

⬆ 図10-2-13　Fabからのダウンロード

DCCツールからアセットの変換と設定

ContentBrowserの右クリックメニューもほとんどUE5と同じです。違うのは「MetaHuman Importer」があり、ここからMetaHumanをインポートできることです。また、「MetaHuman Animator」メニューからアニメーション設定が可能です。

またツールバーにSeqencerが無くなり、ここの「Cinematics」メニューの中から作成します。「MediaPlayer」で動画再生などもありません。

「BlueprintClass」というのがありますが、これはBlueprintアクタだけ作成するものでビジュアルスクリプティングはできません。

⬆ 図10-2-14　右クリックメニュー

DCCツールで作成したFBXのインポートの操作が少し違います。まず、アセットは「プロジェクト名Content（MyProjectContent）」フォルダの中にしか作成できません。このフォルダ名は変更できません。

まず、ここに作成したいアセットフォルダを作成し、そこにFBXファイルをドラッグ&ドロップします。

⬆ 図10-2-15　Content Browserにアセットフォルダを作成

次の図のようなFBX Import Optionが表示されます。そのまま下の「Import All」をクリックします。テクスチャも同様にドラッグ&ドロップしてください。

⬆ 図10-2-16　FBXをインポートする

新規でマテリアルを作成してMaterialEditorでNodeを接続します。この操作もUE5と変わりません。テクスチャのTextureEditorの操作も同様です。

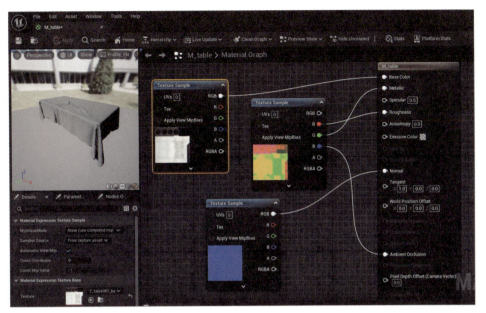

↑ 図10-2-17　MaterialEditorでマテリアルを編集

　アセットをレベルにドラッグ＆ドロップして配置します。このように基本的な作業ワークフローはUE5と同じなので抵抗なく使いこなせます。

↑ 図10-2-18　アセットをレベルに配置

UE5とUEFNの違い

　メニューの「File」→「NewLevel」がUE5と大きく違います。図のようにフォートナイトの島のテンプレートから新規レベルを作成する仕組みになっています。

↑図10-2-19　新規レベル作成では島のテンプレートから

また、WindowメニューにはLevelとLayerがありません。Actorの管理はOutlinerだけで行います。

↑図10-2-20　Windowメニューが大きく違う

ツールバーの「Project」をクリックすると、そこにProject Settingsがあります。プロジェクトのタイトルやVerseの設定、言語設定が主になります。UE5のようなレンダリング関連の設定はありません。

↑図10-2-21　ツールバーの「Project」をクリック

ツールバーの「Quickly add to Project」はPost Process VolumeなどほぼUE5と同じですが項目が少なくなっています。

◆ 図10-2-22　ツールバーの「Quickly add to Project」

バージョン管理ツールの内臓

画面右下の「Revision Control」をクリックして「Connect to Revision Control」を選びます。

◆ 図10-2-23　Connect to Revision Controlを選択

図のような画面が起動します。これはUEFNプロジェクトのアセットのバージョン管理をするツールです。UE5では「Perforce」など別途バージョン管理サーバを用意する必要がありましたが、UEFNではそれが内蔵されています。

これによりチームでゲーム制作などの体制が作りやすくなりますが、個人で使う場合には不便な場合はあるので「None」に切り替え、下の「Disable Revision Control」をクリックして機能を停止しておくと良いでしょう。

◆ 図10-2-24　Connect to Revision Controlを選択

Revision Controlについて詳しく知りたい方は以下のドキュメントをご覧ください。

→https://dev.epicgames.com/documentation/ja-jp/uefn/unreal-revision-control-in-unreal-editor-for-fortnite

10-2-3 | UE5からUEFNへデータを移行する

2章で行ったUE5プロジェクト同士でのアセットのコピーはUEFNでも可能です。

UEFNのプロジェクトフォルダ

ツールバーの「Project」から「OpenProjectFolder」を選びます。

⬆ 図10-2-25　ツールバーの「Project」をクリック

　UEFNのプロジェクトのあるフォルダが開きます。その中の「Plugins」の中にプロジェクト名のフォルダを開くとUE同様のアセットが入っている「Content」があります。UE5とはプロジェクトのフォルダ構成が異なります。

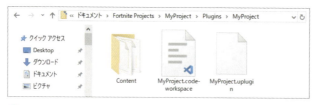

⬆ 図10-2-26　UEFNのプロジェクトのフォルダ

　アセットを右クリックから「Asset Actions」→「Migrate」でUEFN同士でコピーが可能なのはUE5と同様です。

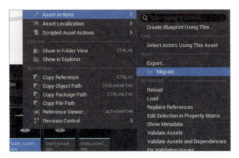

↑ 図10-2-27　UEFNでMigrateする

これはUE5からも可能です。8章のオフロードバイクで「Migrate」をしてUEFNの「Content」フォルダを指定します。

↑ 図10-2-28　UE5のオフロードバイクをMigrate

UE5からMigrateすることができました。これでこれまで蓄積された大量のUE5のアセットをフォートナイトへ変換することが可能になります。

↑ 図10-2-29　UE5からUEFNへのアセットのコピー

Section 10-2　UEFNの基本操作　661

Section 10-3 UEFNからフォートナイトの起動

オフロードバイクのアセットとActorを削除してからSaveAllします。これにはフォートナイトに変換できない条件が含まれています。

ツールバーから「Launch Session」をクリックします。

⬆ 図10-3-1　Launch Sessionをクリック

「Matchmaking...」と「Uploading Project...」と表示されしばらく待ちます。これはUEFNのレベルをゲームに変換して、フォートナイトのサーバへアップロードしているのです。

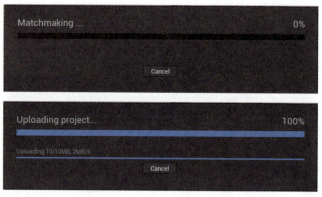

⬆ 図10-3-2　UEFNへアップロード中

フォートナイトが自動で起動を開始し、ゲーム画面になります。フォートナイトのプレイ方法は割愛します。

⬆ 図10-3-3　フォートナイトが自動で起動する

　UEFNのViewportに「ProjectSize」というボタンがあります。これをクリックすると現在のプロジェクトのテクスチャ、ポリゴンメッシュ、マテリアルなどのデータ容量が表示されます。

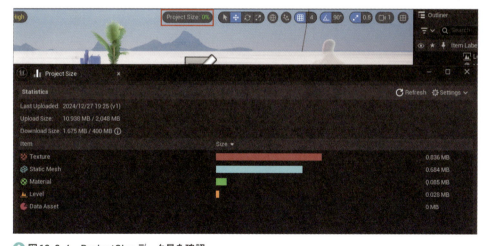

⬆ 図10-3-4　ProjectSizeデータ量を確認

　フォートナイトに変換するための条件は3つあります。

◆ Content Browserにあるアセットのアップロードできるサイズで、上限は2,048MB以

下にする必要がある。4Kなどの大きなテクスチャを多く使えない
- プレイヤー側でダウンロードするサイズの上限が400MB
- プレイ時にメモリユニットという数値が100,000を超えてはいけない

データ容量の制限についての詳細は以下のドキュメントを参考にしてください。

→ https://dev.epicgames.com/documentation/ja-jp/uefn/memory-management-in-unreal-editor-for-fortnite

完成したゲームを一般公開する方法は以下をご覧ください。

→ https://dev.epicgames.com/documentation/ja-jp/fortnite-creative/publishing-from-the-creator-portal-in-fortnite-creative

Section 10-4 UEFNの更なる研究

UEFNのEpicGamesの公式オンラインラーニングのコースは以下です。こちらを参考にすることで、より理解が深くなるでしょう。

⬆ 図10-4-1　UEFNの公式ラーニングコース

→ https://dev.epicgames.com/community/learning/courses/9DG/fortnite-uefn/2bVB/fortnite-uefn

UE5同様に「Dev Community」というフォーラムがあります。トラブルや質問があればここに投稿するのも1つの手段です。

⬆ 図10-4-2　UEFNのDev Community

→https://dev.epicgames.com/community/fortnite

　また、UEFNのNPC（ノンプレイヤーキャラクター）にMetaHumanを使えます。以下のドキュメントをご覧ください。

→https://dev.epicgames.com/documentation/ja-jp/metahuman/metahuman-for-unreal-editor-for-fortnite?application_version=1.0

☕Column　UEFNでMarvelous Designerで服を作る

　Marvelous Designerとは3DCGで服を作るツールです。ファッションに興味と知識がある方は、MetaHumanに自分で考えた服を着せることができます。

　以下にチュートリアルあります。ぜひご覧ください。

→https://support.marvelousdesigner.com/hc/ja/categories/36105732940057

索引

A
Alembic ·················· 239, 523
Ambient Occlusion ··············· 330
AO ························ 330
Aperture ····················· 408
Apply ························ 328
AR ·························· 635
Audio Track ·················· 505
Auto-Key ···················· 476

B
Base Color ··················· 329
Blender ············ 12, 168, 190, 200, 516
Bloom ······················ 415
Blueprint ·········· 82, 123, 273, 449, 558
Blueprint Actor ················ 591
Blueprint Editor ············ 123, 561
Boolean ····················· 569
Branch ······················ 596
Build ······················ 148,
Build Lighting Only ············· 296

C
C++ ······················· 635
Camera ················ 138, 408, 470
Camera Rig Crane ··············· 481
Camera Rig Rail ················ 481
CarPaint ····················· 362
Chord Tolerance ················ 220
CineCamera ··················· 138

CineCameraActor ················ 470
Cinematic Viewport ·············· 472
Clear Coat ···················· 365
Collision ····················· 559
Color Grading ·················· 422
Combine ····················· 168
Compile ················· 195, 562
Components ··················· 124
Composure ···················· 534
Content Browser ············ 47, 174
Curve Editor ·················· 479

D
Data Pin ····················· 564
Datasmith ················ 14, 209
Deferred Rendering ·············· 436
Deltagen ·············· 15, 210, 382
Depth of Field ·················· 425
Details ···················· 47, 125
DirectionalLight ················· 54
Displacement Map ··············· 375
DOF ······················· 425
DOFアニメーション ············· 477
DXR ···················· 284, 437

E
Emissive color ················· 330
Engine Scalability Settings ······ 50, 556
EmptyActor ··················· 216
Epic Games Launcher ·········· 25, 41

Index 索 引 **667**

Epic Games 公式オンライン・ラーニング 7
EV100 260
Event Begin Play 564
Event Tick 578
Execution Pin 564
Experimental 248
Exposure 261

F
Fab 104
Favorites 142
FBX 135, 175, 190, 246, 510
FBX Export Option 163
FBX Import Option 181
Flip Flop 570
Float 569, 578
Floor 54
Focal Length 408
Fresnel 371

G
GI 259, 280
glTF 200
Global 418
Global Illumination 259, 280
Godot 5
GPU 5, 22, 150, 275, 282, 298
GPU Lightmass 298

H
HDRI background 266, 307
High Resolution Screenshot 432
Houdini 15, 523

I
Image Based Lighting 128, 266
Integer 569

K
Keyboard Event 570

L
Layers Editor 134
Landscape 396
Lens Flares 416
Lerp 371
Levels 44, 127, 591
Level of Detail 119, 272, 357
Light Channel 313
Light Map 289
Light Mixer 319
Lightmass 289
Link 326
Lit 68
LOD 270
Lumen 280, 307, 423, 431

M
Map 132
Material Function 390
Material Instance 341
Material Parameter Collection 496
Max Edge Length 220
Maya 12, 152, 175, 510
MegaLights 320
Menu & Toolbar 47
MetaHuman 523
Meta Sound 508
Metallic 329
Migrate 243
Motion Blur 422
Motion Design 532
Movable 195, 293
Move Scene Capture 500
Movie Render Queue 545
MPC (Material Parameter Collection) 496

N

- Nanite ································ 270
- Niagara ···························· 82, 104
- Node ································· 325
- Nodeの整列 ··························· 581
- Normal ······························ 330
- Normal Tolerance ····················· 221
- NURBS ································ 11
- NVIDIA Omniverse ······················ 6

O

- Open 3D Engine ························ 5
- Outliner ··························· 47, 53

P

- Path Tracer ·························· 428
- PBR ································· 330
- PCG（Procedural Content Generation）···· 637
- Physical Based Rendering ············· 330
- Pin ································· 326
- Pixel Streaming ······················ 608
- Pixyz ································ 15
- PlayerStart ··························· 54
- Point Light ·························· 308
- Post Process ························· 408
- Post Process Volume ·················· 411
- Python ······························ 635

Q

- Quixel Bridge ························ 527

R

- Ray Tracing ·························· 283
- Rect Light ··························· 310
- Reflection Capture ··················· 336
- RenderGraph ························· 550
- Rigify ······························· 203
- Roughness ··························· 330
- RTX ························· 22, 282, 437

S

- Screen Percentage ·············· 448, 556
- Screenshot ·························· 432
- SelectMode ··························· 47
- Sequencer Editor ····················· 466
- Skeletal Mesh ··················· 120, 518
- SkyAtmosphere ························ 55
- SkyDomeMesh ························· 56
- SkyLight ····························· 56
- Sound Cue ··························· 506
- Specular ···························· 329
- Spot Light ·························· 312
- Starter Content ·············· 77, 123, 368
- Static Mesh ················· 71, 80, 116
- Static Mesh Editor ··················· 116
- Stitching Technique ·················· 221
- Storm Sync ·························· 246
- String ······························ 569
- Structure ··························· 569
- Substrate ··························· 392

T

- Temperature ···················· 312, 418
- TextRenderActor ······················ 56
- Texture ························· 81, 118
- Thumbnail ··························· 143
- Timeline ······················· 470, 599
- TimeOfDay ······················ 44, 558
- Tone Mapping ························ 419
- TouchDesigner ························· 6
- Twinmotion ··························· 16
- Tウィジェット ················· 87, 262, 309

U

- UE5のキャッシュ ······················ 150
- UEFN ···························· 10, 641
- UI ·························· 564, 607, 609
- Unity ································· 5
- Unlit ································· 68

Index 索引 669

USD	238
UV	94, 117, 166, 295, 372

V

Variable	568
Variant Manager	622
Vector	569
View Mode	68
Viewport	47, 262, 410, 448
VIEWPORT OPTIONS	52, 65, 448
Volumetric Cloud	56, 265
VR	635

W

Widget	609
Wire	506, 564
World Setting	304

あ行

アイランド	302
アウトライナ	47
アクタ	19, 47, 53, 54, 70, 90
アセット	19, 70
アセットとアクタの操作	70
アセットの種類	80
アップデート	243, 438
アンビエントオクルージョン	281, 330, 353
移行	243, 660
イベント	564
イメージベースドライティング	128, 266
色温度	312, 409, 458
インポート	77, 151
裏ポリゴン	258
エミッシブカラー	330
オートキー	476

か行

カメラ	54, 64, 138, 261, 408
カメラアニメーション	475
カメラブックマーク	67
カメラを固定	141
空のアクタ	216
間接光	56, 280, 430
関数	564
キーボードイベント	570
キーボードショートカット	57
キットバッシング	152
屈折	283, 368
グラフィックボード	22
クリアコート	366
グローバル	418
グローバルイルミネーション	96, 259
クロマキー合成	534
ゲームビュー	262
コンテンツ・ブラウザ	47
コンパイル	195, 562
コンポージャ	534
コンポーネント	124

さ行

サウンドキュー	506
サムネイル	143
シーケンサー	20, 466
実行ピン	564
実数	569
視点	39, 57, 91, 323, 486
絞り	140, 408
焦点距離	408
情報ピン	564
新規レベル作成	44
スカイアセット	269
スクリーンショット	432
スケルタルメッシュ	120, 518
スタティックメッシュ	54, 80
ストラクチャ	569
ストリング	569
ストレージ	22
スポットライト	312

セレクトモード ・・・・・・・・・・・・・・・・・・・・・・・・・・・ 47

た行

ディファードレンダリング ・・・・・・・・・・・・・・・・ 436
テクスチャ ・・・・・・・・・ 81, 118, 166, 289, 325, 355
テッセレート ・・・・・・・・・・・・・・・・・・・・・・・・・・ 14
点群データ ・・・・・・・・・・・・・・・・・・・・・・・・・・・ 239
テンプレート ・・・・・・・・・・・・・・・・・・・・・・ 31, 648
トーンマッピング ・・・・・・・・・・・・・・・・・・・・・ 419
トランスフォーム ウィジェット ・・・・・・・・・ 87
トリム ・・・・・・・・・・・・・・・・・・・・・・・・・・・・・・・・ 13
ドローコール ・・・・・・・・・・・・・・・・ 52, 341, 349

な行

日本語 ・・・・・・・・・・・・・・・・・・・・・・・・・・・・・・・ 564
ノード ・・・・・・・・・・・・・・・・・・・・・・・・・・・・・・・ 326
ノーマル ・・・・・・・・・・・・・・・・・・・・・・・・・・・・・ 330
ノーマルマップ ・・・・・・・・・・・・・・・・・・ 372, 389
ノンゲーム ・・・・・・・・・・・・・・・・・・・・・・・・・・・・・ 7

は行

バージョン管理ツール ・・・・・・・・・・・・・・・・・ 255
パッケージング ・・・・・・・・・・・・・・・・・・・ 20, 633
反射 ・・・・・・・・・・・・・・・・・・・・・・・・・・・・・・・・・ 280
被写界深度 ・・・・・・・・・・・・・・・・・・・・・・・・・・・ 425
ビューポート ・・・・・・・・・・・・・・・・・・・・・・・・・・ 47
表示モード ・・・・・・・・・・・・・・・・・・・・・・・・・・・・ 68
ビルド ・・・・・・・・・・・・・・・・・・・・・・・・・・ 148, 296
ピン ・・・・・・・・・・・・・・・・・・・・・・・・・・・・・・・・・ 326
ファンクション ・・・・・・・・・・・・・・・・・・・・・・・ 564
フィーチャ ・・・・・・・・・・・・・・・・・・・・・・・・・・・・ 13
フィルタ ・・・・・・・・・・・・・・・・・・・・・・・・・・・・・・ 83
フォグ ・・・・・・・・・・・・・・・・・・・・・・・・・・・・・・・ 263
フォルダの色を変更 ・・・・・・・・・・・・・・・・・・・ 145
俯瞰 ・・・・・・・・・・・・・・・・・・・・・・・・・・・・・・・・・ 460
物理ベースレンダリング ・・・・・・・・・・・・・・・ 329
ブーリアン ・・・・・・・・・・・・・・・・・・・・・・・・・・・ 569
プリレンダリング ・・・・・・・・・・・・・・・・・・・・・・・ 3
ブループリント ・・・・・・・・・ 20, 82, 123, 558
ブルーム ・・・・・・・・・・・・・・・・・・・・・・・・・・・・・ 415
フレーミング ・・・・・・・・・・・・・・・・・・・・・・・・・ 462
フレネル ・・・・・・・・・・・・・・・・・・・・・・・・・・・・・ 371
フロート ・・・・・・・・・・・・・・・・・・・・・・・・・・・・・ 569
プロジェクト ・・・・・・・・・・・・・・・・・・・・・・・・・・ 33
プロジェクトの実行 ・・・・・・・・・・・・・・・・・・・・ 38
プロジェクトを管理 ・・・・・・・・・・・・・・・・・・・ 240
ベイク ・・・・・・・・・・・・・・・・・・・・ 292, 353, 511
ベースカラー ・・・・・・・・・・・・・・・・・・・・・・・・・ 329
変数 ・・・・・・・・・・・・・・・・・・・・・・・・・・・・・・・・・ 568
ポイントライト ・・・・・・・・・・・・・・・・・・・・・・・ 308
ポストプロセス ・・・・・・・・・・・・・・・・・・・ 19, 407
ポリゴンメッシュ ・・・・・・・・・・・・・・・・・・・・・・ 13
ボリューメトリッククラウド ・・・・・・・・ 56, 265
ホワイトバランス ・・・・・・・・・・・・・・・・・・・・・ 409
ホワイトボックス ・・・・・・・・・・・・・・・・・・・・・ 152

ま行

マイグレーション ・・・・・・・・・・・・・・・・・・・・・ 243
マウス操作 ・・・・・・・・・・・・・・・・・・・・・・・・・・・・ 60
マップ ・・・・・・・・・・・・・・・・・・・・・・・・・・・・・・・ 132
マテリアルアニメーション ・・・・・・・・・・・・・ 388
マテリアルファンクション ・・・・・・・・・・・・・ 390
命名規則 ・・・・・・・・・・・・・・・・・・・・・・・・・ 80, 592
メタサウンド ・・・・・・・・・・・・・・・・・・・・・・・・・ 508
メタバース ・・・・・・・・・・・・・・・・・・・・・・・・・・・・ 10
メタリック ・・・・・・・・・・・・・・・・・・・・・・・・・・・ 329
メニュー・ツールバー ・・・・・・・・・・・・・・・・・・ 47
メモリ ・・・・・・・・・・・・・・・・・・・・・・・・・・・・・・・・ 22
モーションブラー ・・・・・・・・・・・・・・・・・・・・・ 422
モジュラー化 ・・・・・・・・・・・・・・・・・・・・・・・・・・ 93

や行

ユーザーインターフェイス ・・・・・・・・・・ 46, 609

ら行

ラープ ・・・・・・・・・・・・・・・・・・・・・・・・・・・・・・・ 371
ライティングのみビルド ・・・・・・・・・・・・・・・ 296
ライティングの考え方 ・・・・・・・・・・・・・・・・・ 452

ライトチャンネル ・・・・・・・・・・・・・・・・・・・・・・・・・ 313
ライトマップ ・・・・・・・・・・・・・・・・・・・・・・・ 19, 289
ラスタライズ方式 ・・・・・・・・・・・・・・・・・・・・・・・ 284
ラフネス ・・・・・・・・・・・・・・・・・・・・・・・・・・・・・・・・・・・ 330
リアルタイム・レイトレーシング ・・・・・・・・・・・ 283
リアルタイムレンダリング ・・・・・・・・・・・・・・ 2, 52
リグファイ ・・・・・・・・・・・・・・・・・・・・・・・・・・・・・・・・ 203
リダクション ・・・・・・・・・・・・・・・・・・・・・・ 12, 232
リンク ・・・・・・・・・・・・・・・・・・・・・・・・・・・・・・・・・・・・ 326
レイアウト変更 ・・・・・・・・・・・・・・・・・・・・・・・・・・・・ 49
レイトレーシング ・・・・・・・・・・・・・・・・・・・・・・・・ 282
レイヤー ・・・・・・・・・・・・・・・・・・・・・・・・・・・・・・・・・・ 134
レクトライト ・・・・・・・・・・・・・・・・・・・・・・・・・・・・・ 310
レベル ・・・・・・・・・・・・・・・・・・・・・・・・・ 19, 44, 127
レンズフレア ・・・・・・・・・・・・・・・・・・・・・・・・・・・・・ 416
ローカル座標 ・・・・・・・・・・・・・・・・・・・・・・・・・・・・・・ 89
露出 ・・・・・・・・・・・・・・・・・・・・・・・・・・・・・・・・・・・・・・ 259

わ行

ワールド座標 ・・・・・・・・・・・・・・・・・・・・・・・・・・・・・・ 89
ワイヤー ・・・・・・・・・・・・・・・・・・・・・・・・・・・・・・・・・・ 564

著者プロフィール

株式会社モデリングブロス

ハリウッドで経験を積んだ今泉隼介が代表を務めるCGアセット制作専門プロダクション。フォトリアル表現を基盤に、プロダクトビジュアライゼーションやエンターテインメント映像、ゲームアセットの制作を手がけるとともに、Fabでのアセット販売を行っている。

株式会社スタジオブロス

Epic GamesからService Partner, Training Partner, Instructor Partnerの認定を受けているプロダクションカンパニー。リアルタイムグラフィックスをコアとしてコンテンツ制作、システム構築、人材開発を主業務としている。2022年ソニーPCLグループに入り、国内外の大規模プロジェクトに関わる。

本書の執筆は、Unreal Engine Authorized Instructor・深野暁雄が担当している。

Unreal Engine 5 リアルタイム ビジュアライゼーション 第2版

発行日	2025年 3月20日	第1版第1刷

著　者　株式会社モデリングブロス／
　　　　株式会社スタジオブロス

発行者　斉藤　和邦
発行所　株式会社　秀和システム
　　　　〒135-0016
　　　　東京都江東区東陽2-4-2　新宮ビル2F
　　　　Tel 03-6264-3105（販売）Fax 03-6264-3094
印刷所　三松堂印刷株式会社　　　　Printed in Japan
ISBN978-4-7980-7398-9 C3055

定価はカバーに表示してあります。
乱丁本・落丁本はお取りかえいたします。
本書に関するご質問については、ご質問の内容と住所、氏名、電話番号を明記のうえ、当社編集部宛FAXまたは書面にてお送りください。お電話によるご質問は受け付けておりませんのであらかじめご了承ください。